U0269238
中小学创客教育丛书
青少年3D打印趣味课堂（微课版）
方其桂 主 编
戴 静 黎 沙 副主编
Like
vacation
C=MC2

清華大學出版社
北 京

## 内容简介

本书以28个新颖有趣、创意十足的案例，由浅入深地向读者展现了利用创客思维进行3D作品创意设计的完整流程。案例的选择贴近青少年的生活，从玩具、文具等学习和生活用品出发，激发学生的学习兴趣，着重培养学生创客思维与计算思维的形成。

本书利用流程图、思维导图等形式，设计多种调查、测量等活动，层层递进，帮助学生在循序渐进的过程中，体验将一个有创意的想法通过思考逐步形成方案，最后落实为作品的过程，在探索的过程中体会到创客活动的乐趣。

本书适合中小学生阅读使用，可以作为教材辅助校外机构及学校社团开展3D创意设计活动，也可作为广大中小学教师和培训学校开展创客教育的指导用书。



**图书在版编目(CIP)数据**

青少年3D打印趣味课堂：微课版 / 方其桂主编. —北京：清华大学出版社，2021.1（2024. 4重印）
(中小学创客教育丛书)
ISBN 978-7-302-56221-4

Ⅰ. ①青… Ⅱ. ①方… Ⅲ. ①立体印刷—印刷术—青少年读物 Ⅳ. ①TS853-49

中国版本图书馆CIP数据核字(2020)第152612号

**责任编辑：**李　磊
**封面设计：**王　晨
**版式设计：**孔祥峰
**责任校对：**成凤进
**责任印制：**杨　艳

**出版发行：**清华大学出版社
　　**网　　址：**https://www.tup.com.cn，https://www.wqxuetang.com
　　**地　　址：**北京清华大学学研大厦A座　　**邮　　编：**100084
　　**社 总 机：**010-83470000　　**邮　　购：**010-62786544
　　**投稿与读者服务：**010-62776969，c-service@tup.tsinghua.edu.cn
　　**质 量 反 馈：**010-62772015，zhiliang@tup.tsinghua.edu.cn
**印 装 者：**三河市铭诚印务有限公司
**经　　销：**全国新华书店
**开　　本：**170mm×240mm　　**印　　张：**14.5　　**字　　数：**341千字
**版　　次：**2021年1月第1版　　**印　　次：**2024年4月第2次印刷
**定　　价：**89.80元

---

产品编号：085522-02

# 编委会


**主　编**　方其桂

**副主编**　戴　静　黎　沙

**编　委**（排名不分先后）

| | | |
|---|---|---|
| 程　武 | 叶　俊 | 张小龙 |
| 周本阔 | 何　源 | 王丽娟 |
| 唐小华 | 赵何水 | 鲍却寒 |
| 苏　科 | 贾　波 | 刘　锋 |
| 谢福霞 | 巫　俊 | 汪瑞生 |
| 王　斌 | 夏　兰 | 王　军 |
| 苑　涛 | 刘　斌 | 张　青 |

# 前言

亲爱的小读者，请允许我暂时这么称呼你。

在你看这本书之前，我想问问你，你是不是有时会在面包房看蛋糕师做蛋糕？你是不是喜欢看别人给自行车补胎？家里安装新家具或新家电的时候，你是不是也喜欢一直在旁边看着？你是不是对自动铅笔里的结构感到很好奇？如果你有这些经验的话，我猜你一定非常喜欢研究事物的制作过程，也很喜欢探索物品的内部结构。那么恭喜你，在你拿起这本书的时候，你做了一个很棒的选择。

## 一、什么是 3D 打印

其实 3D 打印就是高科技版的捏橡皮泥，你想要的都能帮助你打印出来，只不过不同的材质使 3D 打印的物品更为精细和实用，当然它还有更加有趣的功能，你可以在第 1 单元里找一找这个问题的答案。

## 二、3D 打印可以做什么

如果 3D 打印可以让你吃到一支鳄鱼样子的冰淇淋，你会不会觉得很神奇？ 3D 打印就是这样，利用不同的打印材质，可以打印出物品的实体，从吃的到用的，从穿的到住的，甚至汽车里也有 3D 打印出来的零件。也许它可以给你打印一颗牙齿，也许它能帮你打印一座房屋……这就是 3D 打印的奇妙之处。

## 三、没有 3D 打印机怎么学

本书主要和你一起学习 3D 设计，就像一个建筑设计师，也不一定要亲自去把房子造出来，而是在计算机或者图纸上画出自己的设计效果。所以，即便你没有 3D 打印机，你也可以先在计算机上下载、安装一个 3D 软件，然后再在其中设计出你创造的各种物品，从而成为一名很棒的 3D 设计师。

## 四、本书特色和结构

本书的编写者常年从事一线教学工作，因此他们非常了解你的兴趣所在。所以书中会让你在 3D 软件中玩玩搭积木；让你模仿捏橡皮泥做一只小企鹅；还让你制作一个小物品，可以看管住你的爸爸、妈妈，让他们开车时无法玩手机……这些案例都是围绕着你身边的事物展开的。

另外，我们还知道，你拿起一本书学习时，不一定喜欢从第一个案例做起。所以在编写这本书时，既考虑到每个单元之间的相互关系，也更加注重每个案例的独立性。

因此，你甚至可以从最后一个案例开始学起，但当你回过头来学习第一个案例时，也一样会有很大的收获。

本书包括 7 个单元，28 个案例。案例中有你喜欢的玩具和文具，还有巧妙解决问题的生活小用品。为了帮助你更加轻松地理解案例作品是如何从构思到制作实现的，每个案例都从读者的思考角度来安排内容，灵活安排了以下栏目。

- **构思作品：**这里你可以纵览作品的产生背景、构思过程、设计方法，体验如何将一个想法转变为一个能够实现的方案。
- **规划设计：**这里你可以结合设计方案，在草稿纸上画一画，逐步细化作品的外形结构和具体数据，体会当设计师的感觉。
- **建立模型：**这里你可以跟随书本，去一步一步在 3D 软件中建立模型，当然你也可以发挥自己的探索精神，用更简单的方法来完成作品。
- **检测评估 / 评测提升：**这里你将学会如何去检测自己的模型结构是否准确，预设功能是否都能实现，还可以思考作品的改进方向，思考设计出更为完美的作品。

## 五、如何学习更有效

本书有一定的弹性学习空间，你既可以边学边做，照着书一步一步去完成案例；也可以边学边思考，用自己的方案去做出不一样的案例效果，得到更大的收获。所以希望你在跟着这本书学习时，能做到以下几点。

- **学会分析规划：**认真地跟着前面的分析规划一起去感受和思考，从作品的构思中了解如何设计作品的功能，如何提出解决方案；从作品规划的方法中，了解设计作品外部形态与具体数据时所需要考虑的种种问题。因为这部分真的非常重要，它可以帮助你学会如何产生一个想法，然后根据这个想法去创造一个物品，帮助你成为一名真正的创客。
- **研究多种方法：**从作品的制作过程中，感受如何在 3D 软件中合理安排制作步骤与方法，提高效率。其实在学习这部分内容时，更加希望你能开动脑筋，从书上给出的制作方法出发，探究其他的制作方法。因为某一个零件的做法可能有很多种，希望你能想出更加简单的方法，多思考，多尝试，提高将理想变为现实的能力。
- **思考如何完善：**在作品的检测与评估中了解如何检验设计效果，如何升级作品功能，在不断自我检测的过程中提升创意，做出更为完美的作品。

## 六、本书读者对象

这是一本将 3D 设计与创客思维融为一体的书，内容丰富，学习时有较大的弹性空间，既可以作为 3D 设计的入门级读物，也可以深入领略创客思想的精髓。因此本书适合以下人员。

- **没学过 3D 打印的小朋友：**因为本书采用案例的方式，由浅入深，所以可以帮助你学会如何在 3D 软件中将自己的理想变为现实。
- **学过 3D 打印的小朋友：**本书更加注重创客式的思维方式，从作品的创作背景出发，明确作品功能，再带着你一起探究现有技术，然后通过头脑风暴的形式来思考作品方案，最后再一起研究如何使用 3D 软件中的功能将其实现，从而让你的创造更加有趣，让你的想法百分百实现。

- **想开展创客教学的老师：**本书中选取的案例操作性强，难易程度适中，能够帮助你在教学中引导学生厘清设计作品所应该遵循的方法与过程，帮助他们了解在今后遇到问题时，应该从哪些方面进行思考，解决问题。
- **想教孩子 3D 设计的家长：**本书选择的案例贴近生活，操作方法写得也非常详尽，十分适合作为家长的你和孩子们从身边的事物出发，一起学习，一起思考。

## 七、本书作者

参与本书编写的作者有省级教研人员，全国、省级优质课评选获奖教师。他们不仅长期从事信息技术教学方面的研究，在 3D 打印教学这个新领域也有着骄人的成绩，而且还有较为丰富的计算机图书编写经验。

本书由方其桂担任主编，戴静、黎沙担任副主编。黎沙负责编写第 1 单元，程武负责编写第 2、3 单元，叶俊负责编写第 4、5 单元，戴静负责编写第 6、7 单元。随书资源由方其桂整理制作。

虽然我们有着十多年撰写计算机图书的经验，并尽力认真构思、验证和反复审核修改，但仍难免有一些瑕疵。我们深知一本图书的好坏需要广大读者去检验评说，在此我们衷心希望你对本书提出宝贵的意见和建议。服务电子邮箱为 wkservice@vip.163.com。

## 八、配套资源使用方法

本书提供了每个案例的微课，请扫描书中案例名称旁边的二维码，即可直接打开视频进行观看，或者推送到自己的邮箱中下载后进行观看。另外，本书提供教学课件和案例源文件，通过扫描下面的二维码，然后将内容推送到自己的邮箱中，即可下载获取相应的资源（注意：请将这几个二维码下的压缩文件全部下载完毕，再进行解压，即可得到完整的文件内容）。

编　者

# 目录

## 第 1 单元 玩具是我最爱



## 第 2 单元 换个地方玩艺术



## 第 3 单元 私人定制专属品



## 第 4 单元 要和电线较个劲

# 第 1 单元

## 玩具是我最爱

从小到大，你一定会有很多玩具。有没有想过，有一天可以自己制作一个小玩偶。当你用积木搭城堡时，可以有一块与众不同的拱门积木；当你下跳棋时，棋子可以变成各种有趣的形状；当你有一个超炫酷的飞碟模型时，玩儿是不是变成了一件更加有创造性的事情呢？ 当你自己打印出这些可爱的玩具时，是不是觉得自己也很棒啊！

本单元是介绍 3D 打印的第 1 单元，以搭建玩具模型为主要探索内容，介绍了基本实体、阵列、渲染、实体相减、DE 移动等工具，帮助大家对 3D 打印和 3D 建模建立初步的认知，为后面更为复杂的 3D 作品创作做好知识储备。

### 本单元内容

# 第1课 神奇的 3D 打印

扫一扫，看视频

欢迎你走进神奇的3D打印世界！3D打印中的D是英文Dimension(空间维度)的首字母，所以3D打印就是三维打印，通过长、宽、高三维数据打印出立体模型。现在3D打印技术发展迅猛，可以打印出供人居住的房屋、穿戴的衣物、医疗用的骨骼、各种工具、汽车、零配件等。本课我们就来认识一下神奇的3D打印。

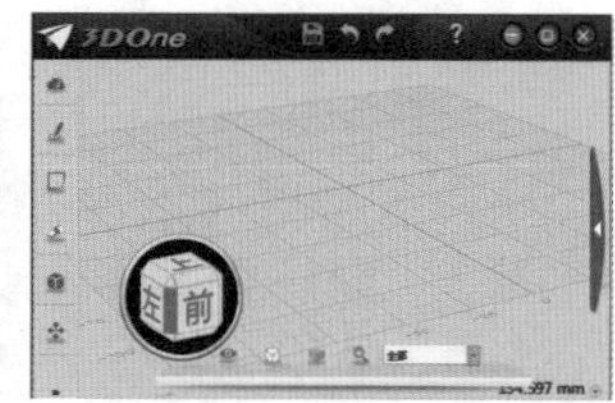


## 知识准备

3D打印是能快速制造物品的一种技术，首先要建立一个模型文件，再将粉末状金属或塑料等材料，通过逐层打印的方式来构造物体。最早3D打印多用在模具制造、工业设计等领域，随着技术的成熟与发展，已经扩展到珠宝、服装鞋类、工业设计、建筑、汽车、航空航天、医疗、教育、军事等多个领域。

♡ **看一看** 3D打印能充分展示人们的创意，制作出传统工艺难以做出的复杂外形，在小批量定制上更有经济和效率优势，在各行各业都有广泛的应用前景，如图1-1所示。

3D打印披萨

3D打印建造房屋

3D打印卫星天线支架

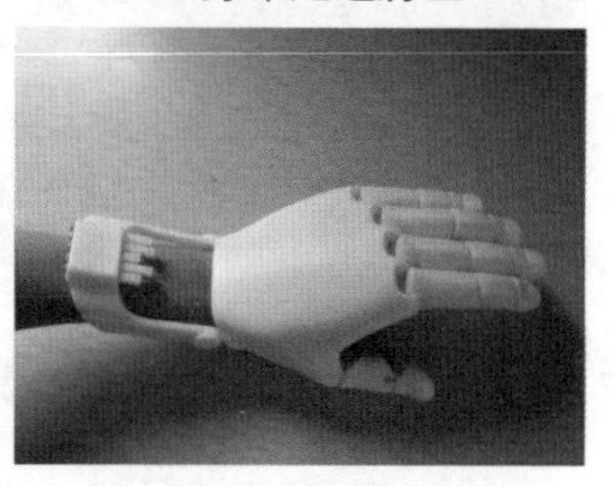
3D打印假肢

图1-1 3D打印应用

♡ 搜一搜 3D 打印应用的领域非常广泛，可以到互联网上搜索一下，了解更多的应用，填写在表 1-1 中。

表 1-1　**3D 打印应用**

| 领　域 | 具体应用 |
|---|---|
| 服装 | 打印衣服 |
| 交通 | 打印汽车 |
| 医疗 | |
| 建筑 | |
| …… | |

♡ 学一学 3D 打印是怎样打印出立体实物的呢？ 3D 打印的过程如图 1-2 所示。

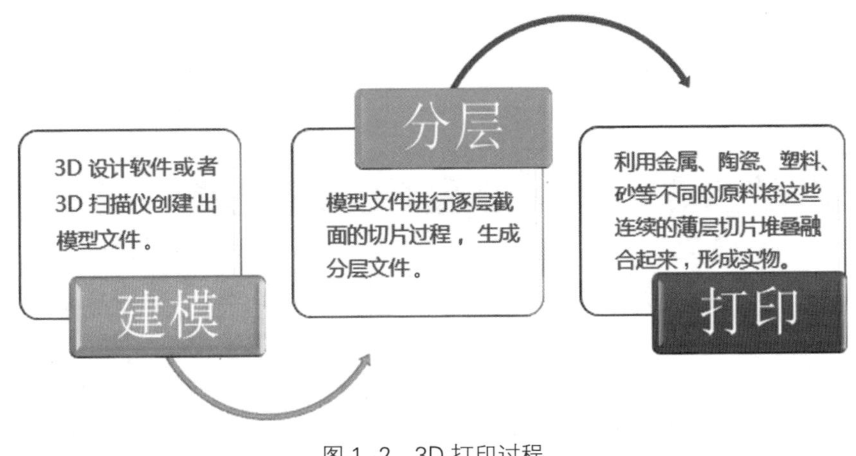


图 1-2　3D 打印过程

**提示**

3D 扫描仪可以对实体模型进行扫描分析，对探测到的数据进行分析计算，重建三维模型。

♡ 认一认 教育用 3D 打印机一般包括主机、进料导管、耗材架、耗材等，如图 1-3 所示。将切片文件通过 U 盘传递给 3D 打印机，选择喜欢的耗材颜色，将耗材装进进料导管，再调取切片文件，打开前置风扇，就可以打印出 3D 模型了。

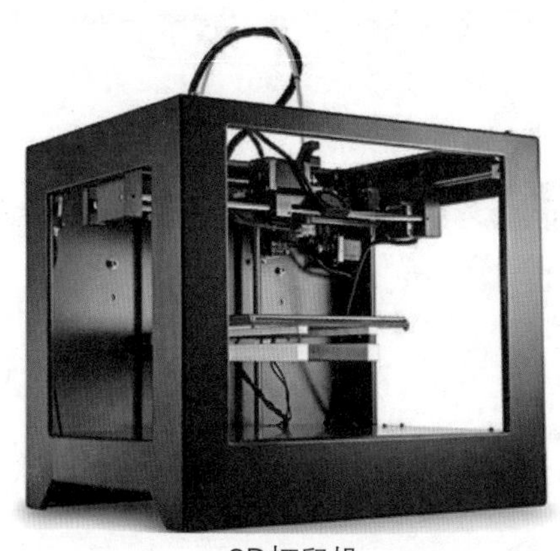

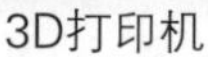

3D打印机

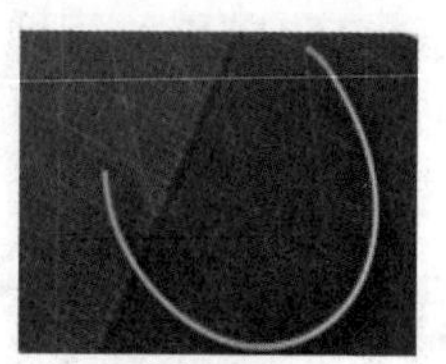

进料导管

3D打印耗材

图 1–3　3D 打印机及其部件

♡ 比一比　如果想吃巧克力了，普通打印机只能打印一张巧克力的图片，3D 打印机则可以打印出真正的美味巧克力，满足你的味蕾，两者具体区别见表 1–2。

表 1–2　**3D 打印机和普通打印机的区别**

| | 3D 打印机 | 普通打印机 |
|---|---|---|
| 打印耗材 | 工程塑料、树脂、石膏粉末、热塑性塑料、钛合金、光聚合物、液态树脂等多种多样 | 墨水、碳粉、色带、纸张 |
| 打印结果 | 立体模型 | 平面图形 |
| 打印文件 | 以三维模型为基础，用三维设计软件制作 | 用各种文字、图形等编辑软件制作 |
| 打印时间 | 非常长，几个小时甚至几个月 | 很短，几分钟到几十分钟 |

♡ 写一写　制作 3D 模型一般先用 3D 建模软件构建一个三维模型，标出各个部分的三维数据。请你搜索一下适合学生用的 3D 建模软件有哪些，填写在横线上：

__________________________________。

## 建立模型

本书主要介绍利用 3D One 软件来制作 3D 模型。3D One 软件是目前在中小学比较常见的 3D 建模软件，它界面简洁、操作简单，提供了免费家庭版供师生学习，制作的作品可以参加全国中小学生电脑制作活动。

### 下载安装

可以到 3D One 软件官网 http://www.i3DOne.com/ 去下载该软件，软件分为 32 位和 64 位两种版本。

**01** 打开网站　打开浏览器，在地址栏中输入 http://www.i3DOne.com/，打开网站。

**02** 注册会员　单击网页的“注册”按钮，注册为 3D One 青少年三维创意社区会员。

**03** 下载软件　按图 1–4 所示操作，下载 3D One 软件。

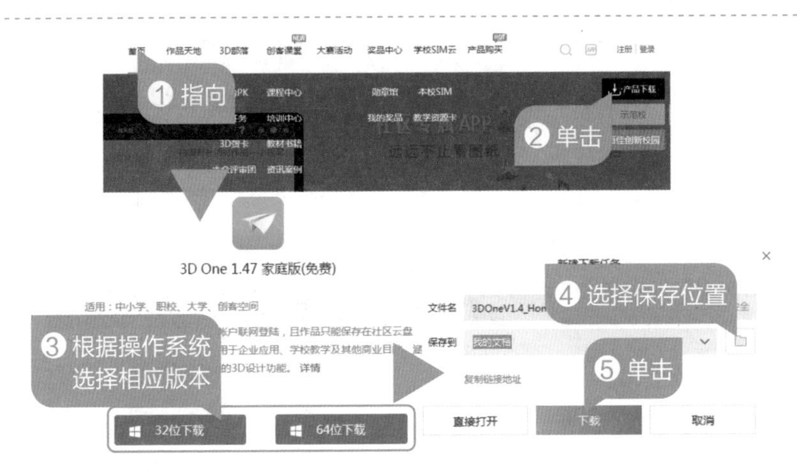


图 1-4　下载软件

**提示**

右击桌面上的“计算机”图标，在弹出的菜单中选择“属性”命令，打开“系统属性”面板，在“系统类型”一栏中可以看到是 32 位还是 64 位操作系统。

**04　安装软件**　双击下载的文件，安装软件。

## 制作模型

软件安装好后，就可以制作 3D 模型了。我们先认识一下软件界面，再调用库里的模型进行简单修改试试。

**01　认识界面**　运行 3D One 软件，软件界面如图 1-5 所示。

图 1-5　软件界面

**提示**

菜单栏一般是隐藏的，单击左上角的 3DOne 图标才会显示；单击侧边栏的 ，可以展开和收起资源库。

**02** 打开模型 按图 1–6 所示操作，将抽屉模型放到工作区。

图 1–6 打开模型

**03** 调整视图 指向视图导航器，按图 1–7 所示操作，调整不同的视图。

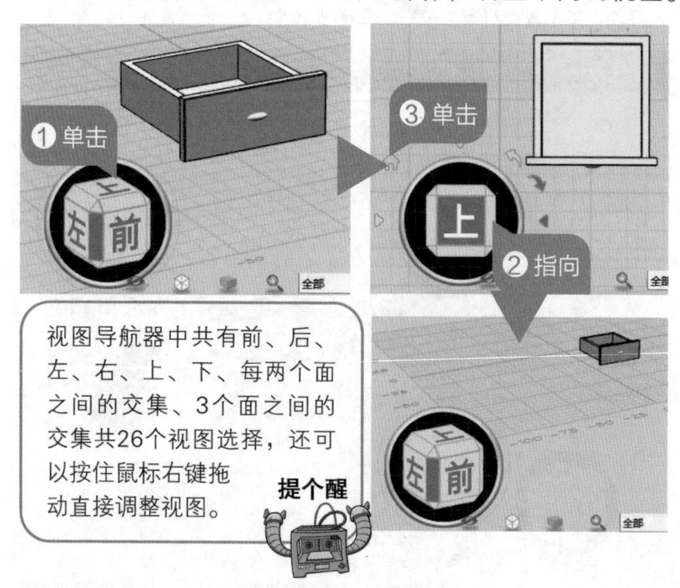


图 1–7 调整视图

**04　插入实体**　切换到上视图，按图 1–8 所示操作，在抽屉里放置一个正方体盒子。

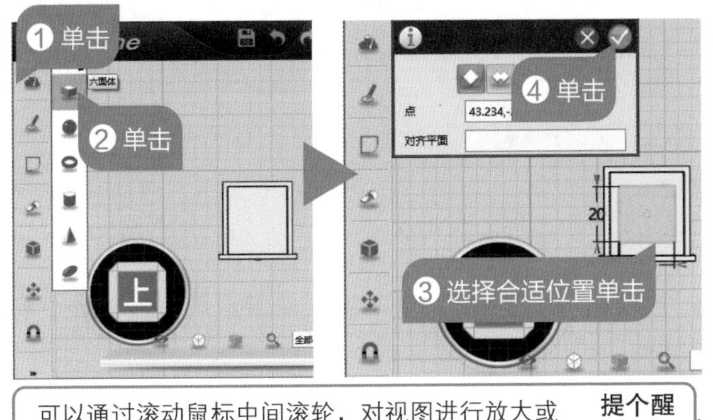


**提个醒**　可以通过滚动鼠标中间滚轮，对视图进行放大或缩小操作。

图 1–8　插入实体

**05　观察效果**　切换到左前视图，看看效果，如图 1–9 所示。

**试一试**　按住鼠标右键拖动，在不同方向观察模型。

图 1–9　插入实体后效果图

**06　保存文件**　按图 1–10 所示操作，将作品以“练习 1”为名保存。

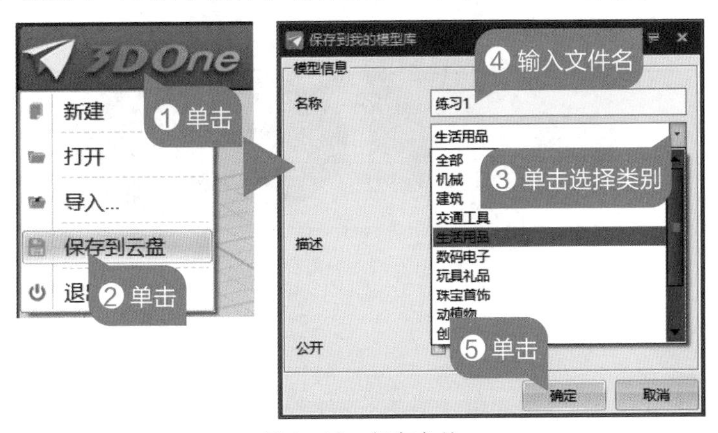


图 1–10　保存文件

**提示**　3D One 软件家庭版默认保存在云盘上，保存文件扩展名是“z1”，可以被 3D One 软件再次打开编辑；如要打印，可以导出为“stl”类型文件，再通过切片软件进行切片操作后打印。

## 检测评估

### 1. 开阔视野

3D 打印机多种多样，试着在互联网上搜索一下，了解目前最小和最大的 3D 打印机分别是什么，3D 打印机的耗材有多少种。

### 2. 开动脑筋

亲爱的小创客们，运行 3D One 软件，将鼠标指针移到工具上都会出现工具名称，请你将工具名称写下来，并根据工具名称推测它的功能是什么。

# 第 2 课　制作玩偶真简单

扫一扫，看视频

你看过童话《木偶奇遇记》吗？一个叫杰佩托的老头没有孩子，于是用木头雕刻出了一个木偶人，起名叫匹诺曹。匹诺曹虽然一直想做一个好孩子，但是难改身上的坏习性。他逃学、撒谎、结交坏朋友，屡教不改。后来，一个仙女教育了他，每当他说谎的时候，他的鼻子就长一截，他连说三次谎，鼻子长得他在屋子里无法转身。这时匹诺曹才开始醒悟，决定痛改前非，终于有一天变成了一个有血有肉的孩子。本课我们就来制作一个长鼻子的匹诺曹吧，这个小玩偶有一双圆圆的眼睛、长长的鼻子、扁扁的嘴巴、大大的耳朵，这些都长在四四方方的脑袋上。

## 构思作品

想制作玩偶 3D 模型，首先一起来思考这个玩偶由哪几部分组成，包含哪几种基本实体。

**1. 组成部分**

观察任务图中的玩偶，其中包含哪几部分？填写在图 2-1 的思维导图中。

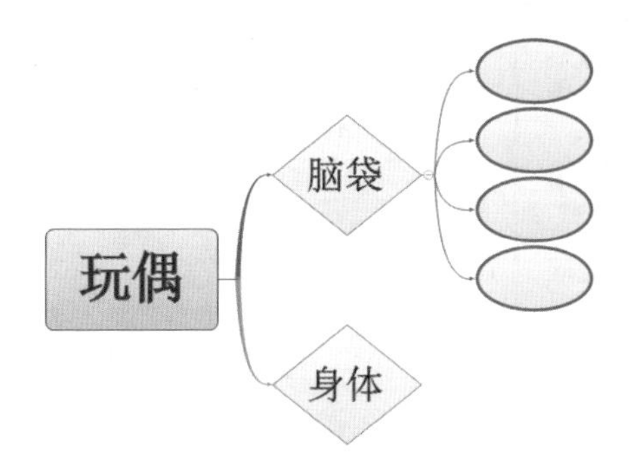


图 2-1　填写组成部分

**2. 分析实体**

我们了解了玩偶的组成部分后，还要考虑到每个组成部分用哪种几何形状来做比较好看，在任务图中给出了一个参考，请在图 2-2 中的空白处填写对应的几何形状。

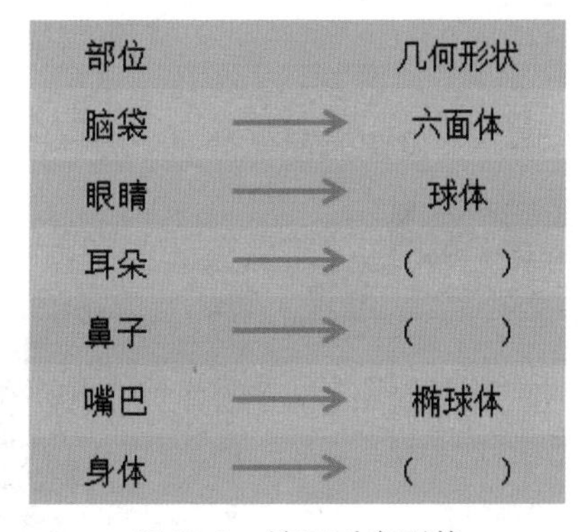

| 部位 | | 几何形状 |
| --- | --- | --- |
| 脑袋 | ⟶ | 六面体 |
| 眼睛 | ⟶ | 球体 |
| 耳朵 | ⟶ | (　　) |
| 鼻子 | ⟶ | (　　) |
| 嘴巴 | ⟶ | 椭球体 |
| 身体 | ⟶ | (　　) |

图 2-2　填写对应形状

## 建立模型

在 3D One 软件中，提供了 6 种基本实体，分别是六面体、球体、圆环体、圆柱体、圆锥体、椭球体。本课的玩偶模型就是在这 6 种基本实体的基础上做出来的，让我们通过玩偶的制作来了解这 6 种基本模型，以后可以制作出更多更好玩的作品。

### 绘制脑袋

玩偶的脑袋是个六面体，可以通过改变长、宽、高的数值调整六面体的大小，在这里长、宽、高分别是 40、30、20。

**01　绘制六面体**　运行 3D One 软件，按图 2-3 所示操作，绘制六面体作为脑袋。

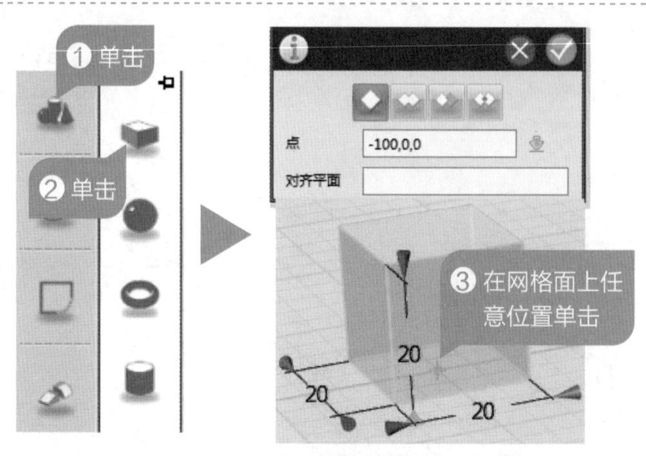


图 2-3 绘制六面体

**提示** 绘制六面体时的初始长、宽、高都是 20，单位默认为 mm；网格面上每个小格子的尺寸是 5，绘制模型过程中可利用它做尺寸的参考。

**02 调整尺寸** 按图 2-4所示操作，设定六面体的长、宽、高。

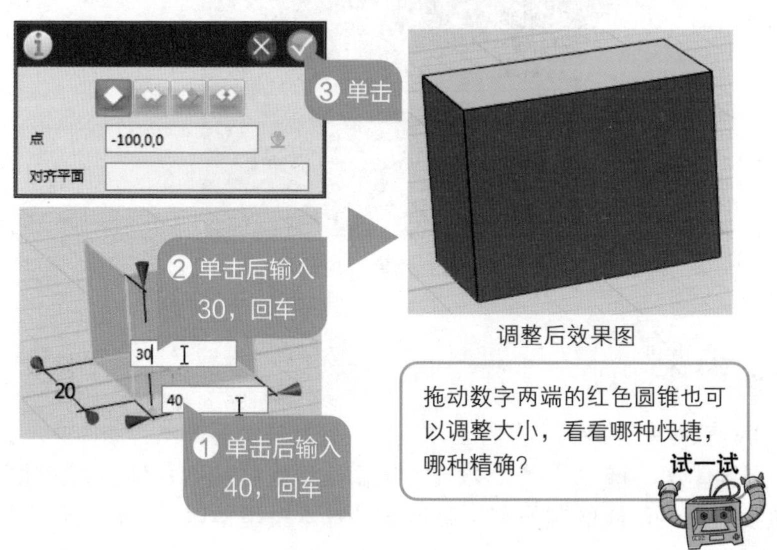


图 2-4 调整六面体尺寸

## 绘制眼睛

玩偶的眼睛可以用球体来绘制，绘制球体时要确定它的中心点和球体半径。

**01 绘制球体** 按图 2-5所示操作，绘制球体作为眼睛。

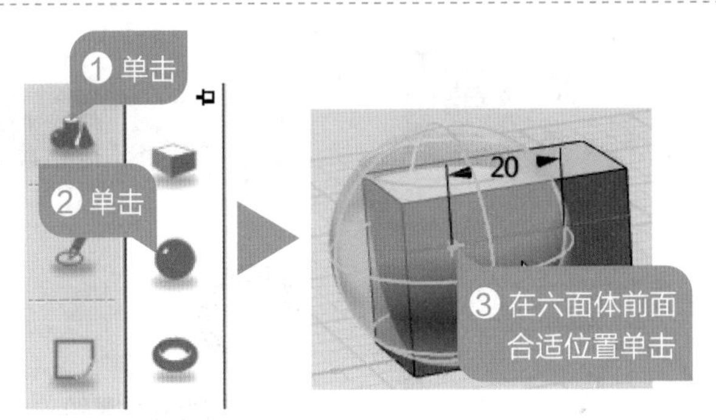


图 2-5　绘制球体

**02　设置半径**　按图 2-6 所示操作，设定球体的半径。

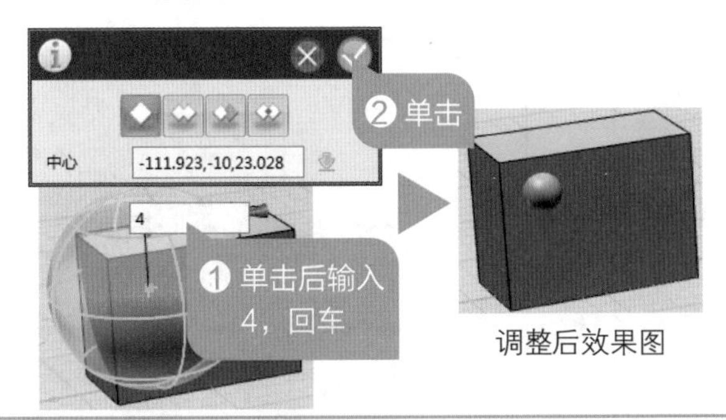


如果对球体放置的位置不满意。在第2步执行之前，单击“中心”后的文本框，可以继续拖动鼠标调整球体位置。

**提个醒**

图 2-6　设置球体半径

**03　制作另一只眼睛**　仿照前面的步骤，制作另一只眼睛，效果如图 2-7 所示。

图 2-7　眼睛效果图

## 绘制鼻子

玩偶的鼻子可以用圆锥体来绘制，绘制圆锥体要确定它的底面中心点、底面圆半径、圆锥高。

**01　调整视图**　按图 2-8 所示操作，将视图调整为前视图，以方便观察下一步鼻子的位置是否居中。

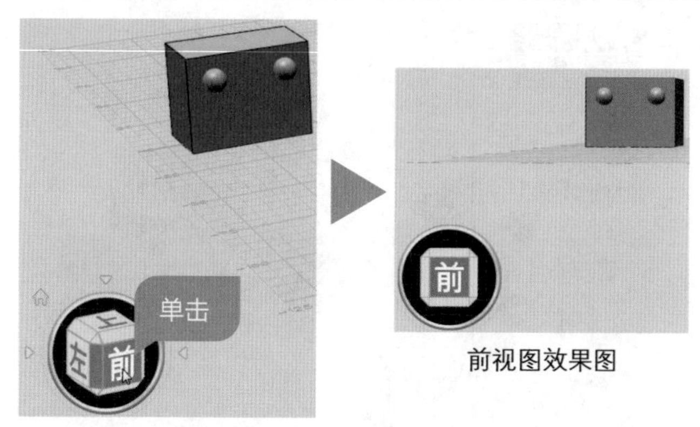


图 2-8　调整视图

**02　绘制圆锥体**　按图 2-9 所示操作，绘制圆锥体作为鼻子。

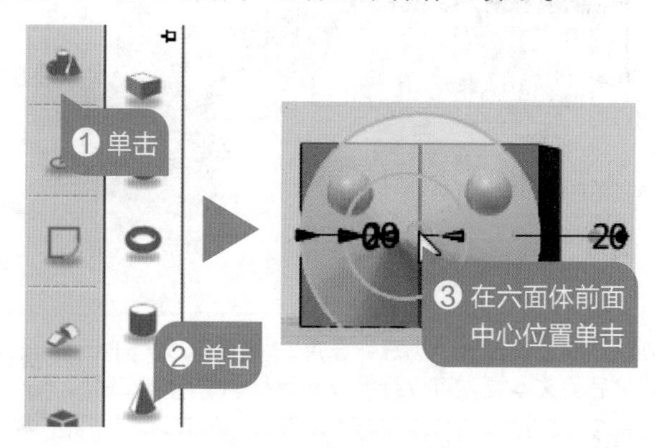


图 2-9　绘制圆锥体

**03　调整圆锥体大小**　按图 2-10 所示操作，调整圆锥体大小。

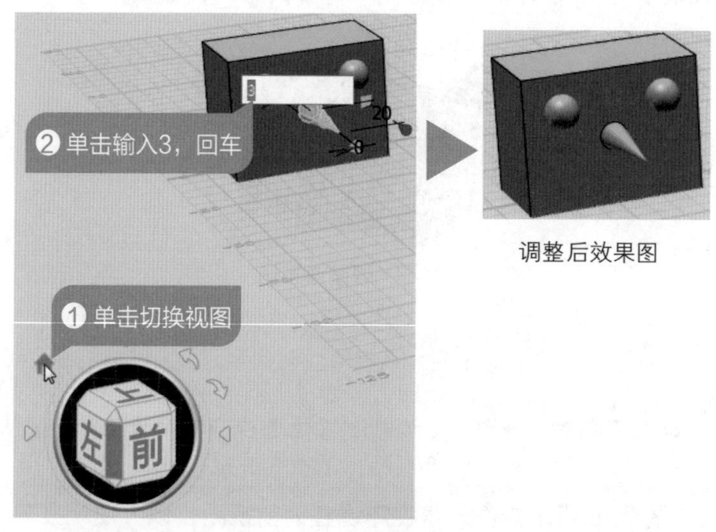


图 2-10　调整圆锥体大小

## 绘制耳朵

玩偶的耳朵可以用圆环体来绘制，绘制圆环体时要确定它的中心点、外圆半径以及环半径。

**01 绘制圆环体** 按图 2-11 所示操作，绘制圆环体作为耳朵。

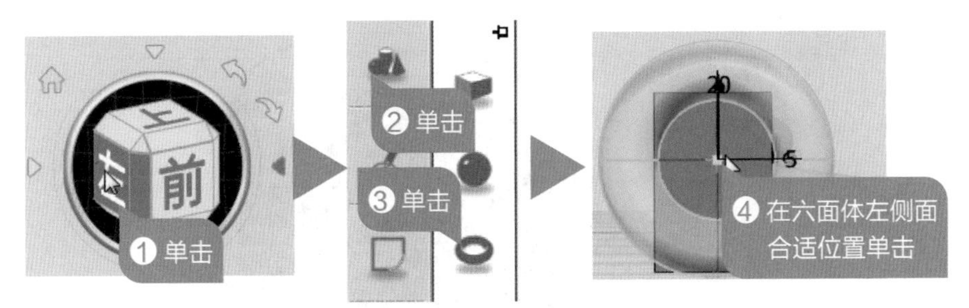


图 2-11　绘制圆环体

**02 完成左边耳朵** 按图 2-12 所示操作，先设置圆环的对齐平面，再调整大小，完成左边耳朵的制作。

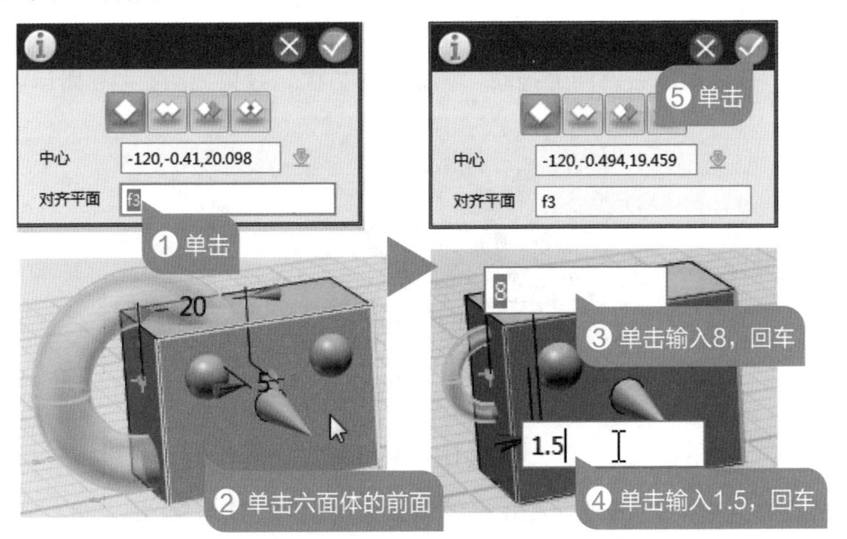


图 2-12　完成左边耳朵

**03 制作右边耳朵** 按前面步骤完成右边耳朵的制作，效果如图 2-13 所示。

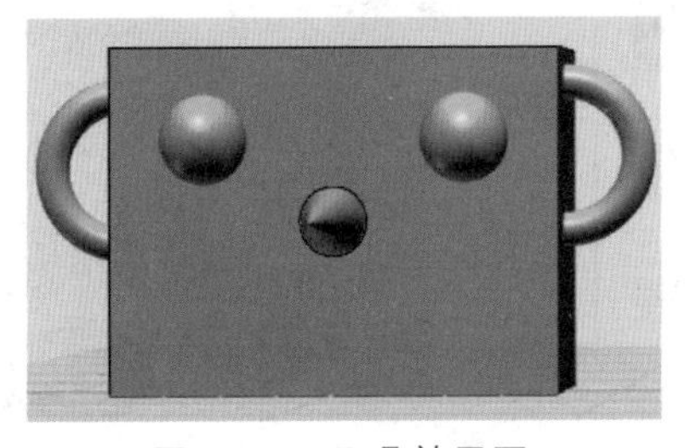

图 2-13　耳朵效果图

## 完成其余制作

玩偶的嘴巴可以用椭球体来绘制，身体可以用圆柱体绘制，绘制的方法和前面几种实体类似。

**01** 绘制椭球体 按图 2–14 所示操作，绘制椭球体作为嘴巴。

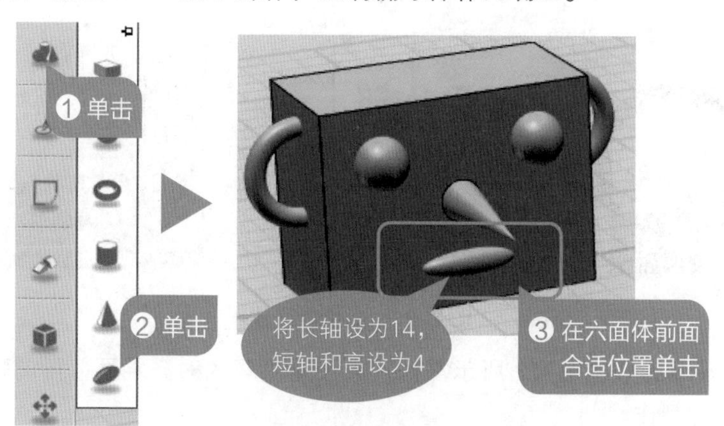


图 2–14 绘制椭球体

**02** 调整方向 按住鼠标右键向上拖动，调整视图方向，效果如图 2–15 所示。

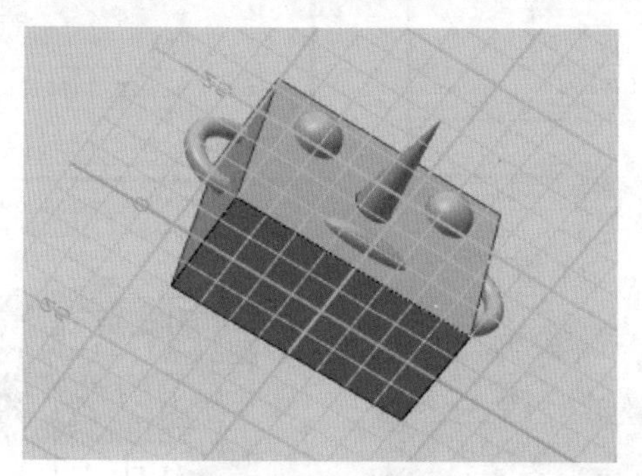

图 2–15 调整方向

**03** 绘制圆柱体 按图 2–16 所示操作，绘制圆柱体作为玩偶的身体。

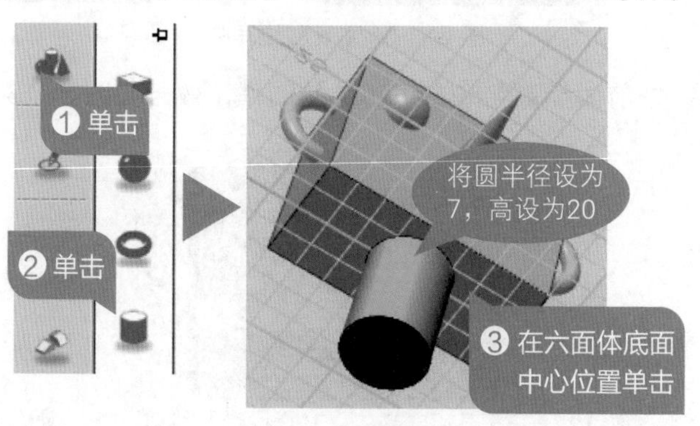


图 2–16 绘制圆柱体

**04** 保存作品　按图 2–17 所示操作，将作品保存在云盘中的“我的模型库”里。

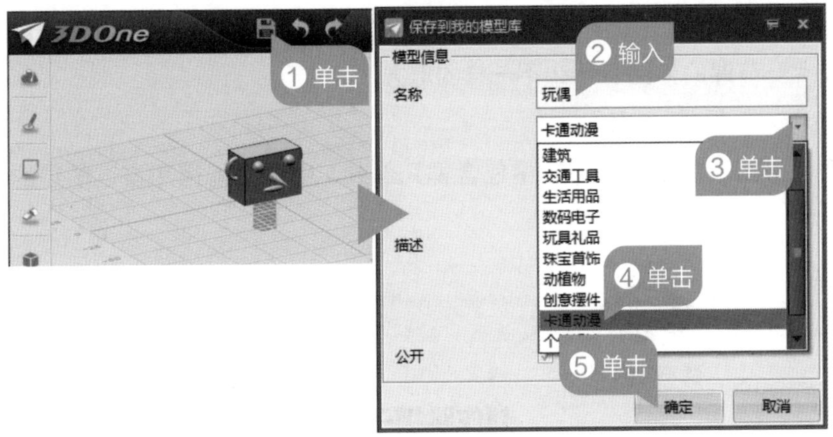


图 2–17　保存作品

## 检测评估

**1. 修改模型**

在玩偶制作中用到了 6 个基本实体，请你试着将玩偶的鼻子删除掉，制作一个更高鼻子的玩偶吧！提示：删除实体时可以在选中后按 Delete 键。

**2. 拓展创新**

亲爱的小创客们，你还能用这些基本实体搭建出什么样的作品呢？期待看到你更加富有创意的作品哦！

# 第 3 课　小小跳棋轻松绘

扫一扫，看视频

你玩过跳棋吗？这是世界上最古老、最普及的智力游戏之一，一般 2 ~ 6 人同时进行。跳棋子沿着直线相邻的方向移动，最先将对方所有阵地都占领的为胜。这节课我们利用 3D 软件自己制作跳棋子，然后找好朋友们来玩上一局吧！

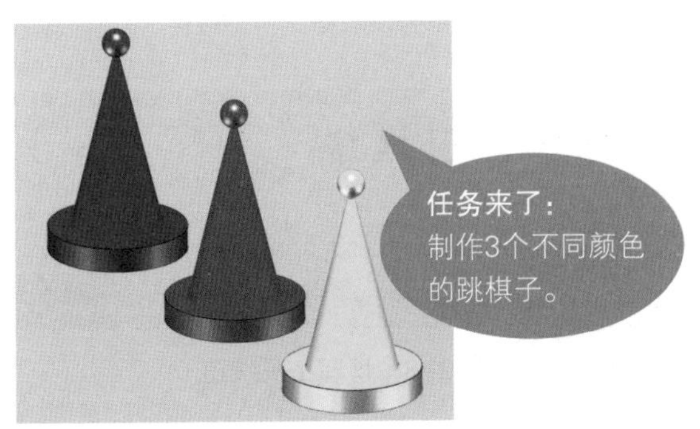

## 构思作品

制作跳棋子 3D 模型，让我们先看一看这个棋子由哪几部分组成，包含哪几种基本实体，和上一节课的作品有什么不一样的地方。

### 1. 我的思考

观察任务图中的跳棋子，其中包含哪几部分，哪些是能运用自己学过的知识解决的，填写在图 3–1 的思维导图中。

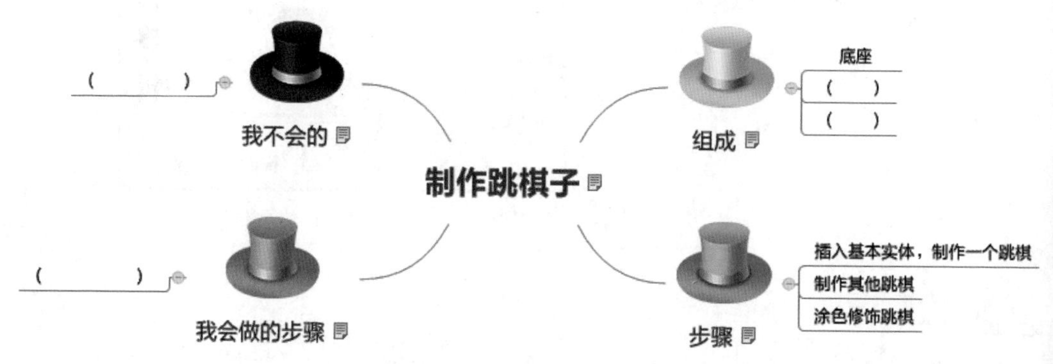


图 3–1　填写我的思考

### 2. 分析实体

请仔细观察跳棋子，然后在图 3–2 中的空白处填出对应的基本实体。

| 组成 | | 对应实体 |
|---|---|---|
| 底座 | ⟶ | （　　） |
| 中间部分 | ⟶ | （　　） |
| 顶端 | ⟶ | （　　） |

图 3–2　填写对应形状

除了这些基本实体外，跳棋子共需要制作 3 个，如果不想重复制作，有没有简单的方法；每个还需要涂上不同的颜色，又应该怎么做呢？试着将鼠标指针移到 3D One 的工具栏的工具按钮上，会有相应的文字提示，你觉得哪个工具按钮能实现前面的功能，在图 3–3 中写下来。

图 3–3　填写工具按钮

## 建立模型

通过上面的分析，我们知道制作跳棋子要用到球体、圆柱体、圆锥体，可以通过阵列的方法来制作重复的模型，再通过材质渲染给跳棋子涂上颜色。

### 绘制棋子

棋子的底座是圆柱体，中间是圆锥体，顶端有个圆球。这三样实体组合在一起就构成了一个跳棋子。

**01** 绘制底座　运行 3D One 软件，选择“基本实体”→“圆柱体”工具，在网格面任意位置单击，绘制圆柱体作为底座，并将底圆半径和高分别设为 15、5，效果如图 3-4 所示。

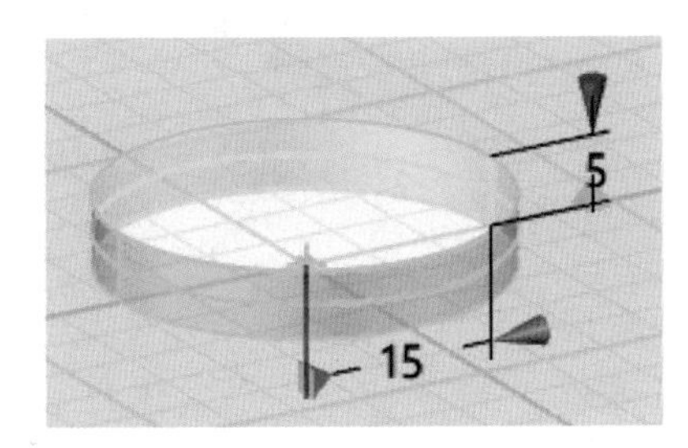


图 3-4　绘制底座

**02** 绘制中间部分　选择“基本实体”→“圆锥体”工具，在底座上表面圆心处单击，绘制圆锥体作为跳棋中间部分，并将底圆半径和高分别设为 10、40，效果如图 3-5 所示。

**03** 绘制顶端部分　选择“基本实体”→“球体”工具，在圆锥体的顶端单击，绘制球体作为跳棋的顶部，设置球的半径为 3，效果如图 3-6 所示。

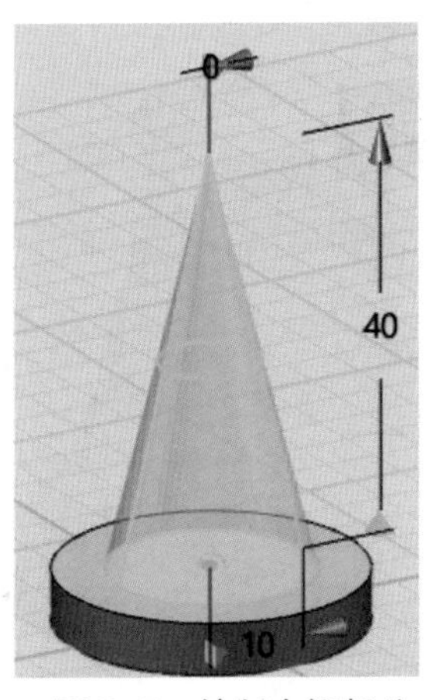


图 3-5　绘制中间部分

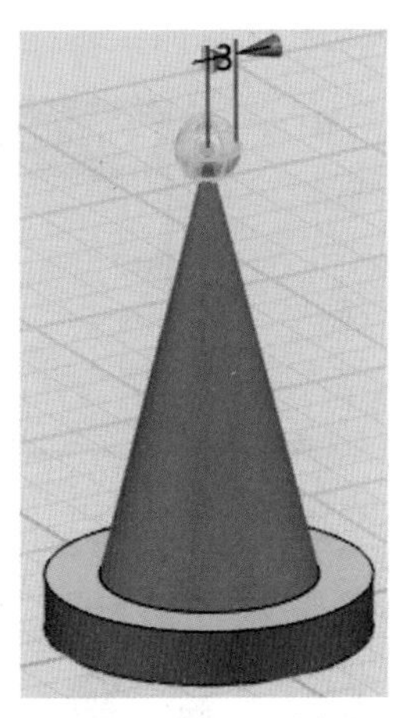


图 3-6　绘制顶端部分

**04** 组合实体　按图 3-7 所示操作，将跳棋 3 个部分组合成一个整体。

图 3–7　组合实体

**提示**　后面将对整个跳棋进行阵列操作，所以要先将前面绘制的 3 个实体模型组合成一个整体。组合时以一个实体为基体，其余的作为合并体。

## 绘制其余跳棋

可以通过阵列操作复制已经做好的模型，阵列是沿着固定的方向进行复制，有线形、圆形、曲线排列方向。

**01** 选择基体　按图 3–8 所示操作，选择组合后的跳棋作为基体。

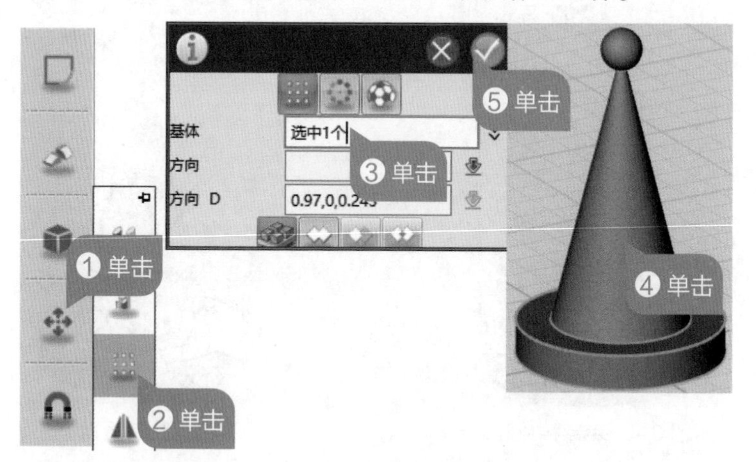


图 3–8　选择基体

**02　选择方向**　按图 3-9 所示操作，选择阵列方向。

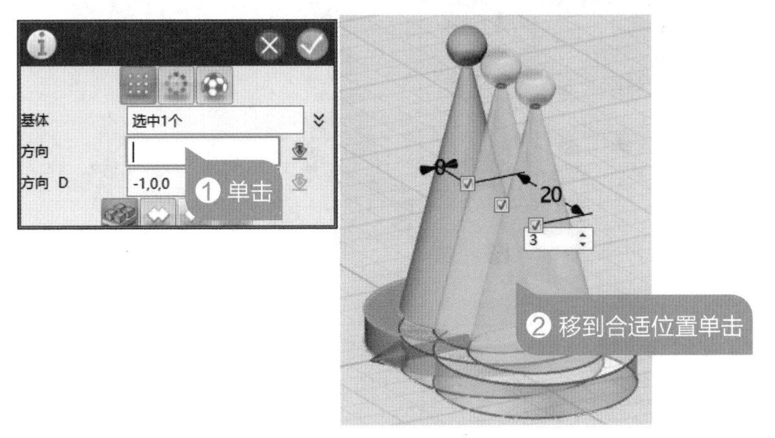


图 3-9　选择阵列方向

**提示**

选择方向时，可以直接在“方向”文本框中输入三维坐标，如输入 (1,0,0) 或 (−1,0,0) 选择 $x$ 轴正方向或负方向，输入 (0,1,0) 或 (0,−1,0) 选择 $y$ 轴正负方向，输入 (0,0,1) 或 (0,0,−1) 选择 $z$ 轴正负方向。

**03　设置参数**　按图3-10所示操作，设置要复制的跳棋个数，以及相邻跳棋之间的距离。

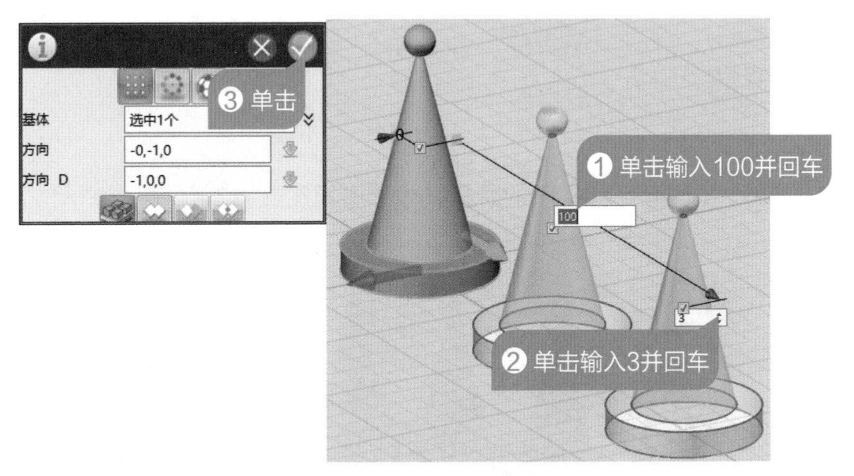


图 3-10　设置参数

## 修饰跳棋

每一个跳棋的颜色各不相同，可以通过“渲染材质”将跳棋涂上不同的颜色。

**01　修饰跳棋一**　按图 3-11 所示操作，将跳棋一涂上蓝色。

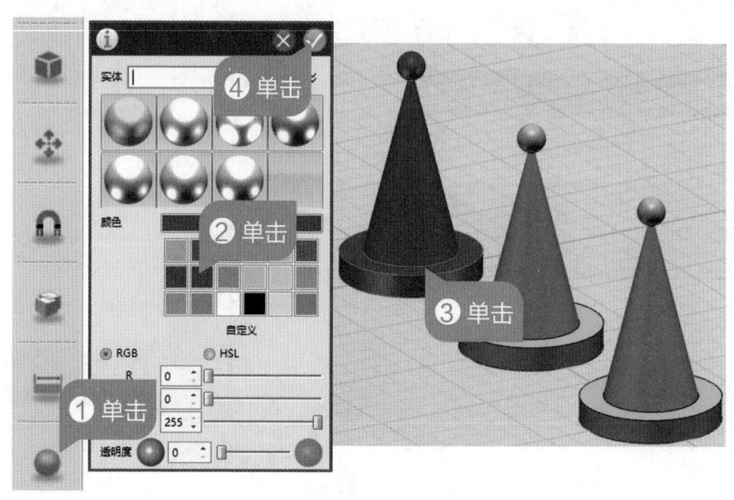


图 3-11　修饰跳棋一

**02　修饰其他跳棋**　仿照上述操作，给另外两个跳棋涂色，效果如开始任务图所示。

**提示**

在“材质渲染”对话框中，不仅可以为模型设置颜色，还能设置光照效果和透明度，根据 R、G、B 的值可以更精确地设置颜色。

**03　保存作品**　将文件命名为“跳棋”，保存到云盘中的“我的模型库”里。

## 检测评估

### 1. 修改模型

试着制作 6 个不同颜色和材质的跳棋，效果参照图 3-12 所示。

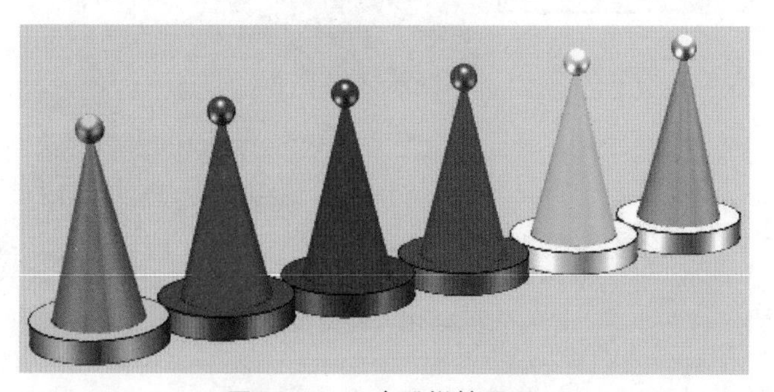

图 3-12　6 个跳棋效果图

### 2. 拓展创新

亲爱的小创客们，请你利用本课学习的知识，将上节课自己的创意作品再改变颜色，并排列成不同的形状。赶紧动手试一试吧！

# 第 4 课　这个飞碟很炫酷

在浩瀚的太空中，有没有外星人存在？他们有没有访问过地球？世界各地很多人都报告看到过飞碟，飞碟是不是外星人穿越太空的交通工具？这些都是未解之谜。一般报告人都声称，他们看到的飞碟都是扁平的椭球体，还有起落架、驾驶舱，有一些球体环绕在外侧。本课就让我们制作一个这样炫酷的飞碟吧！

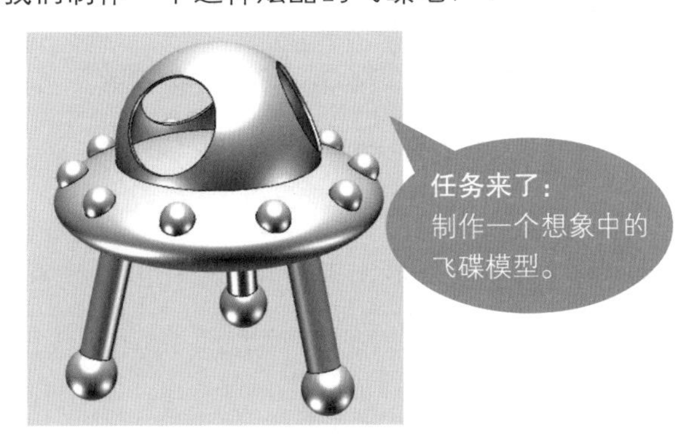

任务来了：
制作一个想象中的飞碟模型。

## 构思作品

制作飞碟 3D 模型，需要先假想一下飞碟具备哪些功能，再根据这些功能考虑飞碟是由哪些部分组成，这些组成部分又应该怎么去制作。

### 1. 设想功能

请你想一想，飞碟的功能有哪些？要实现这样的功能在设计外形时需要注意些什么？在图 4-1 的思维导图中已给出了部分功能，以及外形设计时需要考虑的问题，开动你的脑筋，想一想还能补充别的功能和外形吗？

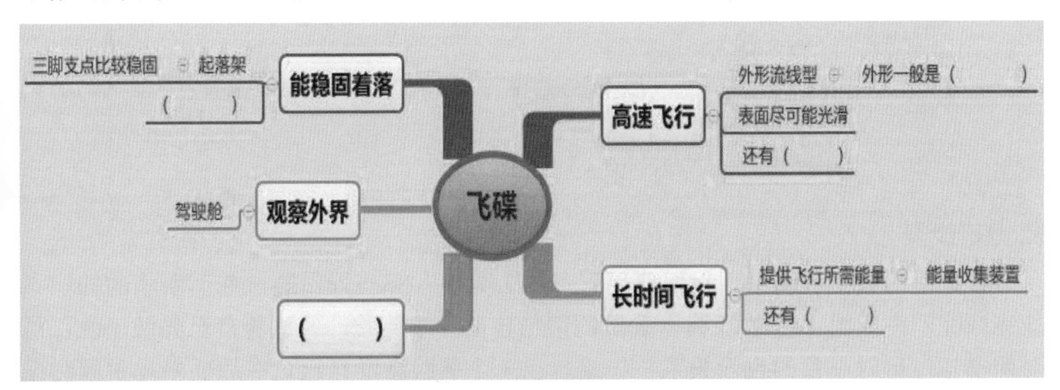


图 4-1　填写组成部分

### 2. 设计作品

通过上面的分析，我们了解到，飞碟外形应该是流线型，表面尽可能光滑；要有能量收集装置、起落架、驾驶舱等。根据这些功能，我们的飞碟作品各部分应该是什么样的呢？请填写在图 4-2 中。

| 功能 | | 设想实体 |
| --- | --- | --- |
| 流线型 | → | 椭球体 |
| 储能装置 | → | 分布在表面的一圈（　　） |
| 起落架 | → | 三个（　　） |
| 驾驶舱 | → | 镂空的球体 |

图 4-2　填写设想实体

### 3. 绘制草图

请在纸上将你心目中的飞碟样式绘制出来，并试着标出大致的尺寸。

## 规划设计

对于飞碟 3D 模型，我们有了大致的草稿，但是想在 3D One 软件中实现，还要考虑制作时用到什么工具，操作步骤是怎样的。

### 1. 规划步骤

根据飞碟的组成部分分析，制作时我们可以按如图 4-3 所示的步骤进行。

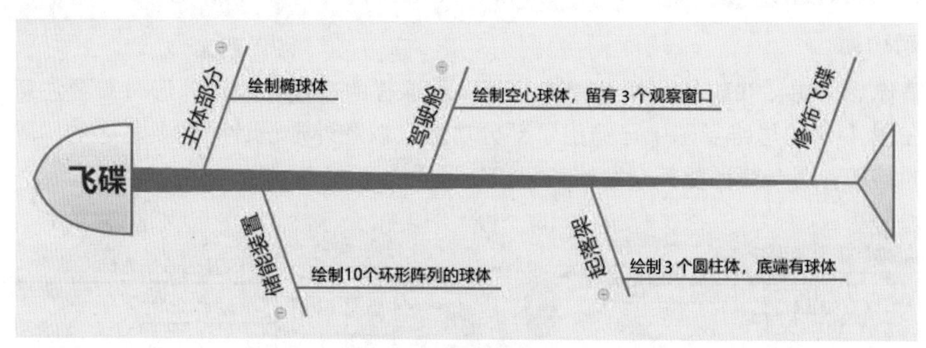


图 4-3　制作步骤

### 2. 分析步骤

在上面的制作步骤中，我们要用到哪些工具呢？哪些操作通过前面所学的知识不能完成呢？完成图 4-4 的表格，会做的请给自己一个笑脸，并试着自己先做一做，再对照书本；暂时不会的也没关系，先给自己一个哭脸激励自己，在后面书本讲解时仔细阅读哦！

| 步骤 | 我会做吗? | 运用了什么工具 |
| --- | --- | --- |
| 绘制椭球体 | 😊 ☹ | (　　) |
| 绘制10个环形阵列的球体 | 😊 ☹ | (　　) |
| 绘制空心球体，留有 3 个观察窗口 | 😊 ☹ | (　　) |
| 绘制3个圆柱体，底端有球体 | 😊 ☹ | (　　) |

图 4-4　分析步骤

## 建立模型

### 绘制主体部分

飞碟的主体部分是椭球体，在外围分布着一圈 10 个均匀排列的球体作为储能装置。

**01** 绘制椭球体　运行 3D One 软件，选择“椭球体”工具，将长、宽、高分别设置为 100、100、30，效果如图 4-5 所示。

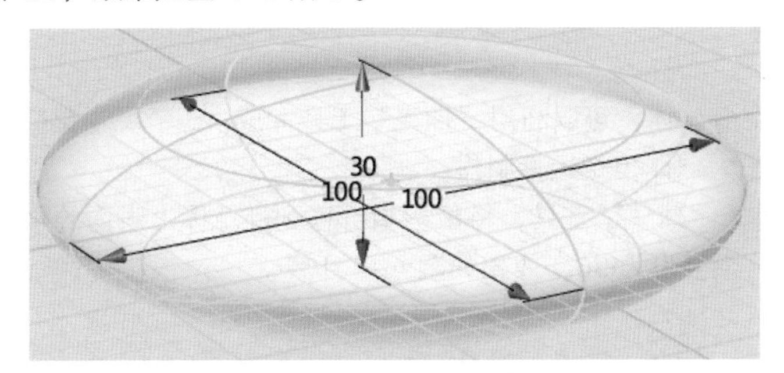


图 4-5　绘制椭球体

**02** 绘制储能装置　选择“球体”工具，在椭球体外圈侧绘制球体，设置球体半径为 5，效果如图 4-6 所示。

图 4-6　绘制储能装置

**03** **阵列储能装置** 选择“阵列”工具，按图 4-7 所示操作，在椭球体外圈侧绘制 10 个储能装置。

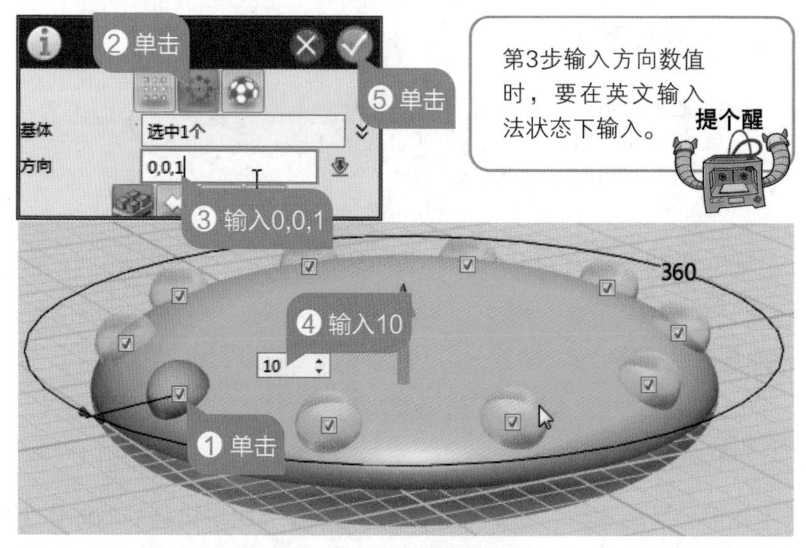


图 4-7　阵列储能装置

## 绘制驾驶舱

驾驶舱是个空心球体，可以利用“抽壳”工具完成；3 个观测窗口也是圆形，可以利用 3 个小球体和大球体相减运算制作。

**01** **绘制球体** 选择“球体”工具，将鼠标指针移到椭球体上表面的中心点单击，在此处绘制球体，半径设为 30，效果如图 4-8 所示。

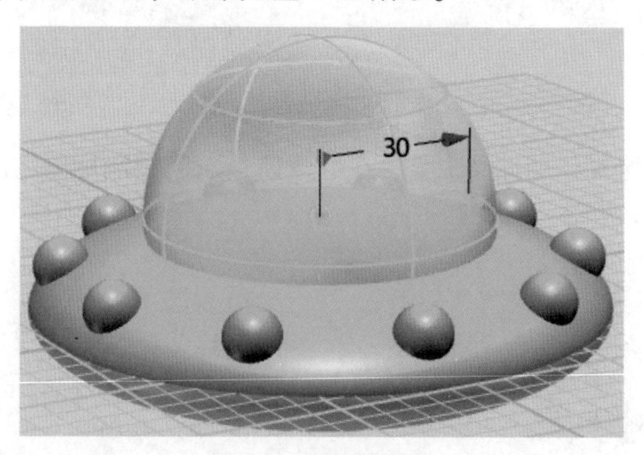


图 4-8　绘制球体

**02** **制作空心球体** 按图 4-9 所示操作，将球体变成空心。

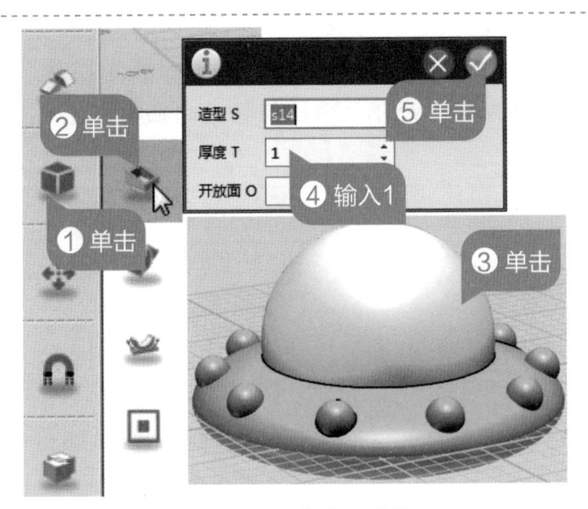


图 4-9　制作空心球体

**03** 绘制小球　选择“球体”工具，在驾驶舱上绘制小球，半径为 15，效果如图 4-10 所示。

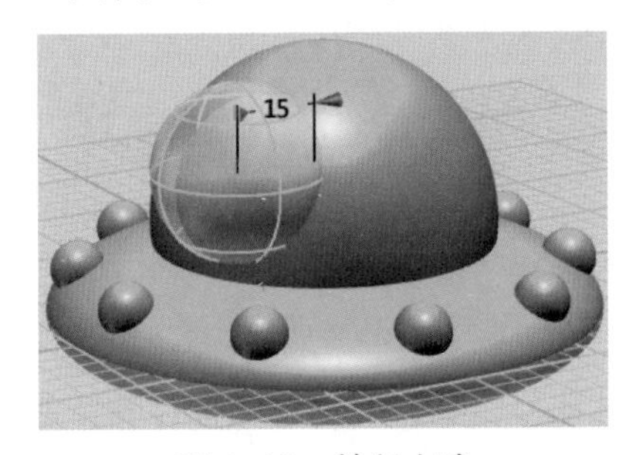


图 4-10　绘制小球

**04** 绘制观测窗　选择“阵列”工具，按图 4-11 所示操作，在驾驶舱外侧绘制 3 个观测窗口。

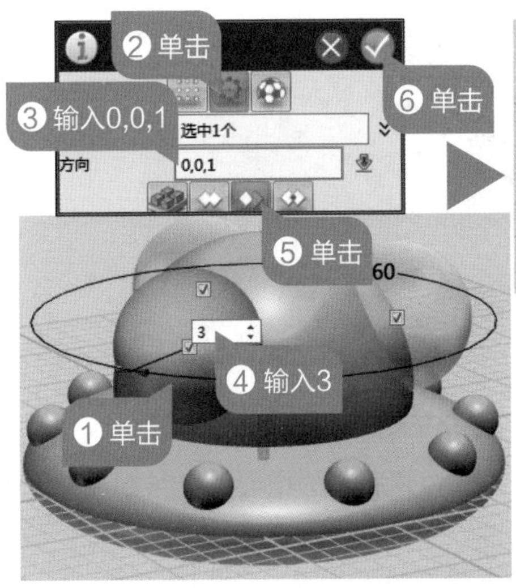


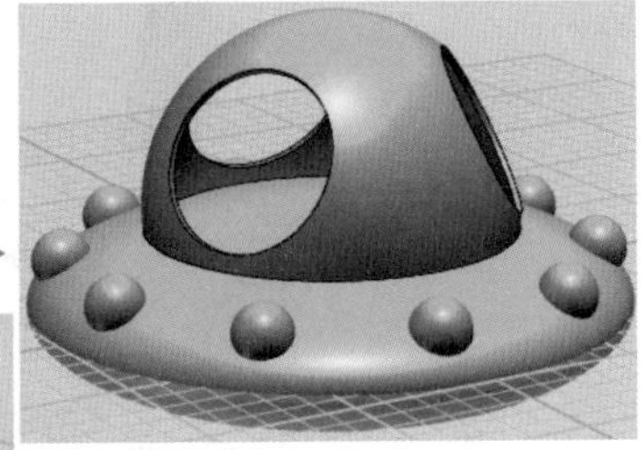

驾驶舱效果图

图 4-11　绘制观测窗

提示

在图 4-11 的第 5 步操作时，选择“移除选中实体”，表示在大球中将小球部分挖掉，结合前面已经将大球抽壳变成空心的操作，就可以做出窗口。

## 绘制起落架

为了保证飞碟落地稳定，采用了三根圆柱体作为起落架，在起落架的底端增加了球体。

**01** 调整视图 在网格上按住鼠标右键向上拖动，调整视图至如图 4–12 所示的位置。

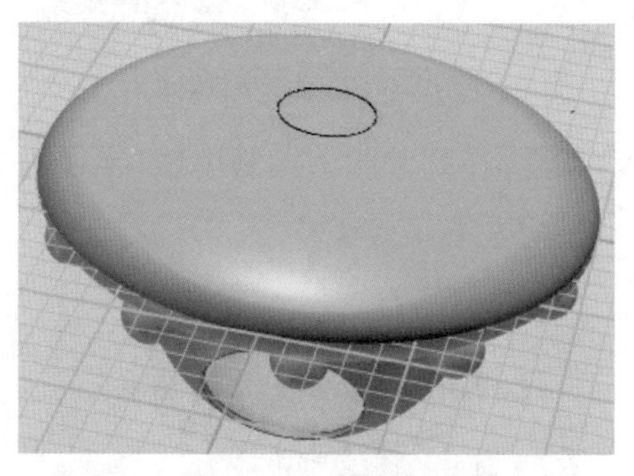

图 4–12　调整视图

**02** 绘制圆柱体 选择“圆柱体”工具，在底面表面位置绘制起落架，长度为 40，半径为 3，效果如图 4–13 所示。

图 4–13　绘制圆柱体

**03** 绘制底端球体 选择“球体”工具，在圆柱体底圆的中心位置绘制球体，半径为 8，效果如图 4–14 所示。

**04** 组合起落架 按图 4–15 所示操作，将起落架组合成一个整体。

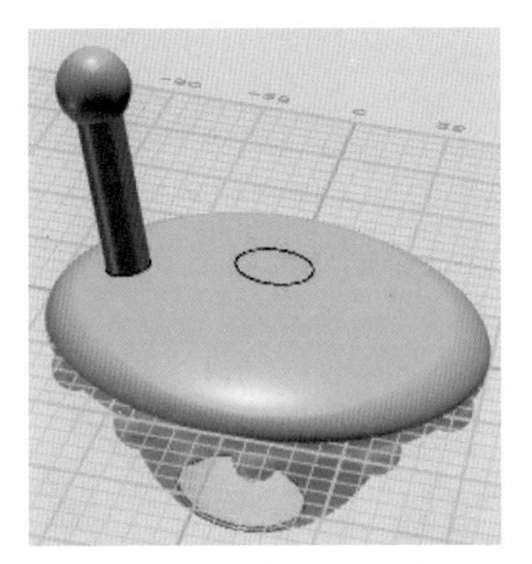

图 4–14　绘制底端球体

图 4–15　组合起落架

**05** 阵列起落架　选择“阵列”工具，选择圆形阵列，设置方向为 (0,0,1)，数量为 3，将起落架再复制 2 个放在飞碟的底部，效果如图 4–16 所示。

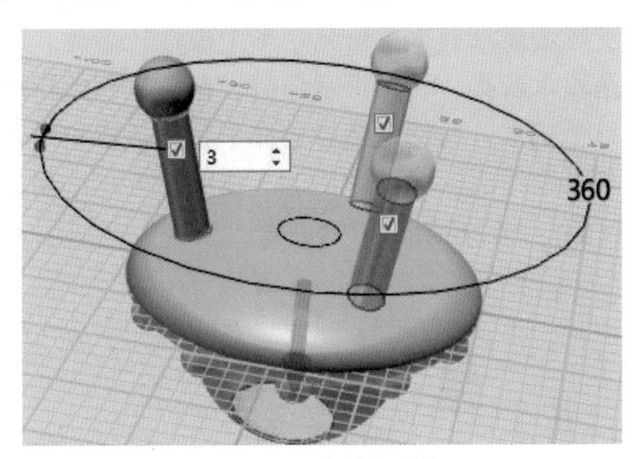


图 4–16　阵列起落架

**06** 组合飞碟　切换到默认视图，选择“组合”工具，将飞碟的所有部分组合成一个整体。

**07** 修饰飞碟　选择“材质渲染”工具，对飞碟涂色，一个炫酷的飞碟就制作完成了，效果图如本课开头所示。

**08** 保存作品　将作品以文件名“飞碟”保存在云盘中的“我的模型库”里。

## 检测评估

### 1. 修改模型

飞碟在夜间着陆时会需要探照灯，你觉得探照灯安装在什么位置比较合适呢？探照灯一般是什么形状的？试着在飞碟的底部增加 6 个探照灯，可以参考图 4–17 制作。

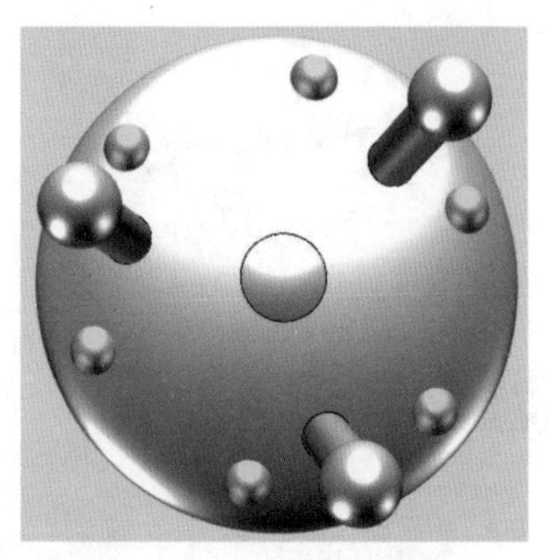

图 4–17　飞碟的探照灯

### 2. 拓展创新

亲爱的小创客们，你还设想飞碟有哪些功能？你能用学过的知识将它设计和制作出来吗？做出来后上传到云盘中和朋友们一起分享吧！

## 第 5 课　我的城堡我做主

每个人的童年都梦想着能拥有很多玩具，其中最让人着迷、最能发挥创造力的无疑是积木玩具，利用形状各异、色彩丰富的积木能搭建出各种实物。单个积木一般都是各种立体形状，要搭建出一个好看的实体，需要考虑到组合、对称、协调、稳固等各种因素。用积木搭建一个童话城堡，无疑是孩子们的最爱。

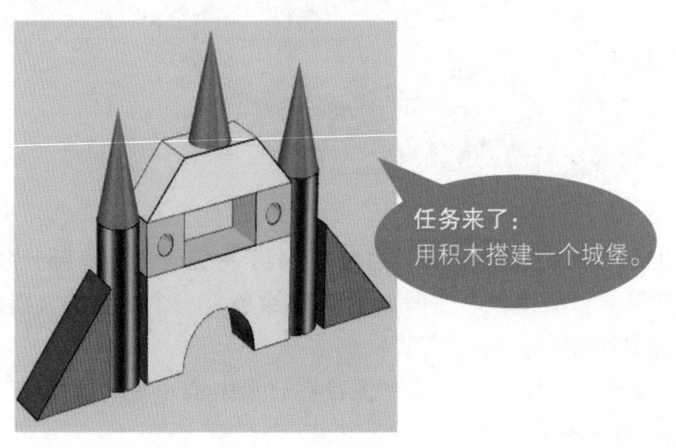

## 构思作品

想制作童话城堡 3D 模型，需要先思考一下童话城堡的外形一般是什么特征，应该如何去表现这些特征。

### 1. 外形特征

请你想一想，童话城堡的外形一般有哪些特征？在图 5–1 的思维导图中已给出了部分外形特征，发挥你的想象力，看看还能补充什么。

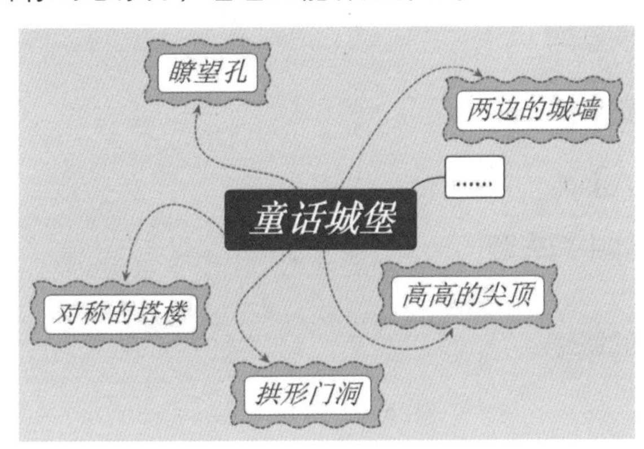


图 5–1　填写外形特征

### 2. 绘制草图

请在纸上将你设计的城堡草图绘制出来，并标上大致的尺寸。

## 规划设计

对于童话城堡，我们有了大致的草稿，但是想在 3D One 软件中实现，还需要考虑一下外形是由哪些基本实体组成，通过哪种方法实现。

### 1. 分析特征

根据城堡的特征，找出对应的基本实体，填写在图 5–2 中。

| 外形特征 | | 设想实体 |
|---|---|---|
| 高高的尖顶 | ⟶ | （　　　） |
| 对称的塔楼 | ⟶ | 圆柱体 |
| 拱形门洞 | ⟶ | 六面体减去圆柱体 |
| 瞭望孔 | ⟶ | 六面体减去（　　） |
| 两边的城墙 | ⟶ | （　　　） |

图 5–2　填写设想实体

### 2. 实现工具

在上面的制作步骤中，我们要用到哪些工具呢？哪些操作通过前面所学的知识不能完成呢？完成图 5-3 的表格，会做的请给自己一朵🌹，并试着自己先做一做，再对照书本；暂时不会的也没关系，先给自己一朵🥀激励自己，在后面书本讲解时仔细阅读哦！

| 步骤 | 我会做吗？ | 运用了什么工具 |
| --- | --- | --- |
| 绘制圆锥体 | 🌹 🥀 | （ ） |
| 绘制圆柱体 | 🌹 🥀 | （ ） |
| 绘制六面体 | 🌹 🥀 | （ ） |
| 六面体中减去圆柱体 | 🌹 🥀 | （ ） |
| 斜面的城墙 | 🌹 🥀 | （ ） |

图 5-3 实现工具

## 建立模型

### 绘制拱形门洞

城堡的大门一般都是拱形，我们可以先绘制六面体，再绘制一个圆柱体，在六面体上将圆柱体的部分挖掉完成拱形门洞。

**01** 绘制六面体 运行 3D One 软件，选择“六面体”工具，将中心点设为 (0,0,0)，将长、宽、高分别设置为 40、10、20，效果如图 5-4 所示。

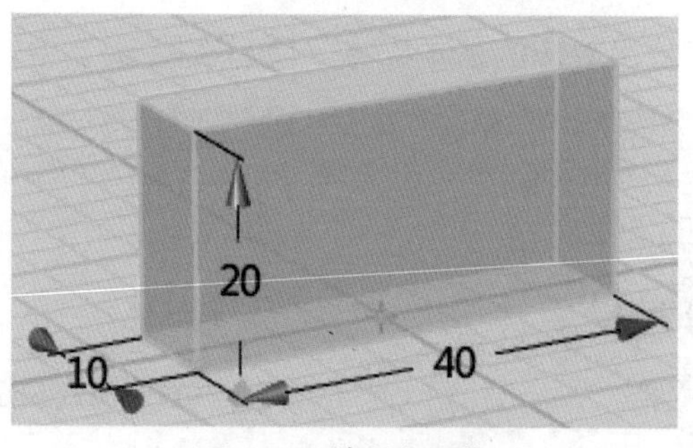


图 5-4 绘制六面体

**02** 绘制圆柱体 选择“圆柱体”工具，按图 5-5 所示操作，绘制圆柱体。

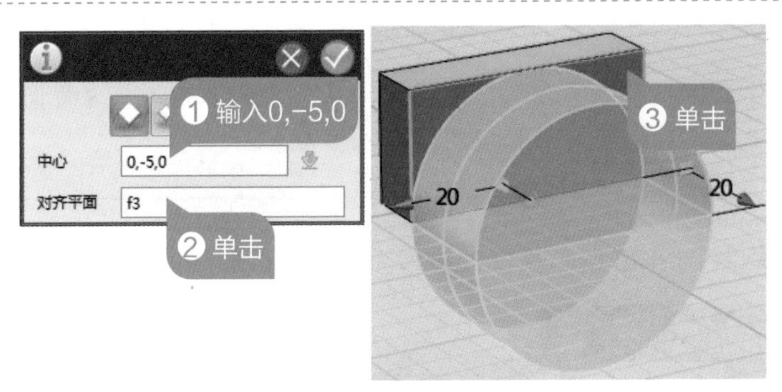


图 5–5　绘制圆柱体

**03** 绘制门洞　按图 5–6 所示操作，完成拱形门洞的绘制。

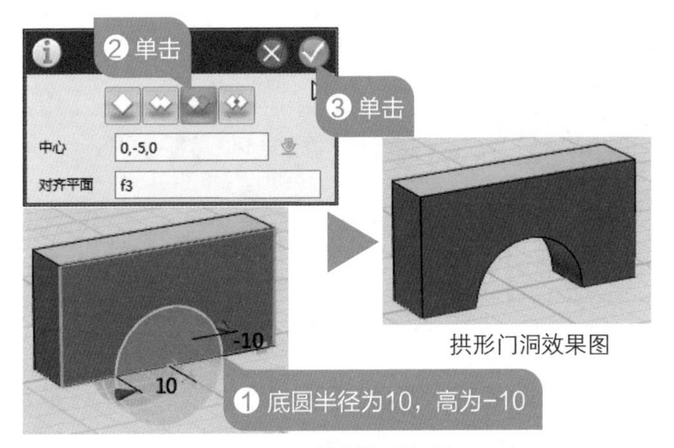


图 5–6　绘制拱形门洞

## 绘制瞭望孔

瞭望孔是在六面体的中间挖一个小孔，可以用六面体减去圆柱体得到，为了对称美观，设计了左右各一个。

**01** 绘制六面体　将视图切换为“上视图”，选择“六面体”工具，在门洞上方中心点处绘制六面体，长、宽、高分别设置为 10、10、10，效果如图 5–7 所示。

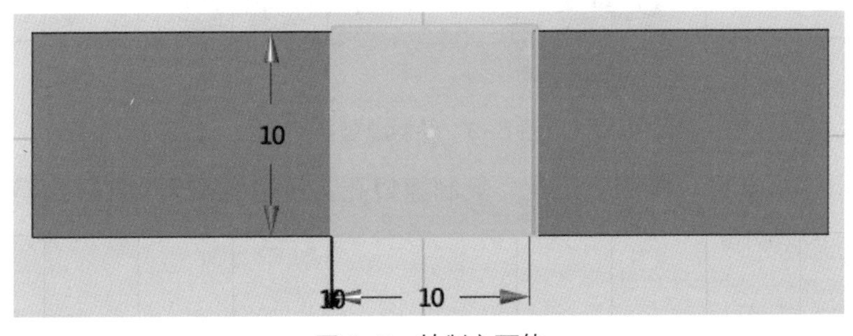


图 5–7　绘制六面体

**提示**

如果输入参数不方便，可以滚动鼠标中间滚轮，放大视图；或者选定中心点后切换到原始视图，输入参数。

**02 移动六面体** 按图 5-8 所示操作，将六面体移到拱形门顶端的左边边缘。

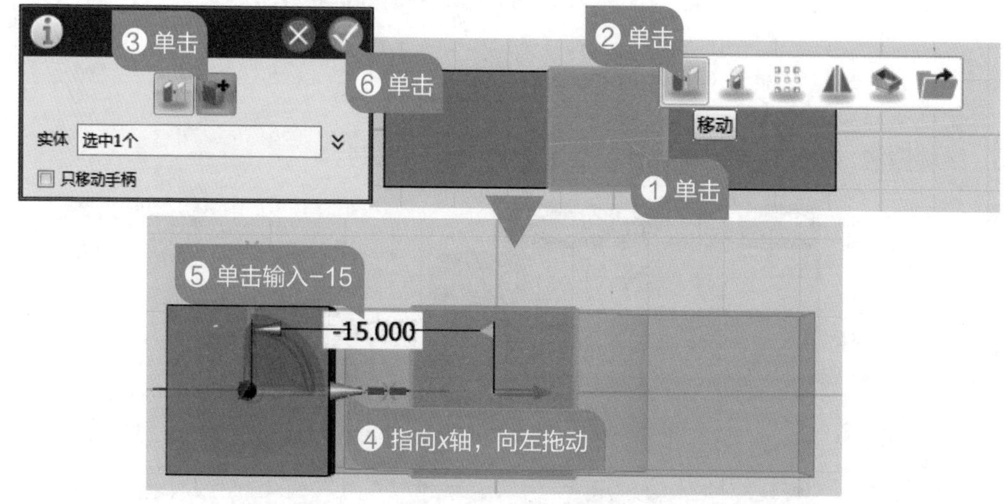


图 5-8 移动六面体

**03 绘制瞭望孔** 切换到原始视图，选择“圆柱体”工具，在上一步六面体前面的中心点处绘制圆柱体，底圆半径、高分别设置为 3、-10，进行“减运算”，效果如图 5-9 所示。

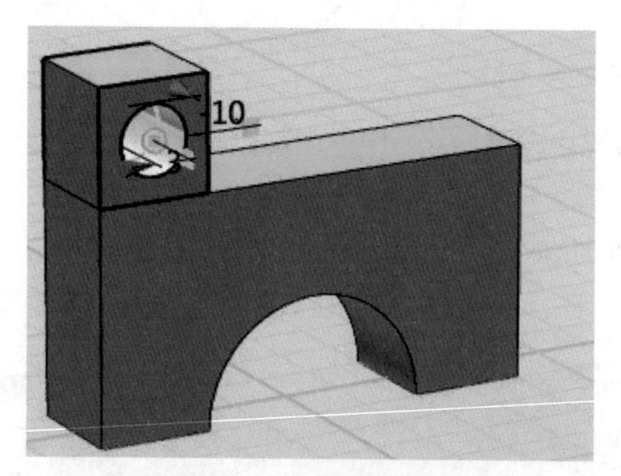


图 5-9 绘制瞭望孔

**04 复制瞭望孔** 选择“阵列”工具，复制瞭望孔，设置距离为 -30，数量为 2，效果如图 5-10 所示。

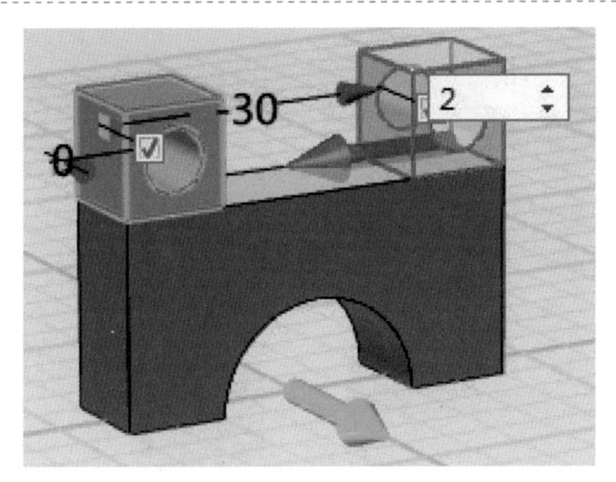


图 5-10　复制瞭望孔

## 绘制城堡顶部

在城堡顶部绘制一个两端斜面的实体，顶部再绘制一个圆锥体。

**01** 绘制六面体　选择“六面体”工具，绘制六面体，中心点设为 (0,0,20)，长、宽、高分别设置为 30、10、10，效果如图 5-11 所示。

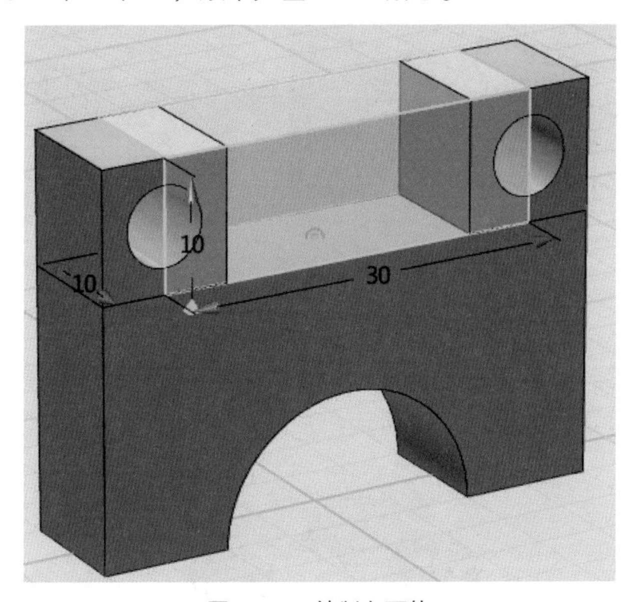


图 5-11　绘制六面体

**02** 移动六面体　选择“移动”工具，单击上一步绘制的六面体，选择 *z* 轴方向移动，移动距离为 10，效果如图 5-12 所示。

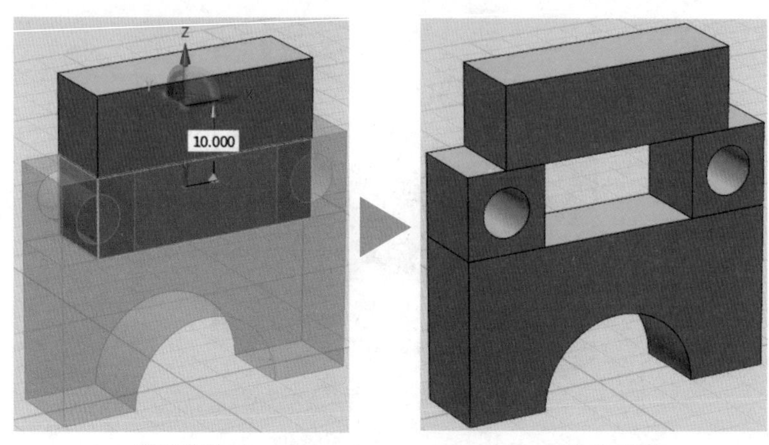


图 5-12　移动六面体

**03** 绘制斜面　按图 5-13 所示操作，将六面体的一个面变形为斜面。

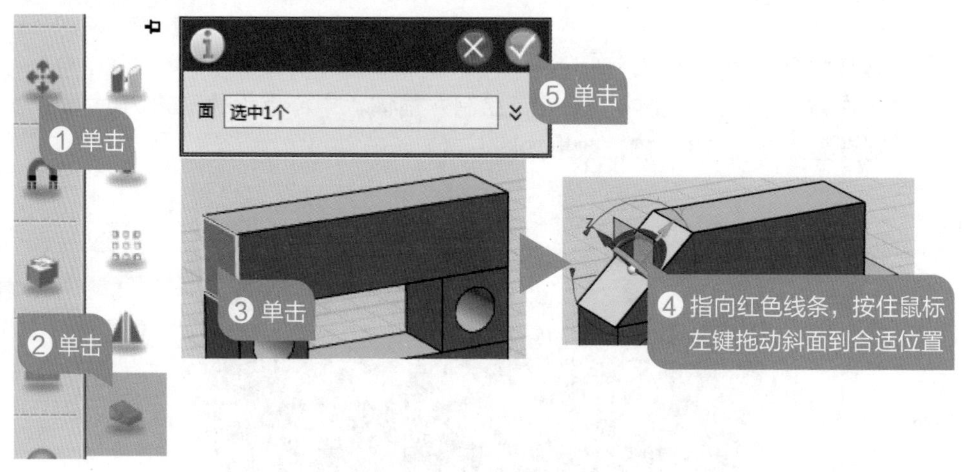


图 5-13　绘制斜面

**04** 绘制另一个斜面　按住鼠标右键拖动，调整视图，仿照上一步操作，将六面体另一面变形为斜面，效果如图 5-14 所示。

图 5-14　绘制另一个斜面

**05** **绘制圆锥体** 选择“圆锥体”工具，在顶端中心处绘制圆锥体，效果如图 5–15 所示。

图 5–15　绘制圆锥体

## 绘制塔楼及城墙

在城堡两边还有圆柱体底座的塔楼，塔楼顶端是圆锥体，城墙用斜面体搭建，绘制完成后，给积木涂上各种颜色。

**01** **绘制圆柱体** 选择“圆柱体”工具，绘制圆柱体，中心点设为 (–25,0,0)，底圆半径、高分别设置为 5、30，效果如图 5–16 所示。

**02** **绘制圆锥体** 选择“圆锥体”工具，在上一步绘制的圆柱体顶端中心处绘制圆锥体，底圆半径、高分别设置为 5、20；并选择“组合编辑”工具，将圆锥体和圆柱体底座组合起来，效果如图 5–17 所示。

图 5–16　绘制圆柱体

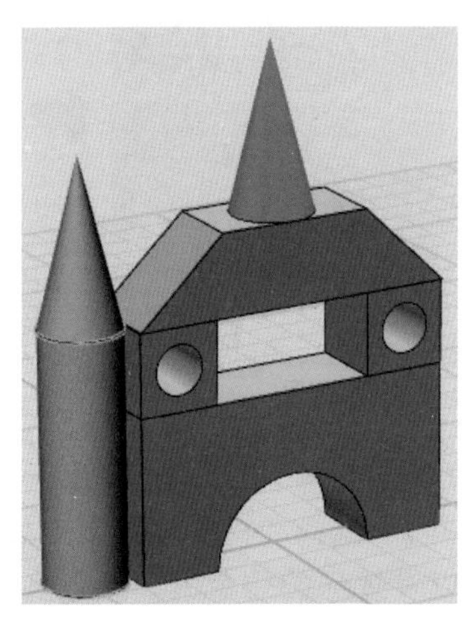

图 5–17　绘制圆锥体

**03** **复制塔楼** 选择“阵列”工具，在右边复制一个塔楼，设置距离为 50，数量为 2，效果如图 5-18 所示。

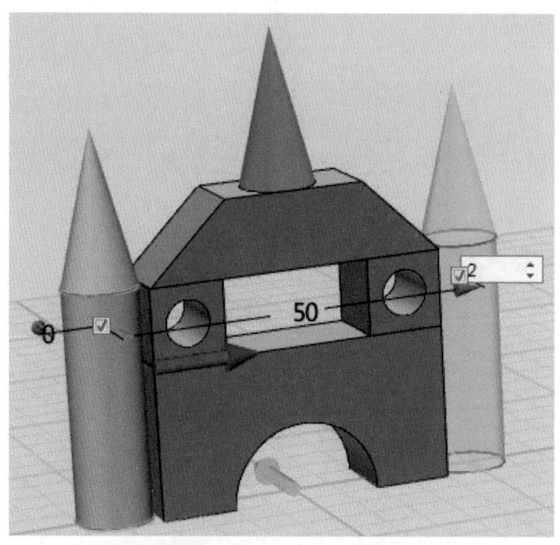


图 5-18 复制塔楼

**04** **绘制城墙** 选择“六面体”工具，绘制六面体，中心点设置为 (-35,0,0)，长、宽、高分别为 10、10、20，再选择“DE 移动”工具，按图 5-19 所示操作，绘制斜面。

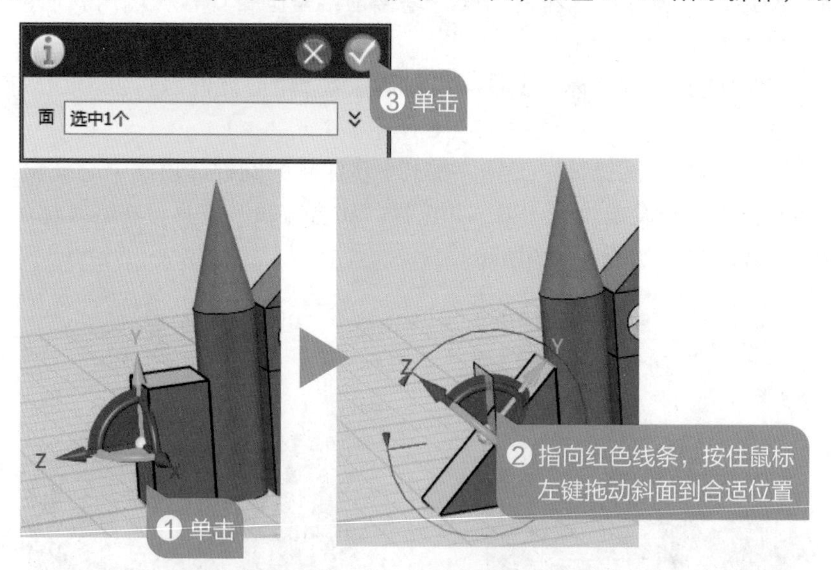


图 5-19 绘制城墙

**05** **绘制另一边城墙** 仿照上一步操作，在另一边绘制城墙，效果如图 5-20 所示。

**06** **修饰城堡** 选择“材质渲染”工具，对积木涂色，童话城堡就制作完成了，涂色时可以发挥你的想象力，涂上各种颜色和效果，要注意美观哦，效果图可参考图 5-21。

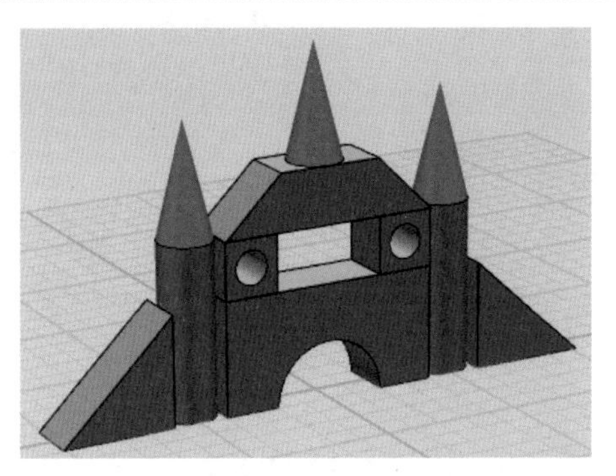

图 5-20　绘制另一边城墙

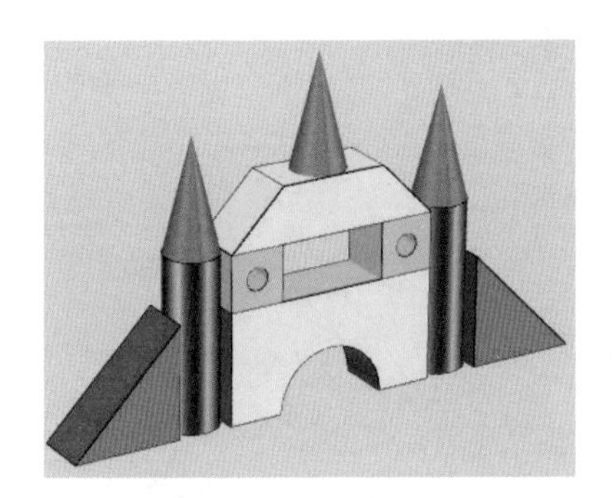

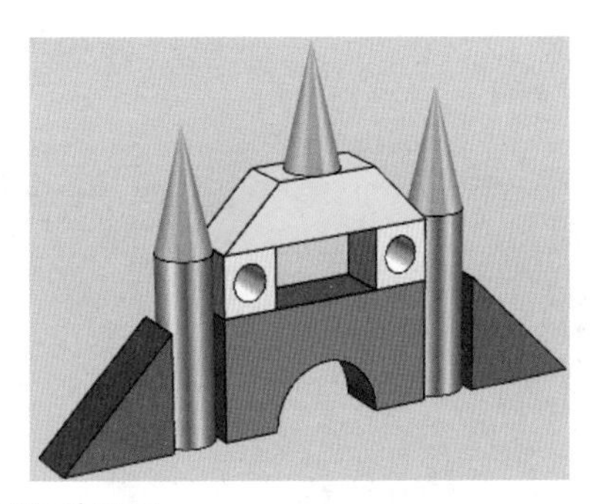

图 5-21　城堡效果图

**07**　保存作品　将作品以文件名“童话城堡”保存在云盘中的“我的模型库”里。

## 检测评估

### 1. 修改模型

试着将案例中的城门洞设计成并排 3 个拱形门洞，中间最大，两边稍小；并在塔楼的两边搭建城墙，城墙上有城垛，效果如图 5-22 所示。

图 5-22　修改后的城堡效果图

### 2. 拓展创新

亲爱的小创客们，你还能用积木搭建出什么物品或者实体吗？做出来后上传到云盘中和朋友们一起分享吧！

# 第 2 单元

## 换个地方玩艺术

亲爱的创客朋友们，本单元我们将学习利用 3D One 软件制作小水杯、青花瓶、仿古碟等，然后用国画颜料为作品绘制涂鸦效果。将你所做的作品进行艺术加工，不仅可以发挥你的创造性，还能展示你的艺术天赋。

本单元通过一些简单的图形建模，帮助大家对 3D 建模建立初步的认知，渗透计算机思维和艺术创作新思维，为后面创作更为复杂的 3D 作品做好知识储备。

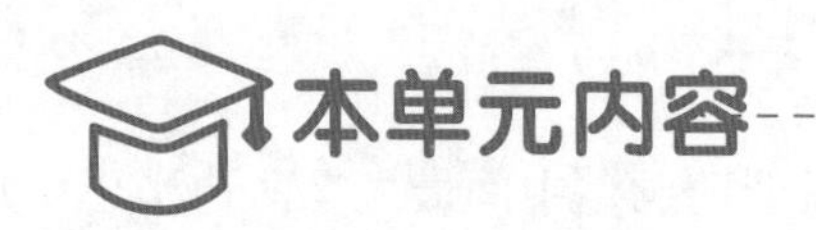

# 第 6 课　抽出一只喝水杯

喝水的杯子在生活中无处不在，形状各异，但是有个性的你一定想拥有一只独一无二的杯子，3D 打印就可以满足你这个要求。我们在 3D 软件中创建一只杯子，再把它打印出来，然后用你手中的画笔在杯身上进行彩绘，这样就能拥有一只你的专属水杯了！

任务来了：
建模设计一只如左图所示的水杯模型。

## 构思作品

在构思小水杯作品时，首先要明确它的用途与尺寸，然后思考设计作品中需要解决的问题，并提出相应的解决方案。

### 1. 明确作品功能特征

一只小水杯既要能喝水，还要方便后期的彩绘涂鸦。请你观察家中的水杯，想一想你要做的小水杯还应该有哪些功能与特点呢？请将你认为需要达到的目标填写在图 6–1 的思维导图中。

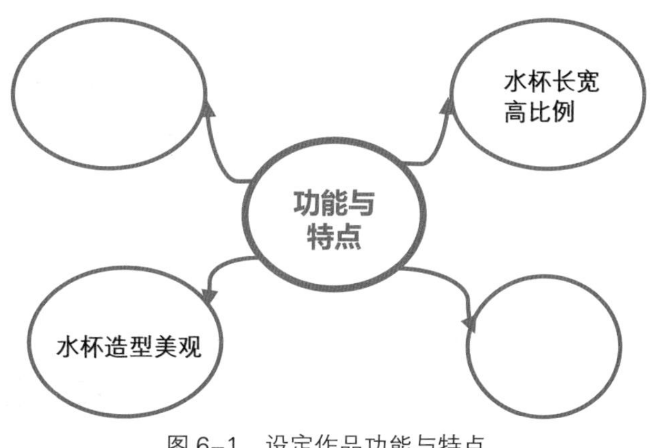


图 6–1　设定作品功能与特点

### 2. 提出方案

什么造型适合用来做水杯？请在下图 □ 中勾选你喜欢的造型。水杯外表面用什么类型的图画进行彩绘？请在下图中勾选你喜欢的图贴，试着先思考解决如下问题。

想一想

(1) 水杯造型是什么样的？（□圆柱体 □圆台体 □其他 ______）

(2) 水杯的外表面用哪个图贴进行彩绘？请在下面图贴对应的括号内打√选择或自己设计。

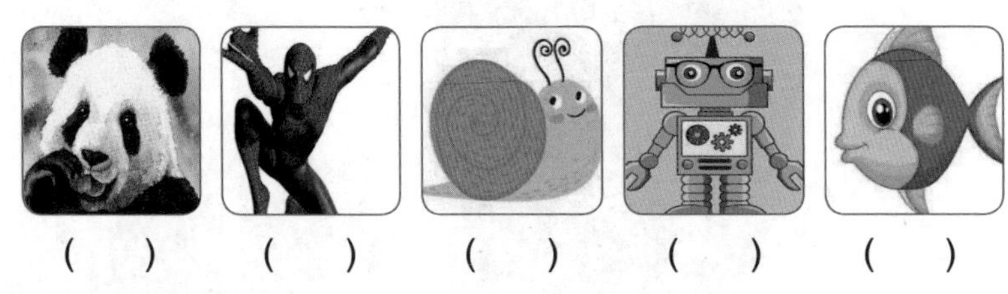

（  ）（  ）（  ）（  ）（  ）

我自己设计的水杯造型是：______________________

水杯表面的彩绘图案是（简单画一画）：

针对以上 2 个问题，经过思考，可以考虑将一只现成的水杯实物拿来量一量，并且结合你手上的 3D 打印机最大能打印的尺寸范围，根据这些作为参考数据来设计大小。

## 规划设计

### 1. 外观结构

根据以上的方案，可以初步设计出作品的外观，效果如图 6-2 所示，在纸上或电脑画图软件中绘制出作品的外观草图。

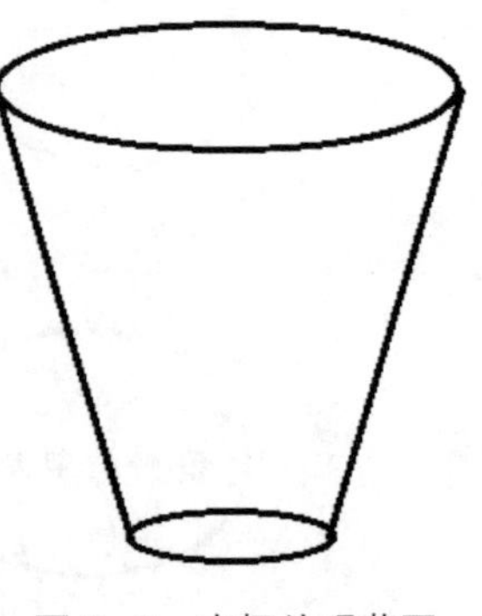

图 6-2　水杯外观草图

**提示**

这个设计草图还有什么需要修改的地方吗？如果你有更好的方案，也请你仿照这张设计草图，将你的好主意画在纸上。

### 2. 作品尺寸

思考：本案例中的杯子，上口直径为 54mm，下底直径为 30mm，杯子高度为 95mm，你觉得这样尺寸的杯子从外观或比例上看美观吗？如果由你来设计案例中的杯子，那么杯子尺寸和比例多少为合适，看上去还非常美观。请在图 6-3 空白处画一画杯子草图并标出杯子尺寸，同时简单说一说你的设计理由。

**想一想**

**请根据黄金分割的原则在下面空白处绘制杯子草图并标出杯子的尺寸 ( 单位 mm)。**

**案例中杯子的尺寸比例有以下关系，杯子高度与杯子上口直径的比值约等于杯子上口直径与杯子下底直径比值，均接近黄金分割比值 0.618。**

**简单说一说你的设计理由：**________________________________

________________________________________________

图 6-3　设计作品草图及理由

### 3. 制作步骤

确定作品外观、比例和尺寸之后，接下来需要考虑的问题就是如何分步来完成作品的制作工作。如图 6-4 所示，这个作品将被分为 4 部分来完成，请思考这 4 部分应当如何安排制作顺序，并用线连一连。

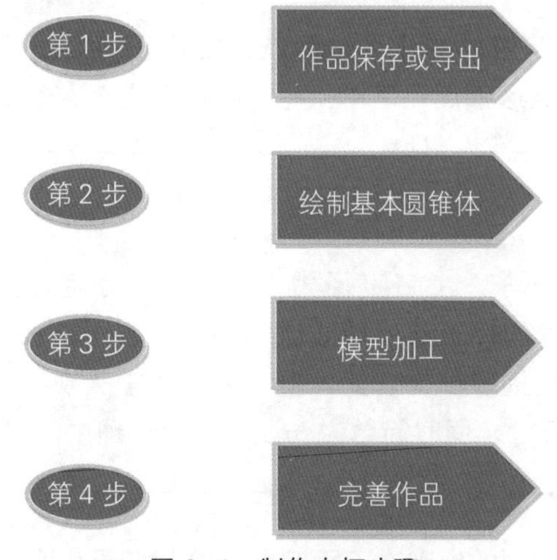


图 6–4　制作水杯步骤

## 建立模型

### 绘制圆锥体

在工作平面上的中心点位置绘制一个基本圆锥体模型，并调整圆锥体的尺寸。

**01** 新建项目　运行 3D One 软件，新建一个 3D One 项目，绘制一个基本圆锥体。

**02** 绘制圆锥体　按图 6–5 所示操作，在坐标 (0,0,0) 处绘制一个圆锥体模型。

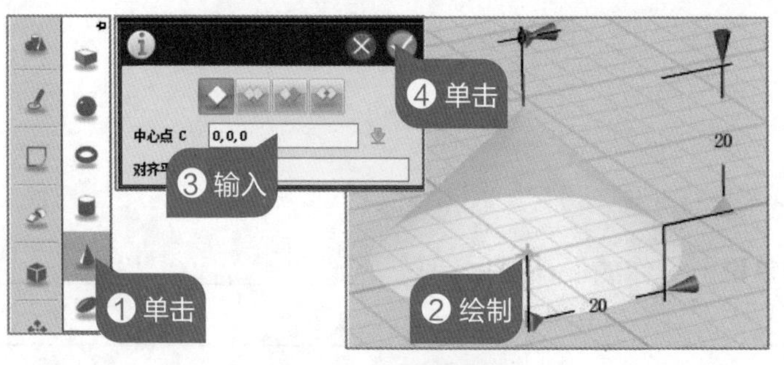


图 6–5　绘制圆锥体

**03** 创建水杯外形　按图 6–6 所示操作，分别调整水杯实体上底、下底半径和高（或者双击实体中的默认值，重新输入数值），修改圆锥体尺寸，确定水杯外形。

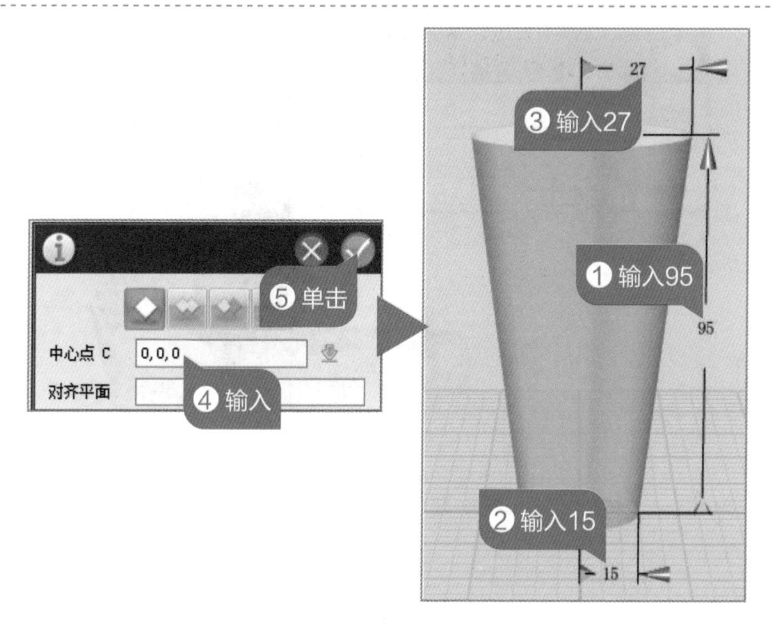


图 6-6　创建水杯外形

## 模型加工

创建好的圆锥体，通过尺寸调整变成一个实心的圆台。为了满足水杯的功能需要，必须对实体进行“抽壳”操作。

01 抽壳处理 先单击选择水杯实体，按图 6-7 所示操作，选择“特殊功能”中的“抽壳”工具，完成对水杯模型的抽壳处理。

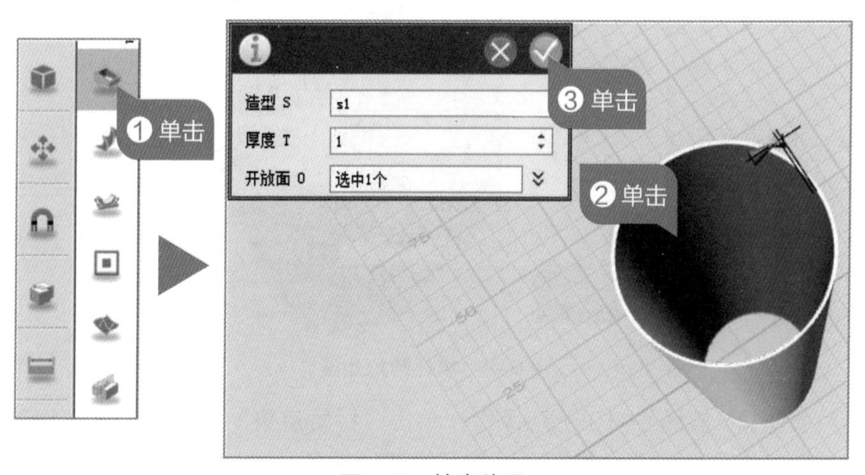


图 6-7　抽壳处理

02 设置水杯厚度 按图 6-8 所示操作，设置水杯厚度为 1。

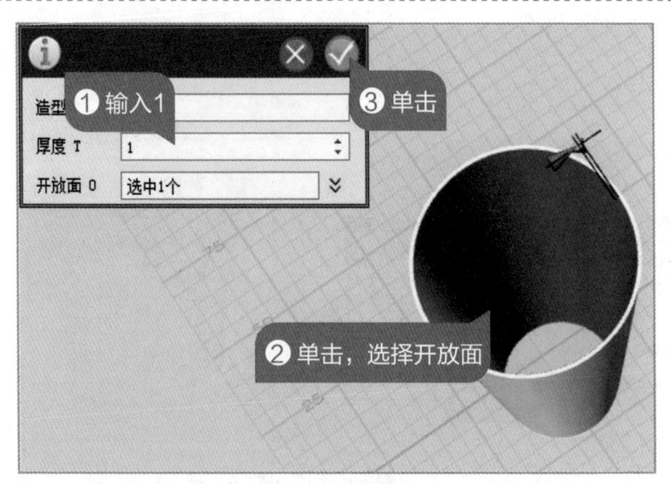


图 6-8　设置水杯厚度

## 完善作品

为了让作品实用美观，我们可以对作品有棱角的地方进行圆角处理，同时还需要对作品外观进行材质渲染，以方便我们后期的艺术加工。

**01** 水杯圆角处理　按图 6-9 所示操作，单击“特征造型”中的“圆角”工具，单击选取作品底面边缘，圆角半径采用默认值 5。

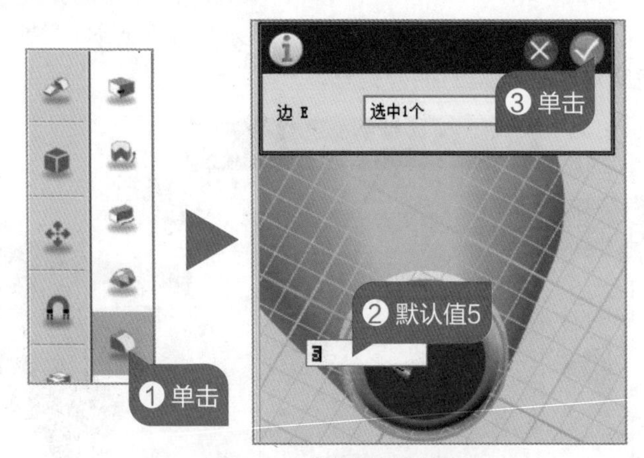


图 6-9　水杯圆角处理

**02** 作品材质渲染　按图 6-10 所示操作，单击“材质渲染”工具，给水杯设置颜色，为后期能对作品进行艺术加工——作品涂鸦做准备。

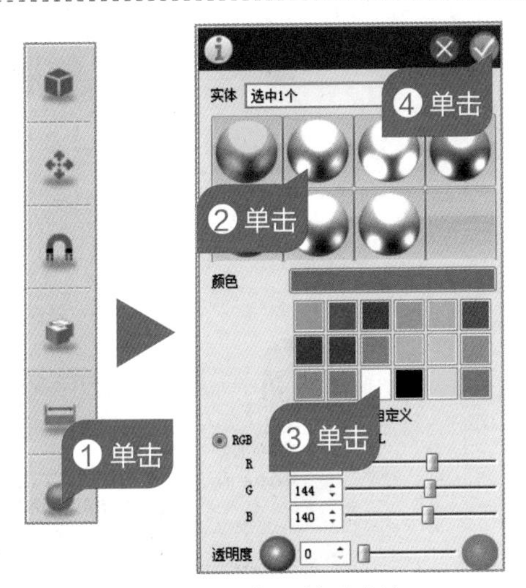


图 6–10　作品材质渲染

## 作品保存或导出

作品完成后即可单击保存到云盘中，同时还可以将作品导出至本地硬盘。

**01**　作品保存　按图 6–11 所示操作，根据实际需要将作品保存相关格式。

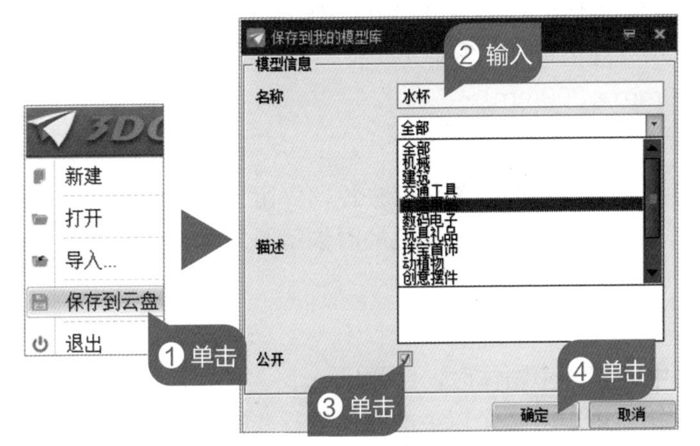


图 6–11　作品保存

**提示**

如果作品还没全部完成，只是半成品，建议设置为私有，去掉“公开”前面的“√”号就行，然后单击“确定”按钮保存作品。

**02**　作品导出　单击工作网格面上的水杯造型，在弹出的工具栏中按图 6–12 所示操作，根据实际需要将作品导出相关格式。

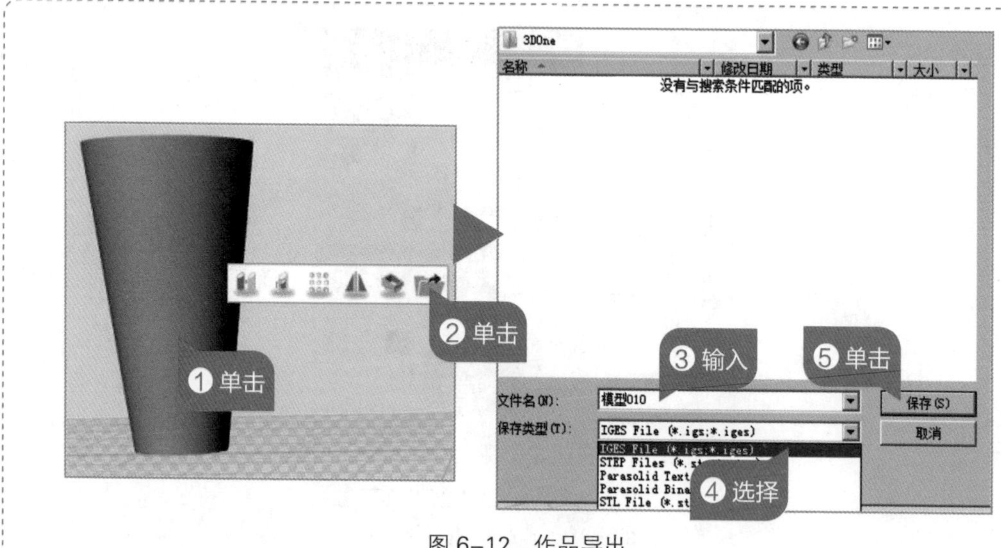


图 6–12　作品导出

## 知识准备

### 1. 家用 3D 打印机尺寸

家用的 3D 打印机不用太大，200mm × 200mm × 200mm 就够了。3D 打印机目前没有行业标准，尺寸规格每个厂家都不一样，家用的一般 150mm × 150mm × 150mm 到 300mm × 300mm × 300mm。

### 2. 认识抽壳

抽壳工具是将实体零件的内部全部去掉，仅留下外围的壳，菜单中厚度一栏值为正的时候壁厚向零件内部伸展，值为负的时候壁厚向零件外部伸展。值越大，实体的壁越厚。开放面为零件的开口面。

### 3. 3 种逻辑运算

在 3D One 中绘制一个物体时，会弹出一个“布尔运算”对话框，其中有 3 种逻辑运算功能的按钮，用于对 2 个以上的物体进行并集、差集、交集的运算，从而得到新的物体，效果如图 6–13 所示。

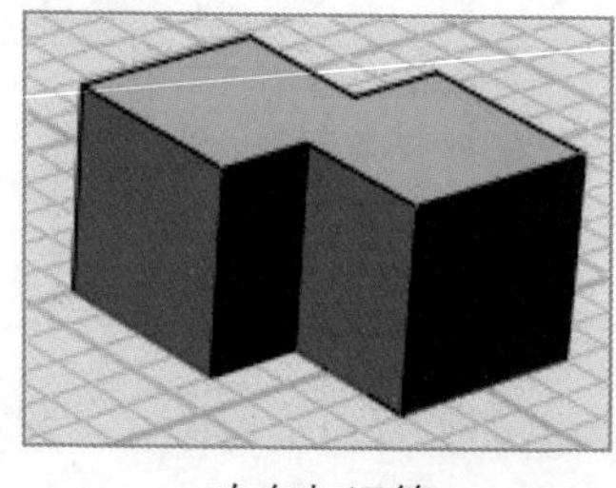

布尔加运算

布尔减运算

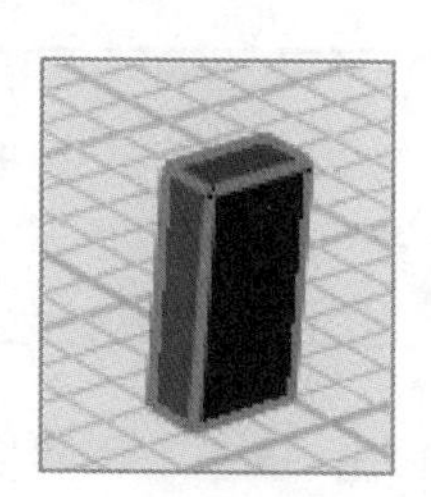

布尔交运算

图 6–13　3 种逻辑运算效果图

## 评测提升

### 1. 检测模型

在 3D One 软件中，需要多次调整不同视角对作品进行检查，检测模型结构是否完整，尺寸是否匹配，外形是否美观，同时还要考虑 3D 打印机能否实现打印，后期为了能更好地打印实物，我们还要考虑为作品设计辅助支撑点等。

### 2. 做一做

亲爱的小创客们，能否利用本课所学的知识尝试着完成花盆和笔筒呢？作品效果如图 6–14 所示。要求：利用基本实体中的“圆锥体”工具和特殊功能中的“抽壳”工具来完成。

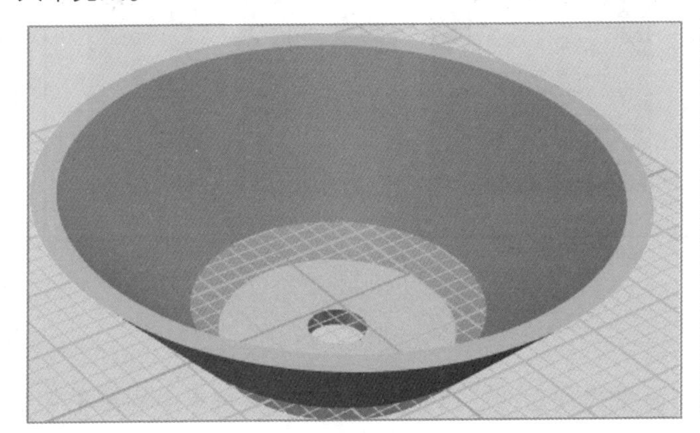
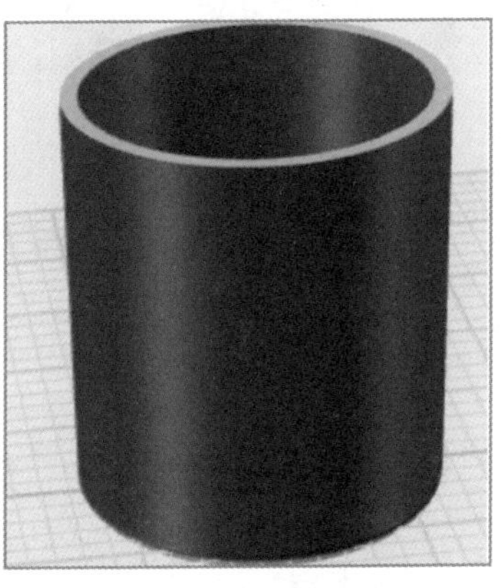

图 6–14　作品效果图

# 第 7 课　转出一个青花瓶

大家都看到过青花瓶，生活中的青花瓷器不但形状各异，而且更能透露出它的典雅与高贵品格。你想拥有一个青花瓶吗？ 3D 打印能够帮助我们实现这个梦想。让我们在 3D 软件中创建一个青花瓶，再把它打印出来，然后用你的神来画笔在瓶身上进行艺术彩绘，这样就能制作出一个青花瓶啦！

任务来了：
建模设计一个如左图所示的瓶子模型。

## 构思作品

在构思青花瓶作品时，首先要明确它的造型与尺寸，然后思考设计作品中需要解决的问题，提出相应的解决方案。

### 1. 初探模型

在现实生活中青花瓶的种类繁多，我们在制作青花瓶模型时，可以先上网去搜集各种青花瓶的图片。通过上网了解、观察、分析作品的种类、品种和纹饰，确定一款你喜欢并且有能力通过 3D 打印软件将模型建立起来的瓶子。

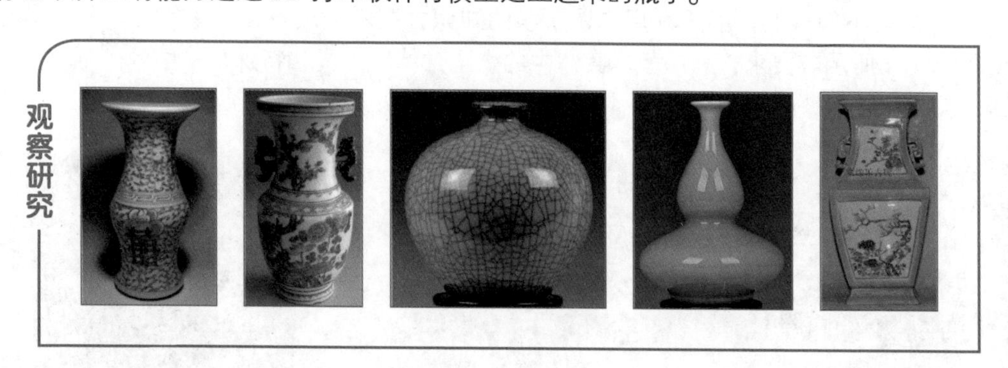


### 2. 明确作品功能特征

一个青花瓶既要美观大方，还要方便后期的彩绘涂鸦。请你观察家中的青花瓶，想一想你要做的青花瓶应该有哪些造型和特征呢？请将你认为需要达到的目标填写在图 7–1 的思维导图中。

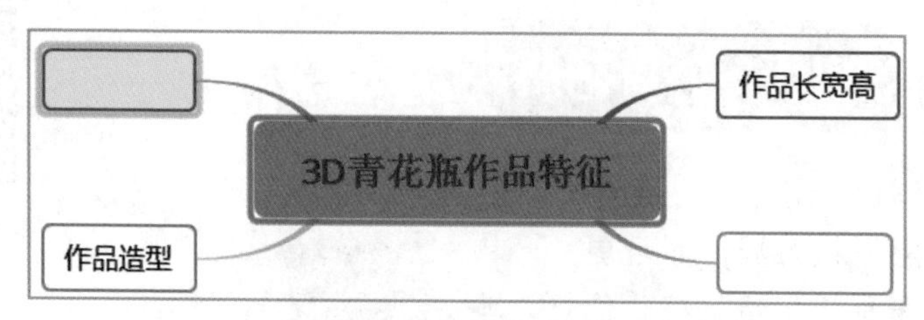


图 7–1　设定作品造型特征

### 3. 提出方案

什么造型适合用来做青花瓶？请在下图 □ 中勾选你喜欢的造型。青花瓶外表面用什么类型的图画进行彩绘？请在下图中勾选你喜欢的图贴。请试着先思考解决如下问题。

想一想

(1) 你喜欢的青花瓶造型是什么样的？请在造型名称前的□里打√。

□玉壶春瓶　　□柳叶瓶　　□凤尾瓶　　□其他 ______

(2) 青花瓶的外表面用什么样的图案进行彩绘？请在下面图案对应的括号内打√选择或自己设计。

(　　)　　(　　)　　(　　)

我自己设计的青花瓶造型是：______________________________

青花瓶表面的彩绘图案是（简单画一画）：

## 规划设计

### 1. 外观结构

根据以上的方案，可以初步设计出作品的外观，如图 7-2 所示，请在小画板区域里绘制你设计的作品外观草图。

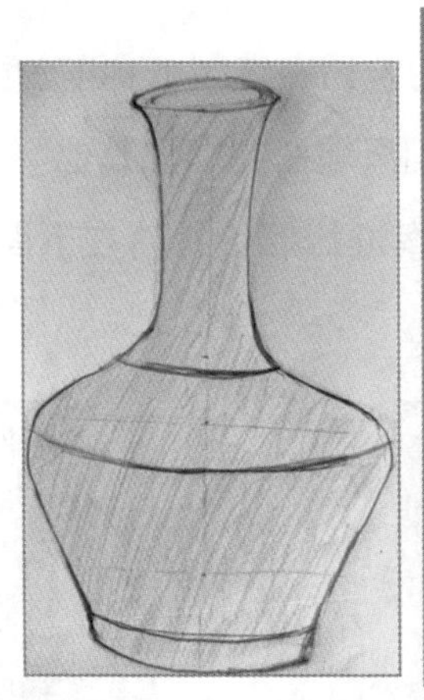

图 7-2　青花瓶外观草图

**提示**

这个设计草图还有什么需要修改的地方吗？如果你有更好的方案，也请你仿照这张设计草图，将你的好主意画在纸上。

## 2. 作品尺寸

你可以从美观和实用的角度出发设计一个青花瓶草图，考虑瓶子的尺寸和比例后，更重要的还应当考虑作品的用途。例如，在作品的哪一面进行抽壳？在作品什么位置加上一个把手以方便拎着？请在图 7-3 空白处画一画瓶子草图并标出瓶子尺寸，同时简单说一说你的设计理由。

**想一想**

**请根据黄金分割的原则，在下面空白处绘制瓶子草图并标出瓶子的尺寸（单位 mm）。**

**简单说一说你的设计理由：**________________________________

________________________________________________

图 7-3　设计作品草图及理由

### 3. 制作步骤

完成作品的外观尺寸设计并确定数值之后，需要考虑的问题就是如何分步来完成作品的制作工作。如图 7–4 所示，这个作品将被分为 3 部分来完成，请思考这 3 部分应当如何安排制作顺序，并用线连一连。

图 7–4　制作瓶子步骤

## 建立模型

### 绘制草图

在工作平面上绘制一个青花瓶草图轮廓，草图轮廓是实体截面图的一半。

**01** 新建项目　运行 3D One 软件，新建一个 3D One 项目，绘制一个青花瓶草图。

**02** 绘制参考几何体　单击网格工作面上的任意一点位置，绘制一个六面体作为参考几何体。

**03** 确定草图绘制平面　按图 7–5 所示操作，确定草图绘制的平面。

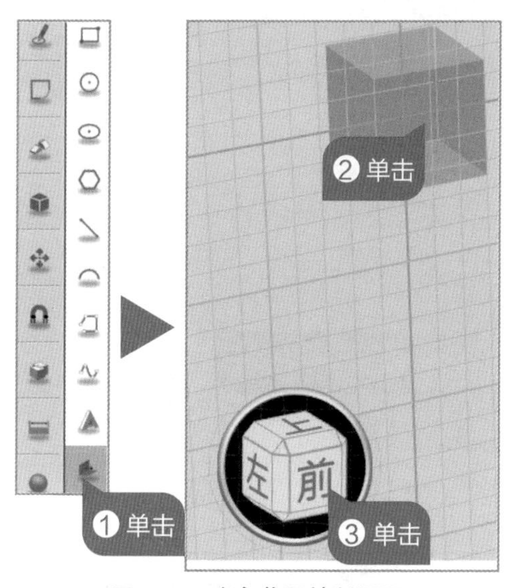


图 7–5　确定草图绘制平面

**04** 绘制参考线　按图 7–6 所示操作，使用“草图绘制”中的“直线”工具，在网格工作平面上绘制青花瓶高和宽的参考线，确定作品的坐标。

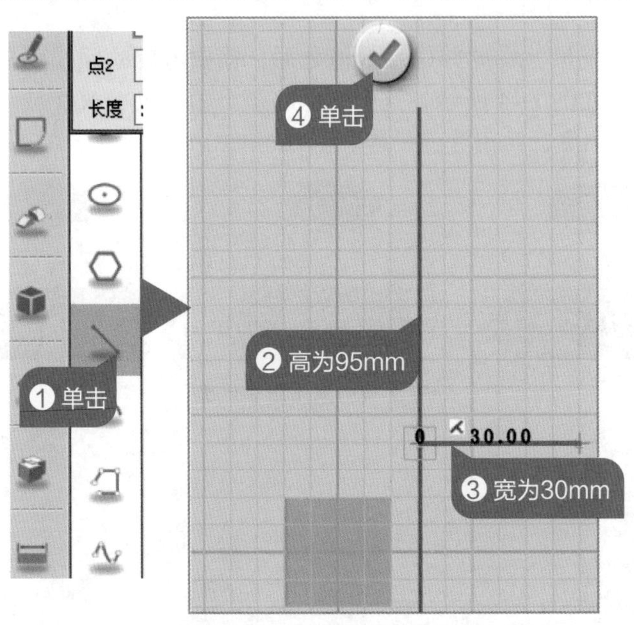

图 7–6　绘制参考线

**05** **绘制草图轮廓**　按图 7–7 所示操作，分别使用“曲线”和“直线”工具在网格工作平面上绘制青花瓶草图轮廓。完成草图绘制并确保草图为封闭图形后，删除参考线与参考几何体。绘制曲线时要先确定每个点的位置，然后逐个往下连线。

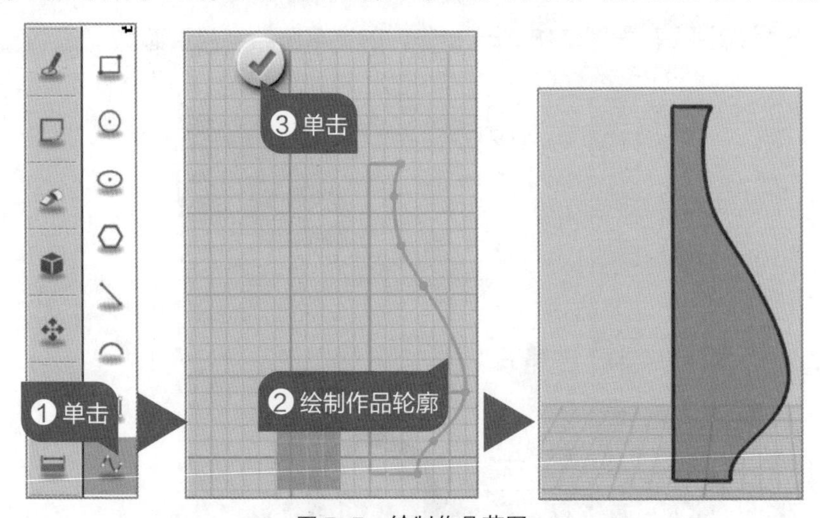

图 7–7　绘制作品草图

**提示**

该草图绘制完毕后，系统会自动将草图内填充成淡蓝色，另外该草图上的每条线段都在某一个首尾相连的封闭线串上，没有交叉点和断点。

## 旋转草图

以草图轮廓的一条边为轴线，沿轴线方向旋转 360°，形成一个青花瓶造型。

01 选择工具　单击“特征造型”中的“旋转”工具。

02 旋转截面　按图 7–8 所示操作，单击选中青花瓶草图，再单击选中草图轮廓一边，以此边为轴线旋转 1 周。

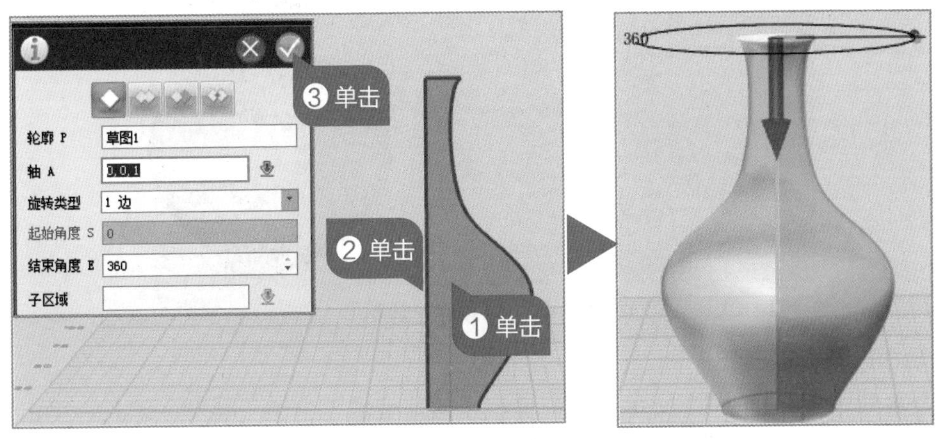


图 7–8　旋转截面

## 完善作品

为了让作品实用与美观，可以对作品进行抽壳、圆角处理，同时还需要对作品外观进行材质渲染等，完成后将作品保存或导出。

01 抽壳处理　先单击选择青花瓶实体，按图 7–9 所示操作，在“特殊功能”中选择“抽壳”工具，打开“抽壳”面板。

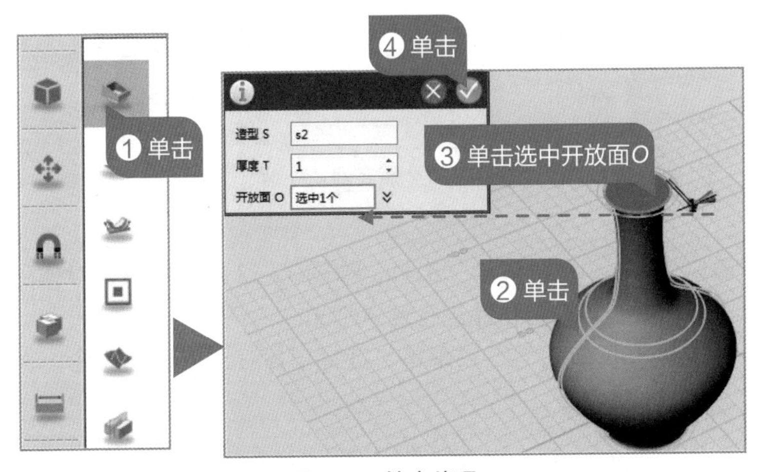


图 7–9　抽壳处理

02 设置青花瓶厚度　按图 7–10 所示操作，设置水杯厚度为 1。

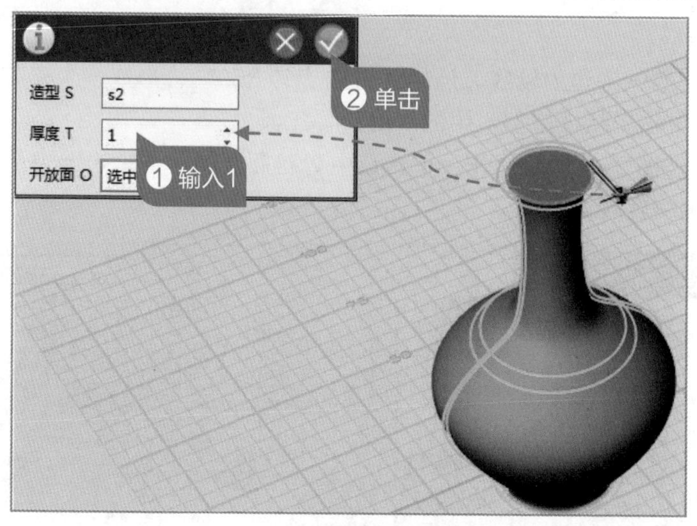


图 7-10　设置青花瓶厚度

**03** 圆角处理　按图 7-11 所示操作，单击“特征造型”中的“圆角”工具，单击选取作品底面边缘，设置圆角半径为 1。

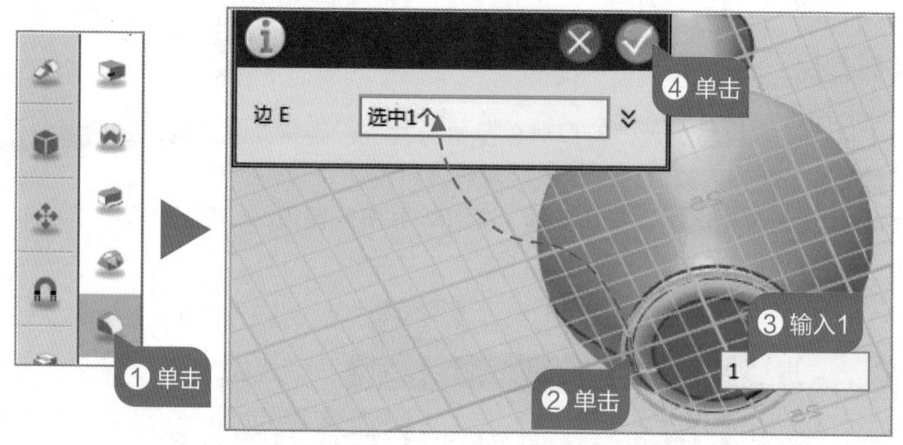


图 7-11　瓶底圆角处理

**04** 作品材质渲染　单击“材质渲染”工具，按图 7-12 所示操作，对作品外观材质和颜色进行设置，便于后期对作品进行艺术加工。

**05** 保存作品　打开“3D One”下拉菜单，选择“保存至云盘”命令，保存作品至云盘中。

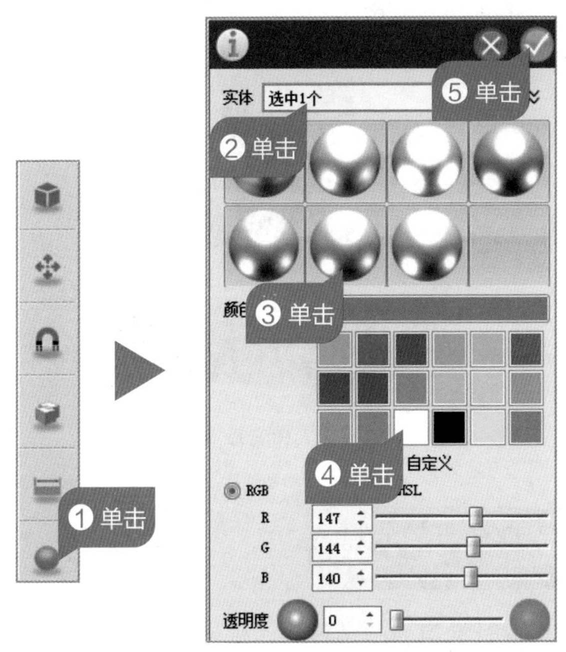


图 7–12　作品材质渲染

## 评测提升

### 1. 易犯错误

亲爱的小创客们，当在选用工具绘制实体造型时，首先要判断你所完成的实体造型的形状如何。如果是规则图形，我们常常选择“基本实体”中的工具来完成；如果是不规则图形，我们常常先绘制截面草图，然后通过“旋转”或“拉伸”等方式得到实体模型。

今天我们所学的知识比较简单，由于作品是一个不规则造型，先绘制青花瓶截面图的一半草图，然后以截面图的一边为轴“旋转”草图，得到该青花瓶实体造型。另外，在绘制草图时要保证所画草图的每条线段，都在某一个首尾相连的封闭线串上，没有交叉点和断点，这样才能对该草图进行“旋转”操作。如果绘制的草图有不封闭或交叉断点现象，我们可以利用“修剪 / 延伸”曲线工具，对草图中的多余部分进行修剪，对草图中没有相连的曲线进行延伸。

### 2. 拓展练习

利用本课所学的知识尝试着完成个人印章作品，效果如图 7–13 所示。提示：利用“草图绘制”中的“曲线”和“直线”工具、“特征造型”中的“旋转”工具来实现。

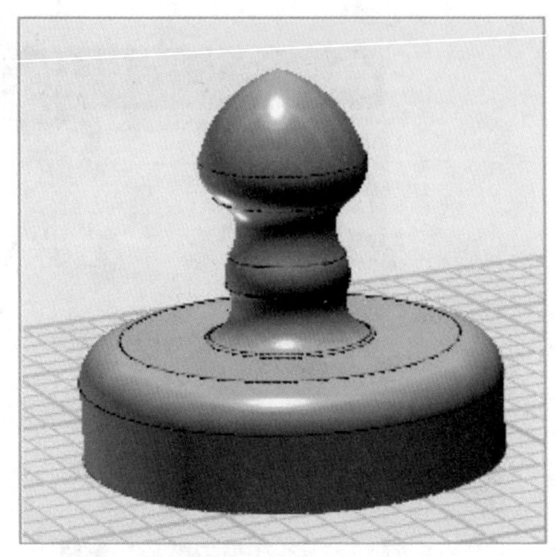

图 7-13　个人印章作品效果图

# 第 8 课　刻绘一个仿古碟

扫一扫，看视频

碟子是千家万户用餐时常用的一种器具，生活中的碟子不但形状各异，而且花纹也是各式各样，色彩更是五彩斑斓。同学们也想自己亲手做一个带有浮雕效果的碟子吗？3D 打印能够帮助我们实现这个梦想。浮雕效果图案可以是你自己设计，这样的碟子是你独有的。那让我们大家一起来学习吧！

## 构思作品

在构思仿古碟作品时，首先要明确它的造型与尺寸，其次刻画什么样的浮雕效果。根据这样的特征应如何去实现，提出相应的解决方案。

### 1. 明确作品功能特征

想一想你要做的仿古碟应该有哪些造型和特征呢？请将你认为需要达到的目标填写在图 8-1 的思维导图中。

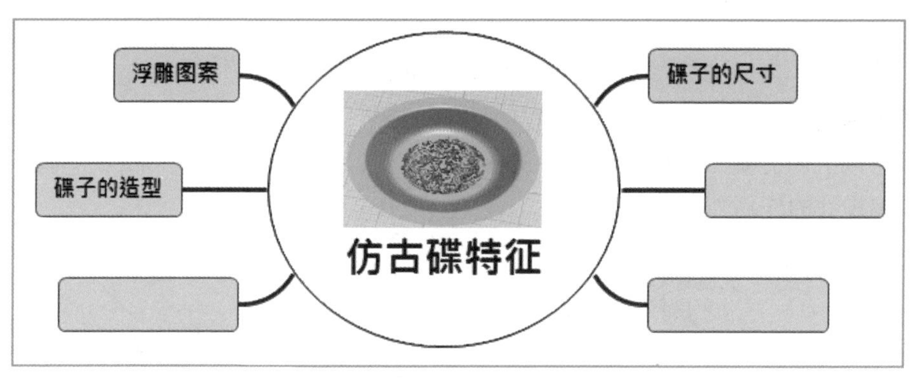


图 8-1　仿古碟子造型特征

### 2. 提出方案

仿古碟子适合什么样的造型呢？仿古碟子用什么浮雕图案呢？请试着先思考解决如下问题。

想一想

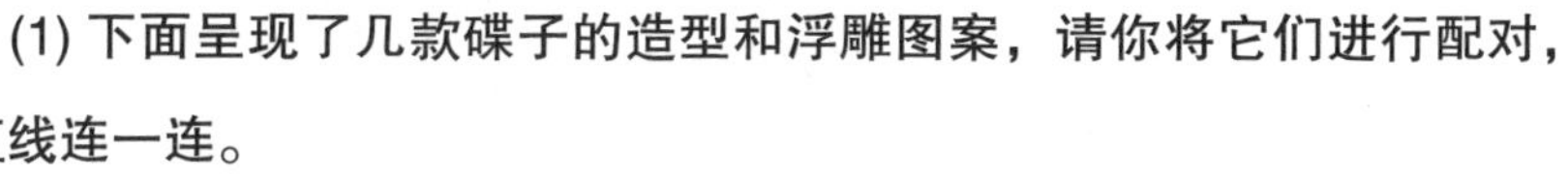

(1) 下面呈现了几款碟子的造型和浮雕图案，请你将它们进行配对，用直线连一连。

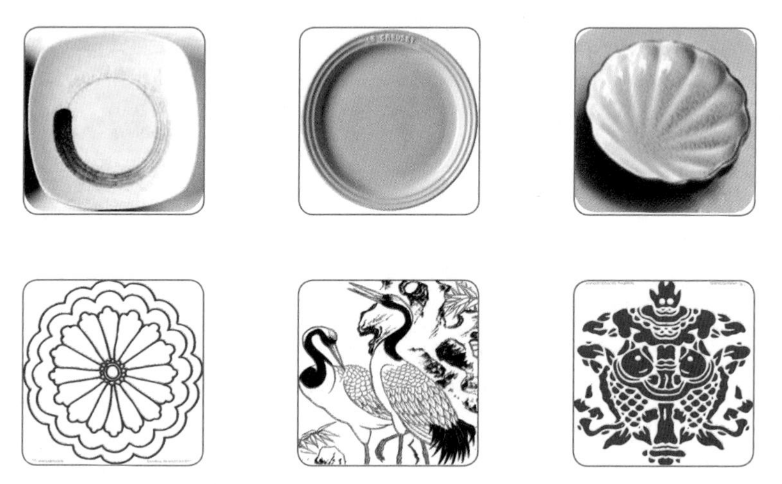

(2) 我自己设计的碟子造型和图案是 ( 简单画一画 )：

## 规划设计

### 1. 外观结构

根据以上的方案，可以初步设计出作品的外观，如图 8–2 所示，请在小画板区域里绘制你设计的作品外观草图。

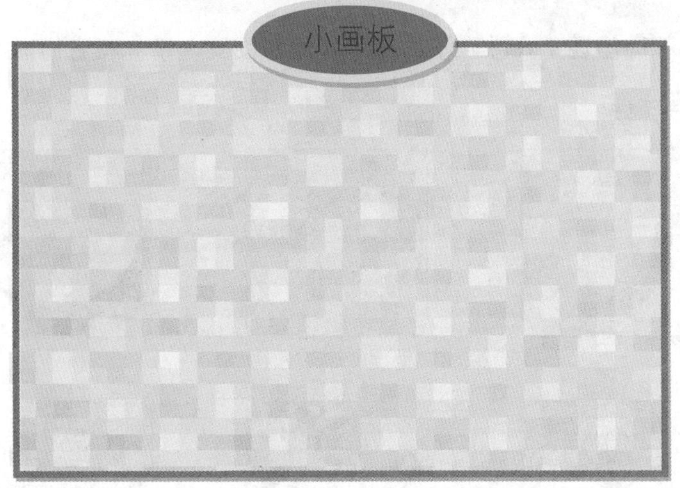


图 8–2　碟子外观草图

**提示**

这个设计草图还有什么需要修改的地方吗？如果你有更好的方案，也请你仿照这张设计草图，将你的好主意画在纸上。

### 2. 制作步骤

对作品的外观造型之后，需要考虑的问题就是如何分步来完成作品的制作工作。如图 8–3 所示，这个作品将被分为 4 部分来完成，请思考这 4 部分应当如何安排制作顺序，并用线连一连。

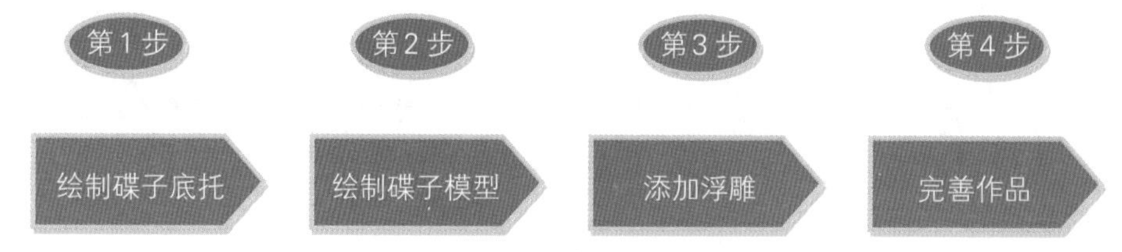


图 8-3　制作碟子步骤

# 建立模型

## 绘制碟子模型

绘制出碟子底部和碟子上口圆形轮廓，将两个轮廓的圆心对齐，上下隔开，然后进行放样处理就能生成一个碟子模型。

01 新建项目　运行 3D One 软件，新建一个 3D One 项目，选择“圆形”工具，在坐标 (0,0,0) 和坐标 (0,0,10) 处，分别绘制半径为 25 和 50 的圆形草图，效果如图 8-4 所示。

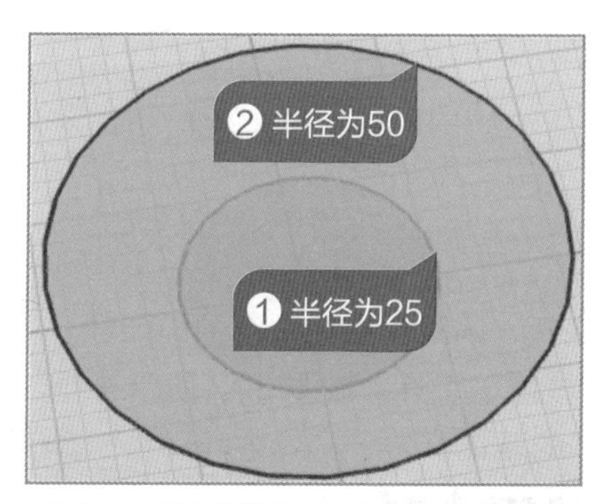


图 8-4　绘制碟子下底和开口轮廓草图

02 草图轮廓放样　选择“特征造型”中的“放样”工具，按图 8-5 所示操作，分别单击轮廓，系统自动生成作品实体造型。

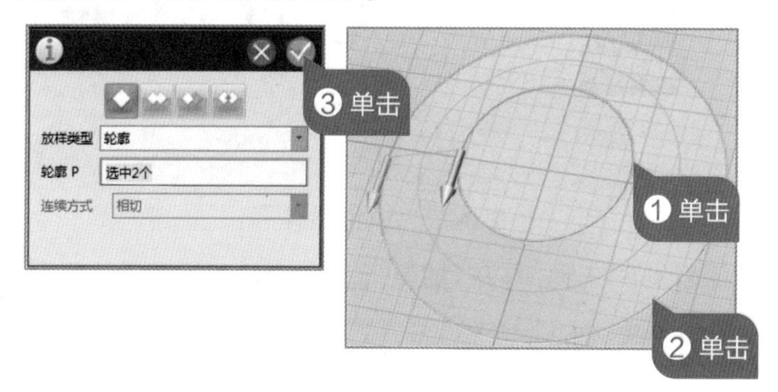


图 8-5　草图轮廓放样

**提示**

放样处理的轮廓曲线不能在同一个平面里绘制，如果有多个轮廓曲线（2 条曲线以上），在放样操作时要依次选中曲线轮廓。

**03** **抽壳处理** 在“特殊功能”中选择“抽壳”工具，按图 8–6 所示操作，单击选择碟子实体造型，打开“抽壳”面板，设置实体厚度。

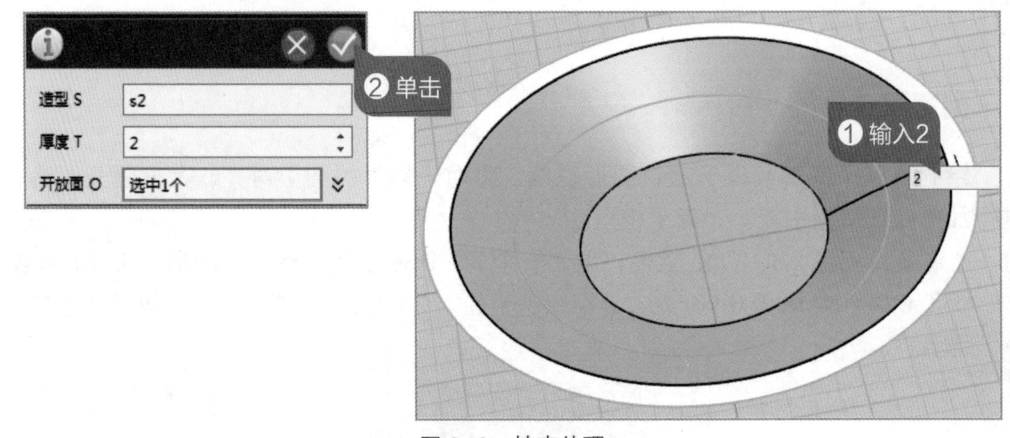


图 8–6 抽壳处理

## 绘制碟子底托

在碟子底部绘制一个底托，同时对底托进行抽壳处理。

**01** **绘制圆柱体** 选择“圆柱体”工具，按图 8–7 所示操作，在碟子底部绘制一个圆柱体实体，作为碟子底托的基体。

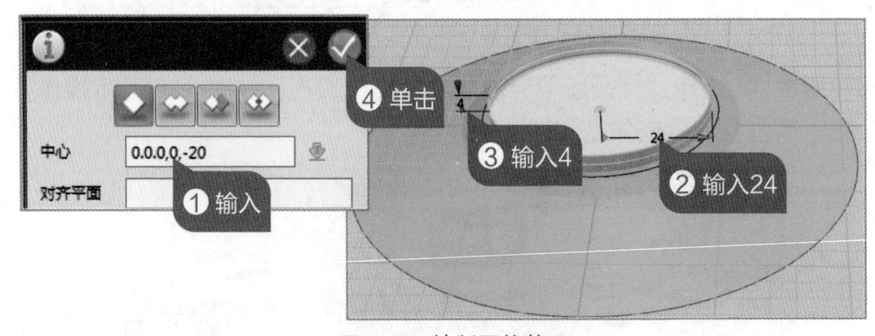


图 8–7 绘制圆柱体

**02** **抽壳处理** 选择“抽壳”工具，打开“抽壳”面板，设置圆柱体实体厚度，效果如图 8–所示。

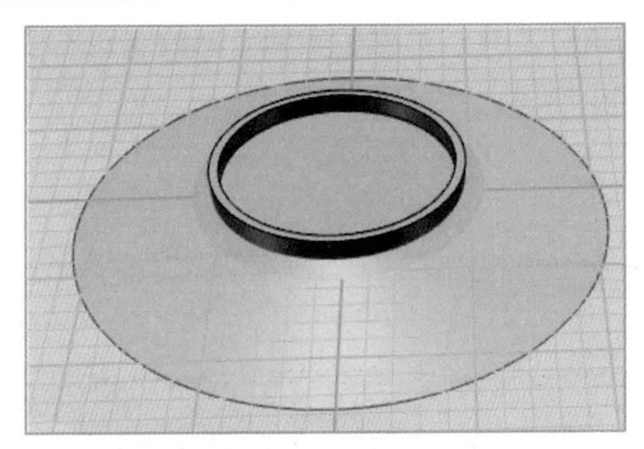

图 8-8　抽壳处理

## 完善作品

为了作品的整体性和美观性，我们要对底托进行移动、实体组合编辑和圆角处理等。

**01** 移动底托　单击底托实体，选择“动态移动”按钮，将底托实体按 $z$ 轴方向移动 0.5mm，使底托实体融入碟子内部，如图 8-9 所示。

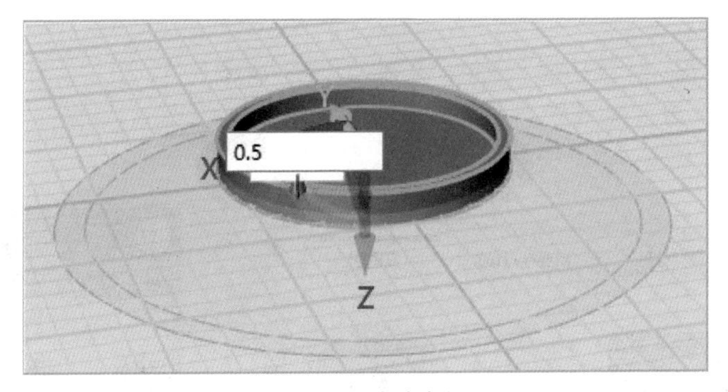


图 8-9　移动底托

**02** 组合编辑　单击“组合编辑”工具，按图 8-10 所示操作，打开“组合编辑”面板，把网格工作面上的两个实体组合成一个整体。

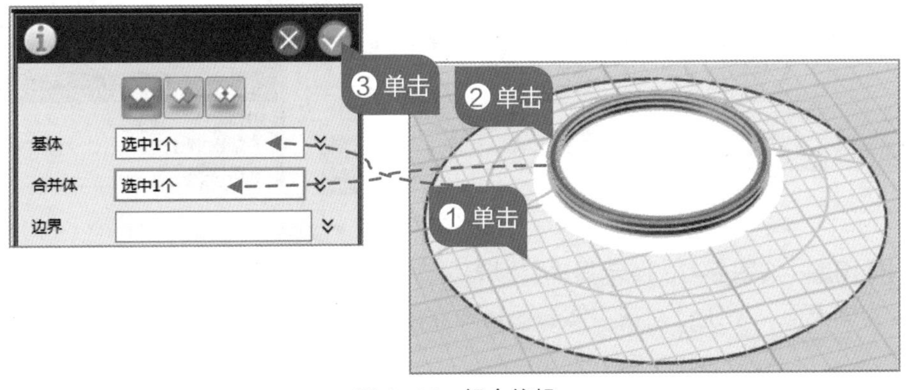


图 8-10　组合编辑

**03** 圆角处理 选择“圆角”工具，对碟子实体各部位有明显棱角的地方分别进行圆角处理，效果如图 8-11 所示。

图 8-11 圆角处理后效果

## 添加浮雕

打开“浮雕”面板，经过设置参数，可以把准备好的图案以立体效果呈现在实体表面上。

**01** 选择图案 选择“特殊功能”中的“浮雕”工具，按图 8-12 所示操作，选择图案文件，在碟子底部设置浮雕效果。

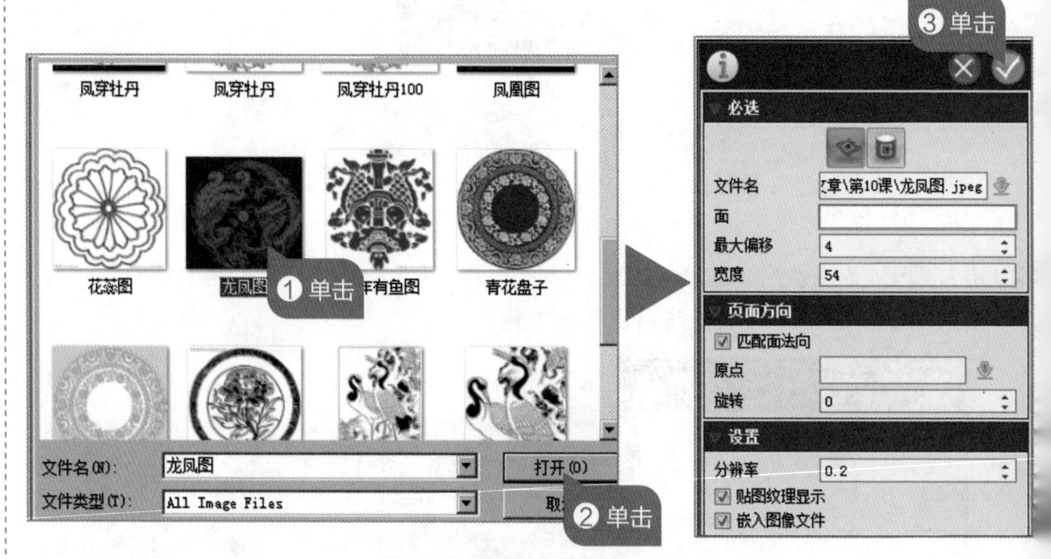


图 8-12 选择图案

**02** 刻绘图案 按图 8-13 所示操作，设置“浮雕”工具对话框中的参数，将图案刻绘至实体表面，系统自动在实体表面呈现立体图案效果。

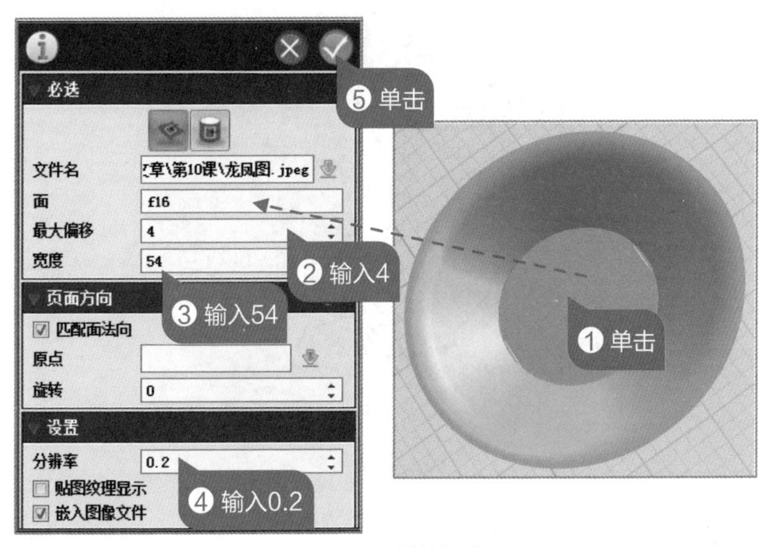


图 8-13　刻绘图案

**提示**

“浮雕”工具对话框里的参数要多试，才能呈现出更好的浮雕效果。另外，图案尺寸与对应的刻绘面大小要大致吻合。

## 评测提升

### 1. 易犯错误

亲爱的小创客们，今天我们学习使用了“放样”工具，绘制的实体轮廓必须是 2 个及 2 个以上，而且每个轮廓草图必须是独立的，不应在同一个平面上。另外，由多个草图轮廓来绘制实体时，在放样处理时要逐个有序选择草图轮廓。

### 2. 灵活运用

今天我们使用的是“放样”工具来绘制碟子造型，大家还记得第 7 课中使用的“旋转”工具吗？通过旋转草图也能绘制碟子外观造型。课后大家可以试试这种方法绘制碟子造型，比较哪种方法更为好用。

### 3. 拓展练习

利用本课所学的知识，尝试着完成一个作品——碟子，要求作品底面有浮雕效果，作品效果如图 8-14 所示。提示：使用“放样”工具和“浮雕”工具来实现。

图 8-14　碟子效果图

# 第 9 课　捏出一只小企鹅

你玩过橡皮泥吗？将橡皮泥搓一搓、捏一捏，就可以变成有趣的动物、美丽的植物……在 3D One 软件中有一个有趣的工具，叫作“由指定点开始变形实体”工具，它可以模拟“捏”的动作对实体进行变形。请你试着用这个工具模仿捏橡皮泥的方法，做出一只可爱的小企鹅吧！

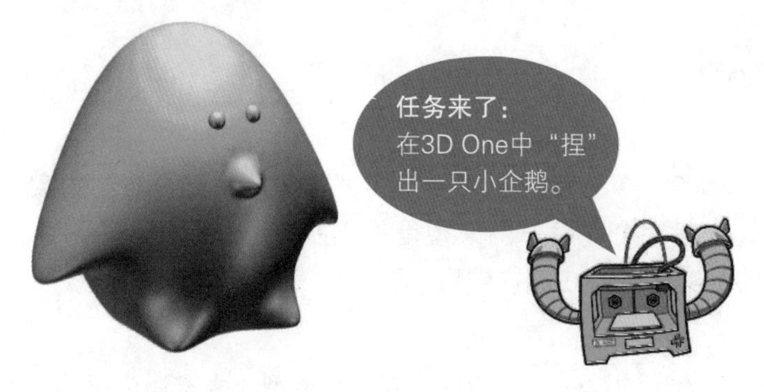


## 构思作品

要想在 3D One 软件中模仿捏橡皮泥的方法做出一只小企鹅来，需要先了解企鹅的外形，试着用橡皮泥捏一捏，然后结合“由指定点开始变形实体”工具的功能来思考如何设计企鹅的造型。

### 1. 了解企鹅

企鹅是一种可爱的动物，它们生活在哪里？喜欢吃什么？请你查找资料，深入了解企鹅，并试着画一只可爱的企鹅。本课更多的是说企鹅的外形，应该查找各种企鹅的外形。

**2. 试捏企鹅**

如果让你用橡皮泥捏一只小企鹅，你会用到哪些工具？你要先做什么部分？再做什么部分？请你试着动手做一做，并记录下捏制小企鹅的方法和顺序。

做一做

第一步：________________

第二步：________________

第三步：________________

**3. 明确特点**

如果要将这只 3D 打印出来的小企鹅放在你的书桌上，你一定希望它能憨态可掬地站立在你的面前。想一想，你认为这只小企鹅还应该有哪些有趣的特点？请填写在图 9–1 中。

图 9–1　设定作品特点

**4. 头脑风暴**

如何将小企鹅的外形设计得憨态可掬、惹人喜爱呢？请你观察图 9–2 中的卡通形象，思考所提出的问题，获得启发后对小企鹅的外部造型进行初步构想。

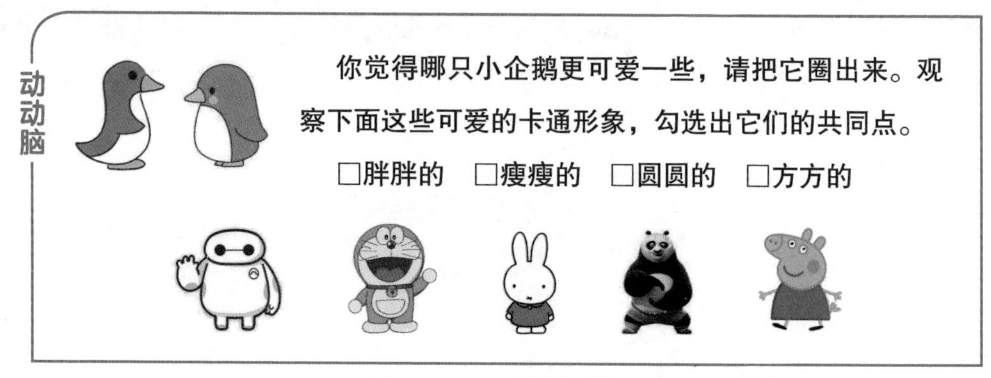


图 9–2 可爱的卡通形象

### 5. 提出方案

通过分析我们发现，要想让小企鹅显得很可爱，可使用胖胖的椭球体来制作它的身体，在此基础上添加眼睛、嘴巴、翅膀和脚，请思考图 9–3 中的问题，并提出相应的解决方案。

图 9–3 提出方案

为了保证小企鹅的对称性，在思考制作方案时，可以考虑先绘制半边，再利用“镜像”工具做出另外半边的方法。为了保持小企鹅的平衡，可以采用将椭球体底部削平的办法，这样就可以保证小企鹅能够稳稳地站立在桌面上了。

## 规划设计

### 1. 外观结构

根据以上的方案，可以初步设计出小企鹅的外观，效果如图 9–4 所示，在纸上绘制出小企鹅的外观与尺寸。

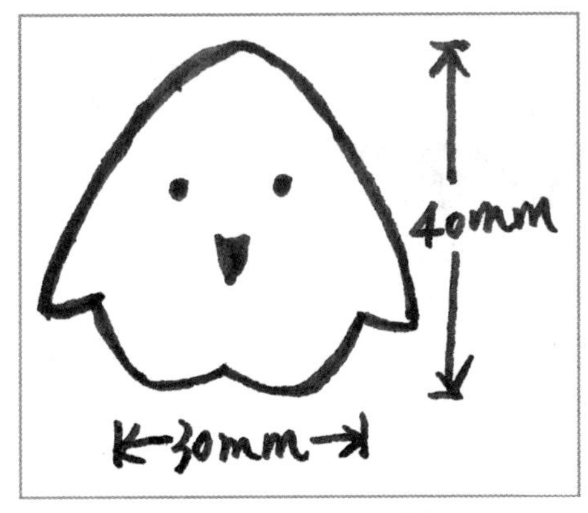


图 9–4　设计外观结构

### 2. 安排绘制步骤

为了绘制一只对称的小企鹅，在建立模型时，要先绘制半边企鹅的外形和细节，再利用“镜像”工具做出另外半边。如图 9–5 所示，制作小企鹅大致要分成 4 个步骤，请思考每个步骤中应该做些什么，写在方框内。

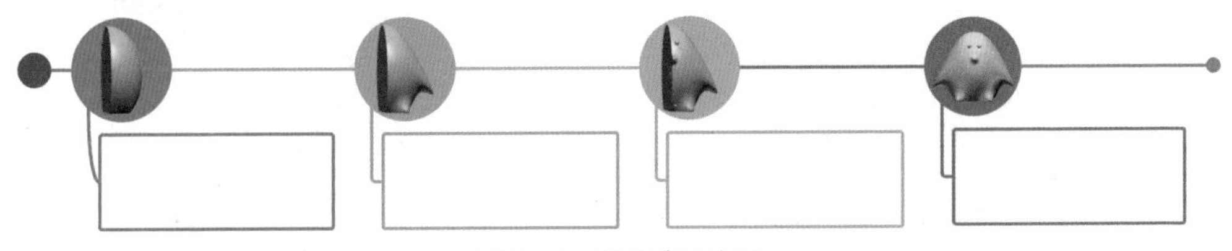

图 9–5　安排绘制步骤

## 建立模型

小企鹅模型的建立方法主要是在半个椭球体上，使用“由指定点开始变形实体”工具，模仿捏橡皮泥制作出翅膀、脚、嘴巴等各个部分，然后再使用“镜像”工具获得一个完整的小企鹅。

### 绘制右侧主体

新建椭球体实体作为小企鹅的身体，之后通过“减运算”功能，将椭球体底部与左侧削平，作为小企鹅的右半侧身体。

**01** **绘制椭球体** 运行 3D One 软件，在“基本实体”中选择“椭球体”工具，按图 9–6 所示操作，在点 (0,0,15) 处，建立一个椭球体，作为小企鹅的身体。

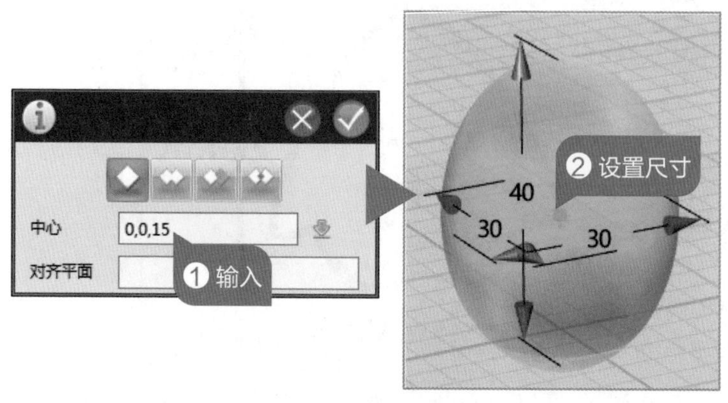


图 9-6　绘制椭球体

**02** **删除多余部分**　选择“六面体”工具，按图 9-7 所示操作，在点 (0,0,0) 和 (-7.5,0,0) 处，使用“减运算”功能，分别新建两个六面体，删除多余部分。

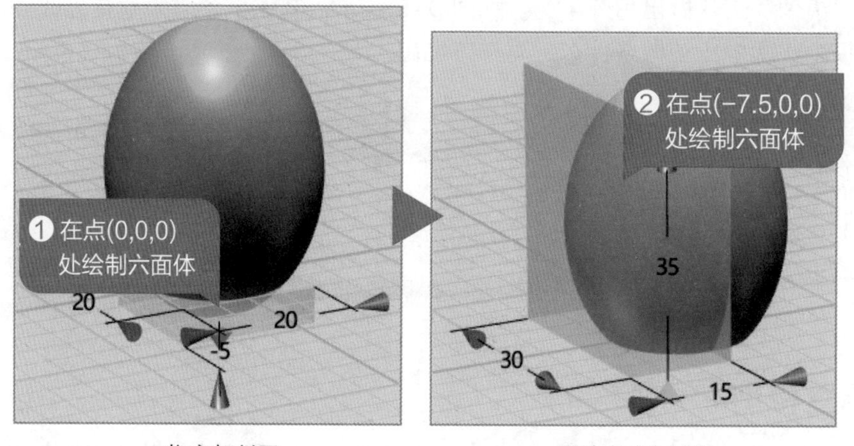


图 9-7　删除多余部分

## 绘制四肢

企鹅的翅膀和脚需要使用“由指定点开始变形实体”工具，模仿“捏”橡皮泥的技法来制作。

**01** **“捏制”翅膀**　按图 9-8 所示操作，在“特征造型”中选择“由指定点开始变形实体”工具，在半球体右侧拉出一个凸起，作为小企鹅右侧的翅膀。

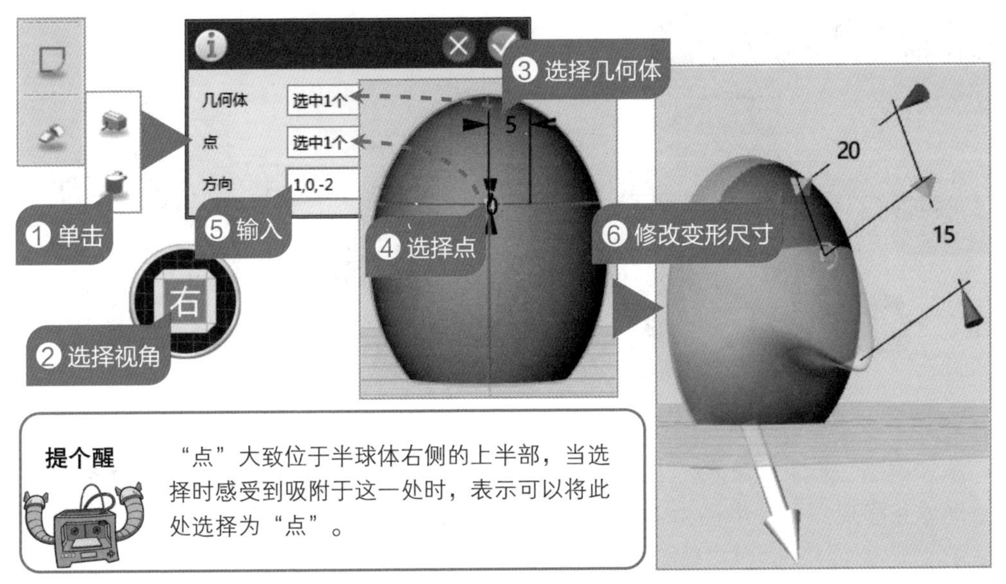


**提个醒**　“点”大致位于半球体右侧的上半部，当选择时感受到吸附于这一处时，表示可以将此处选择为“点”。

图 9-8　“捏制”翅膀

**02**　**“捏制”脚部**　按图 9-9 所示操作，选择“由指定点开始变形实体”工具，在半球体底部拉出一个凸起，作为小企鹅的脚。

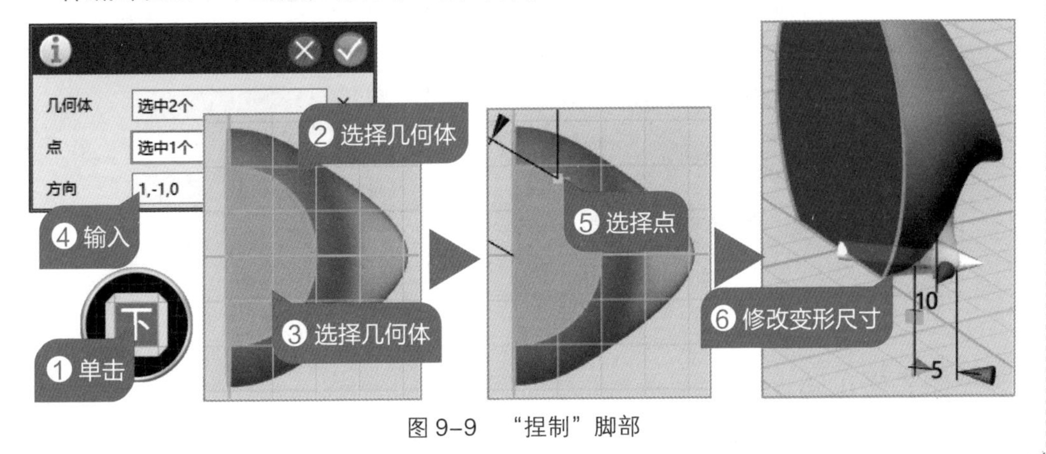


图 9-9　“捏制”脚部

## 绘制五官

小企鹅嘴巴的做法与翅膀大致相同，眼睛使用“球体”工具绘制完成。

**01**　**“捏制”嘴巴**　按图 9-10 所示操作，选择“由指定点开始变形实体”工具，在半球体正面拉出一个凸起，作为小企鹅的嘴巴。

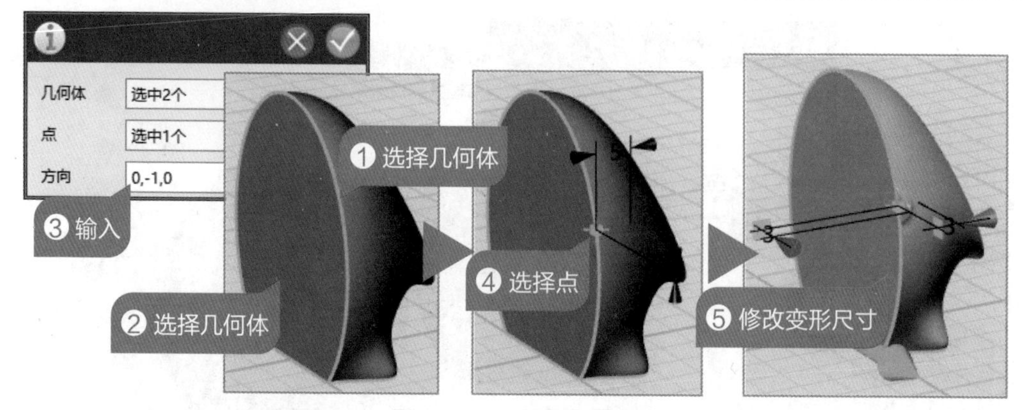


图 9-10 "捏制"嘴巴

**02** 添加眼睛 选择"球体"工具，按图 9-11 所示操作，使用"加运算"功能，在半球体正面建立一个半径为 1mm 的球体，作为小企鹅的眼睛。

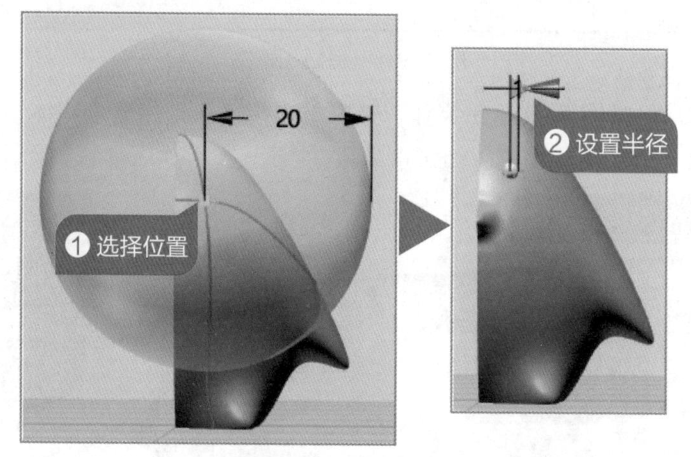


图 9-11 添加眼睛

## 绘制完整企鹅

小企鹅的左侧与右侧完全对称，可以使用"镜像"工具来完成左侧实体的绘制。

**01** 添加左侧身体 按图 9-12 所示操作，选择"镜像"工具，使用"加运算"功能，为小企鹅添加左侧身体。

**02** 渲染企鹅颜色 按图 9-13 所示操作，选择"材质渲染"工具，将小企鹅的颜色渲染成自己喜欢的颜色，然后保存作品。

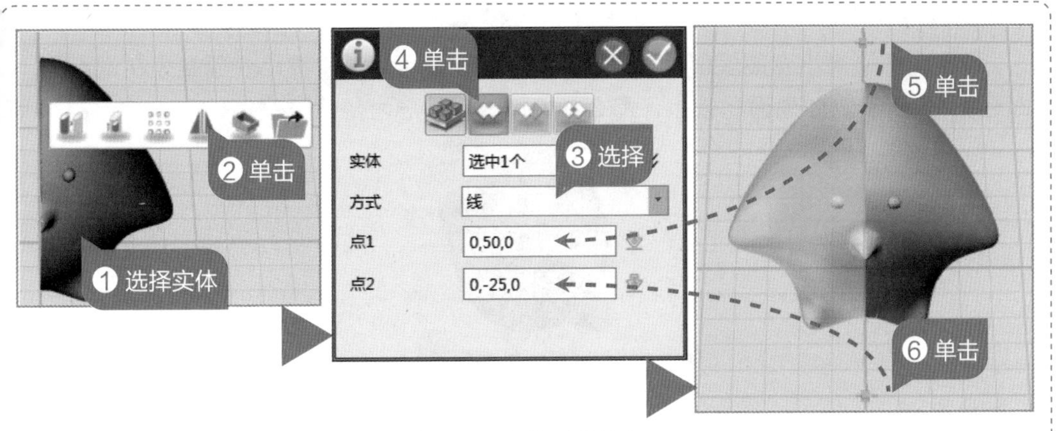


图 9-12　添加左侧身体

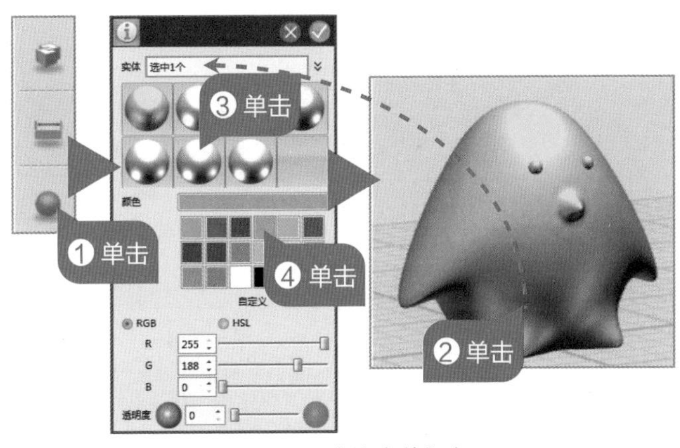


图 9-13　渲染企鹅颜色

## 检测评估

### 1. 观测企鹅比例

在 3D One 软件中调整视图角度，效果如图 9-14 所示，从多角度观察企鹅的外形、五官、四肢，检测比例是否合适。

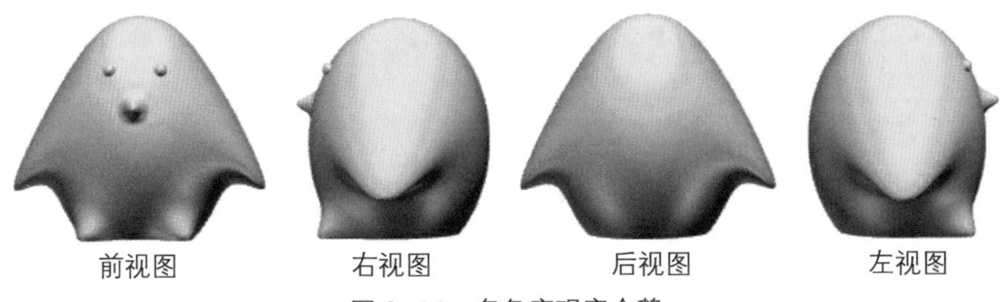


图 9-14　多角度观察企鹅

### 2. 检测底部

调整视图检测小企鹅底部是否平整，底部面积是否能够支撑小企鹅站立在桌面上，如图 9–15 所示。如果面积较小，那么如何修改，请思考修改方案。

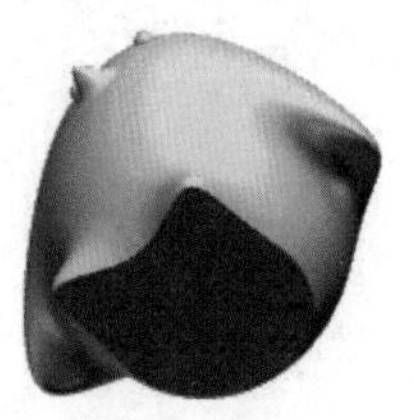

图 9–15　检测底部

### 3. 拓展创新

亲爱的小创客们，“由指定点开始变形实体”工具是不是很有趣呢？请你开动脑筋，用这个工具与其他实体结合使用，“捏”出更加有趣的模型吧！

# 第 3 单元

## 私人定制专属品

本单元我们将学习设计一些个性化的小物件，为他人或自己定制专属物品。例如，给书包定制走失牌、私人印章、生肖笔筒、铃铛钥匙扣等。发挥想象并使用 3D One 软件设计和建模，来实现我们的创意，最终将这些小物品通过 3D 打印机打印成实物，赠送给你的朋友，会有意想不到的惊喜。

经过上两个单元的学习，大家对 3D 建模知识已有一定的基础。本单元通过对常见的物品进行建模，一方面是巩固以往所学知识，另一方面是为后期创作更深入的 3D 作品做准备。

### 本单元内容

# 第 10 课 定制书包防丢牌

亲爱的创客朋友们，大家好！在我们日常生活中，家人怕孩子或老人在旅行或散步时，走失方向或迷了路，找不到指定的地点。为此，我们设想并构思制作一款 3D 打印的标牌，将此标牌系在小朋友的书包上，帮助迷失方向的孩子能找到家。

市面上标牌的形状造型各式各样，其材质也有很多种类型。如今我们学过 3D 打印知识，可以借助 3D 打印功能，为小朋友们定制一款走失牌。

## 构思作品

在构思走失牌作品时，首先要明确它的造型与尺寸，其次确定标牌上刻有什么内容，根据这样的特征应如何去实现，并提出相应的解决方案。

### 1. 明确作品功能特征

想一想你要做的走失牌应该有哪些造型和用途呢？请将你认为还需要达到的目标，填写在图 10-1 的思维导图中。

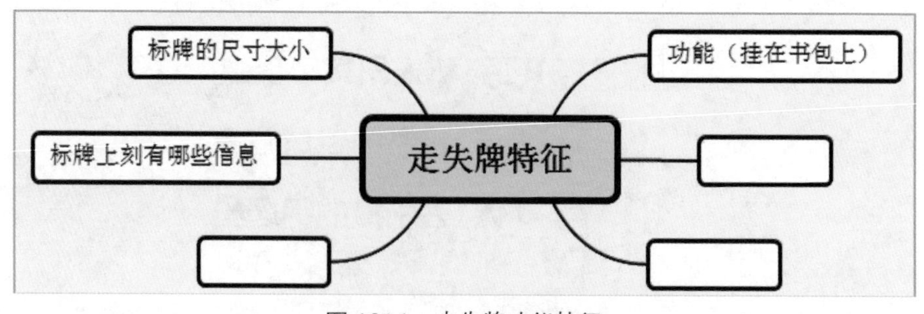


图 10-1　走失牌功能特征

## 2. 提出方案

我们设计的走失牌造型是什么样的？另外，走失牌上呈现的信息和图案是什么？请试着先思考并解决如下问题。

**想一想**

(1) 走失牌的造型是什么样？

□长方形　　□椭圆形　　□其他 ______

(2) 走失牌上提供的信息有什么？

□姓名　　□联系方式　　□家庭住址

□学校名称　　□其他 ______

(3) 自己设计的走失牌造型及信息的呈现方式是（在下面的小画板里简单画一画草图）：

小画板

## 3. 制作步骤

对作品的外观造型之后，需要考虑的问题就是如何分步来完成作品的制作工作。如图 10-2 所示，这个作品将被分为 4 部分来完成，请思考这 4 部分应当如何安排制作顺序，并用线连一连。

图 10-2　制作走失牌步骤

# 建立模型

## 绘制底板模型

利用基本实体工具来绘制走失牌底板基本造型，调整和设置模型的尺寸，符合实际生活需要。

**01 新建项目** 运行 3D One 软件，新建一个 3D One 项目，选择“六面体”工具，在网格平面上绘制一个六面体（走失牌底板），将中心点设为 (0,0,0)，长、宽、高分别为 85、45、5，效果如图 10–3 所示。

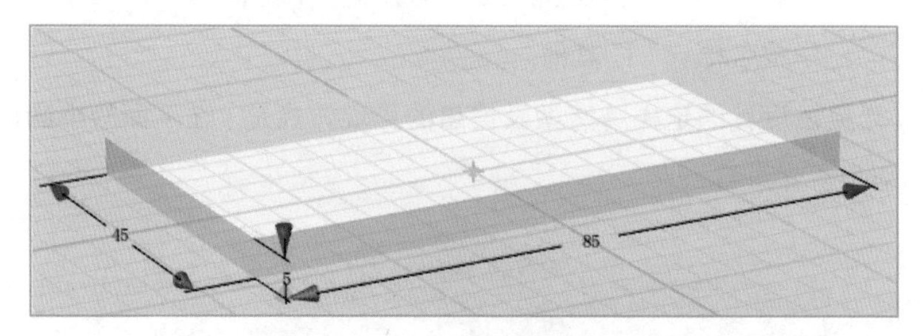


图 10–3　长方体效果图

**02 绘制长方体** 继续在图 10–3基础上绘制一个长方体，将中心点设为 (0,0,5)，长、宽、高分别为 81、41、20，使得 2 个长方体上下对齐，效果如图 10–4 所示。

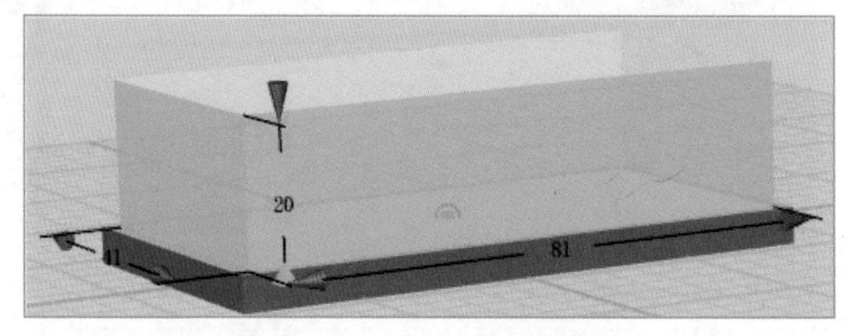


图 10–4　2 个长方体重叠效果

**03 组合实体** 在组合操作之前，先将上面的长方体按 *z* 轴向下移动 1，再按图 10–5 所示操作，完成走失牌底板的制作。

图 10–5　组合实体

## 底板圆角处理

分别对组合体（走失牌）的边和角进行圆角处理，确定边的圆角半径为 1，角的圆角半径为 5。

**01** 边的圆角处理　按图 10-6 所示操作，选择“圆角”工具，对组合实体各个边进行圆角处理。

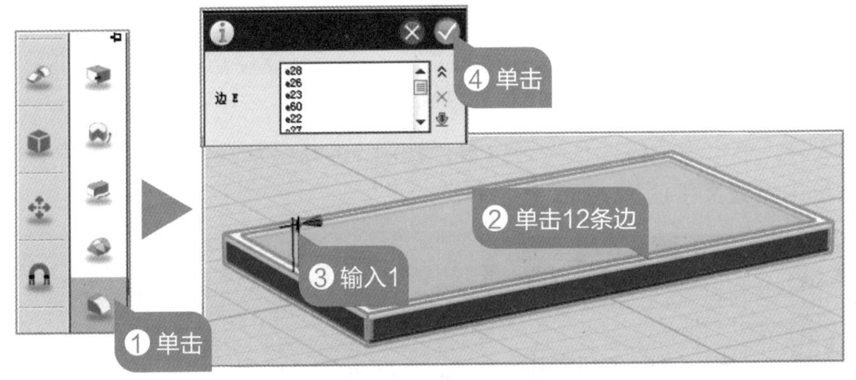


图 10-6　底板边的圆角处理

**02** 角的圆角处理　按图 10-7 所示操作，选择“圆角”工具，对组合实体各角进行圆角处理。

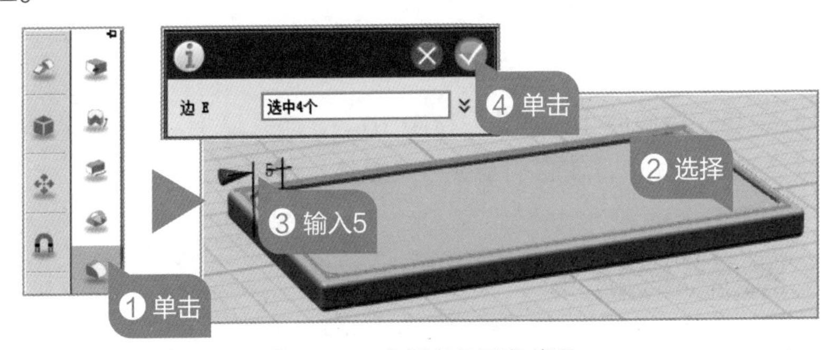


图 10-7　底板角的圆角处理

## 底板预制文字

在底板（走失牌）凹面里预制相关文字信息，同时还将文字镶嵌到底板凹面里，使文字与底板组成一个整体。

**01** 确定文字工作面　按图 10-8 所示操作，选择“草图绘制”中的“预制文字”工具，确定预制文字的工作面。

图 10-8　确定文字工作面

**02　输入文字**　单击组合体凹面合适位置，按图 10-9 所示操作，在“预制文字”工具对话框中设置文字信息。

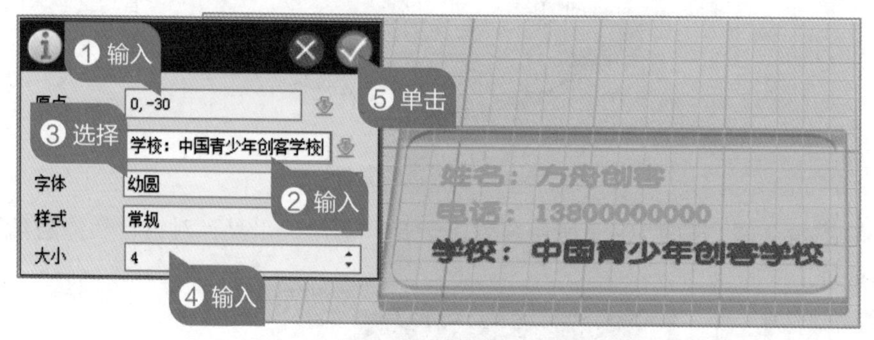


图 10-9　输入文字

**03　镶嵌文字**　选择“镶嵌曲线”工具，按图 10-10 所示操作，将预制在组合体凹面上的文字镶嵌到组合体中，使它们组成一个整体。

图 10-10　镶嵌文字

**提示**

上图“镶嵌曲线”工具对话框中的“曲线 C”就是组合体中的文字。“偏移 T”的数值为正数，文字则为阳文；数值为负数，文字为阴文。

## 完善作品

为了作品的实用性，我们要在走失牌上打一个孔，方便绳子穿过走失牌的孔口并系在书包上。

**01** 绘制小圆柱体　单击“圆柱体”工具，在走失牌的左上角位置绘制一根圆柱，设置直径为 3，高为 40，同时穿过走失牌，效果如图 10–11 所示。

图 10–11　绘制小圆柱体

**02** 底板打孔　单击“组合编辑”工具，在“组合编辑”对话框中选择“减运算”操作后，即可在底板左上角挖一个孔，效果如图 10–12 所示。

图 10–12　底板打孔

**03** 保存作品　打开“3D One”下拉菜单，选择“保存至云盘”命令，保存作品至云盘中。

## 评测提升

### 1. 易犯错误

亲爱的小创客们，今天我们在使用“组合编辑”工具对工作平面上的 2 个实体进行逻辑减运算时，基体和合并体要合理区分开，基体是在减运算后还要保留着，减少的部分是合并体与基体的重合部分，在选择时不能弄反了。

### 2. 拓展练习

利用“预制文字”工具和“浮雕”工具尝试完成以下作品，作品效果如图 10–13 所示。

姓名：陈某某
家人电话：13800000000
住址：安徽黄山市屯溪黎阳

作品正面

作品反面

图 10–13　走失牌效果图

## 第 11 课　私人印章亲手做

扫一扫，看视频

印章在中国已有几千年历史了，在日常生活中，我们会看到各种造型的印章。其中私人印章作为一种凭证标记，也有一定的讲究，一般私人印章规格选用 2cm 以内，形状主要以方形为主，也有圆形和椭圆形的，字体通常选用楷体、魏碑、标宋和隶书等。为此，我们设想并构思制作一款 3D 打印的私人印章。

### 构思作品

在构思个人印章作品时，首先要明确它的造型与尺寸，其次确定印章上刻有什么内容，根据这样的特征应如何去实现，并提出相应的解决方案。

**1. 头脑风暴**

想一想，你设计的印章除了印字之外，还能否用来盖图形或某种图腾吗？为了让作品达到趣味性或有装饰作用，能不能还可以考虑设计一些异形印章呢？能不能还考虑设计多功能的印章，比如双面或多面印章。为了方便使用，我们设计的印章能不能装印泥？请发挥你的想象，努力设计一款功能齐全、美观大方的印章来。将你的好想法填写在图 11–1 中。

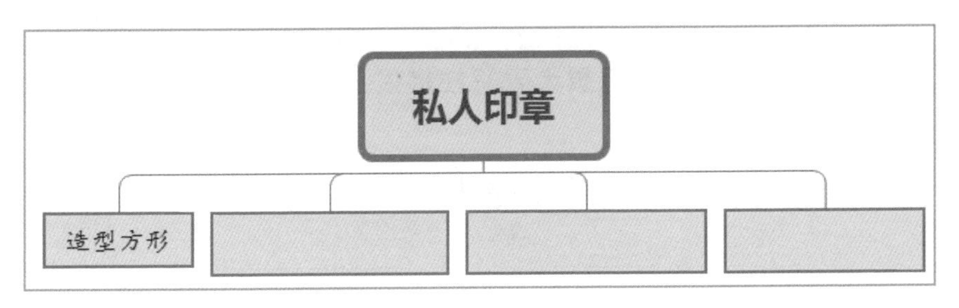


图 11-1　私人印章功能特征

## 2. 提出方案

我们设计的私人印章造型是什么样的？另外，私人印章的底板上呈现的信息和图案是什么？请试着先思考并解决如下问题。

**想一想**

(1) 私人印章的造型是什么样的？

□方形　□圆形　□其他 ______

(2) 私人印章底板呈现的信息是什么？

□单位名称　□姓名　□图形　□其他 ______

(3) 我的私人印章盖出来的文字是什么样子的？

□阴文　□阳文　□其他 ______

(4) 自己设计的私人印章造型、尺寸及盖出来印子的信息呈现方式是（在下面小画板里简单画一画草图）：

小画板

## 3. 分享方案

根据你对印章的了解和大胆设想，请把你的解决方案介绍给大家，让大家来分享你的创意梦想吧！

谈一谈

请将你的作品设计思想大致写在横线上，同时把你的创意分享给大家。

(1) 我的私人印章作品的功能是：______________________________

______________________________________________________

(2) 我的私人印章与众不同的地方（特点）是：________________

______________________________________________________

## 规划设计

### 1. 外观结构

个人印章由 3 部分组成，第一部分是印章手柄，第二部分是印章底座，第三部分是印章底座的字或图，效果如图 11–2 所示，在纸上绘制出作品的外观与结构。

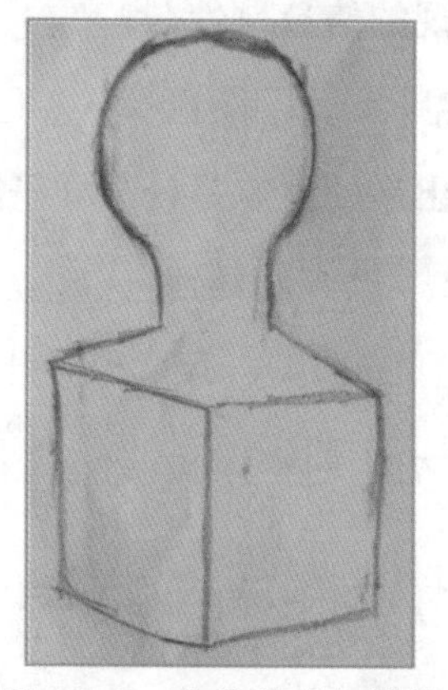

图 11–2　作品外观与结构

### 2. 制作步骤

对作品的外观造型规划和设计之后，需要考虑的问题就是如何分步来完成作品的制作工作。如图 11–3 所示，这个作品将被分为 4 部分来完成，请思考这 4 部分应当如何安排制作顺序，并用线连一连。

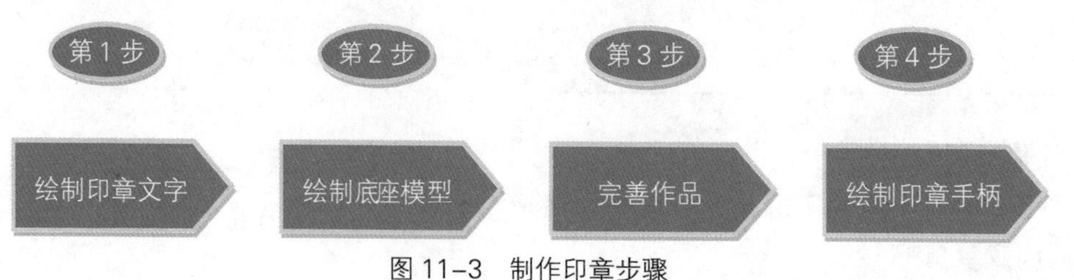


图 11–3　制作印章步骤

# 建立模型

## 绘制底座模型

利用基本实体工具绘制个人印章的基本造型，调整和设置模型的尺寸，符合实际生活需要。

**01** 新建项目　运行 3D One 软件，新建一个 3D One 项目，选择“六面体”工具，在网格平面上绘制六面体作为印章的底座。将中心点设为 (0,0,0)，长、宽、高分别为 25、25、15，效果如图 11–4 所示。

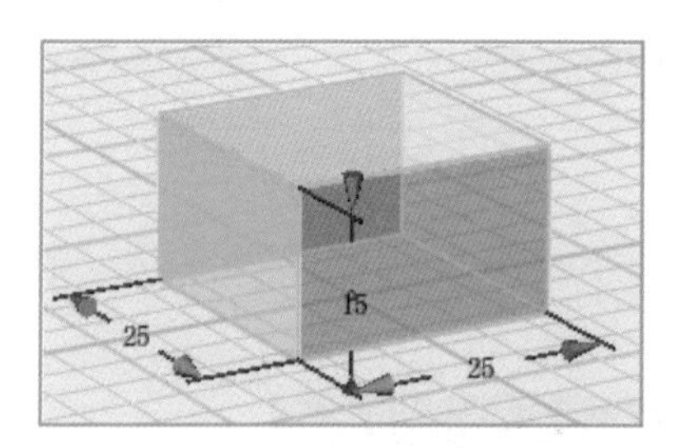


图 11–4　印章底座模型

**02** 绘制长方体　按图 11–5 所示操作，选择下视图，再绘制一个长方体，将中心点设为 (0,0,0)，长、宽、高分别为 23、23、20，使得上下 2 个长方体对齐。

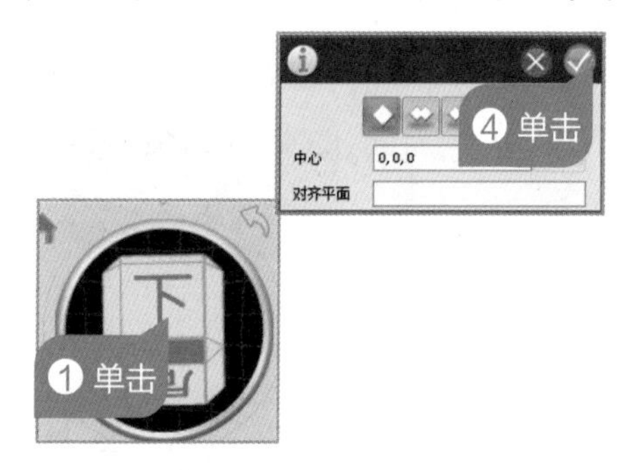


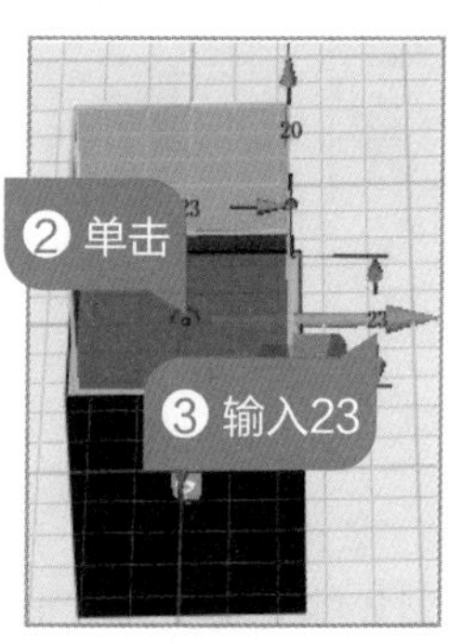


图 11–5　2 个长方体重叠效果

**03** 绘制印章底部边框　在组合操作之前，先将下面的长方体按 *z* 轴向上移动 1mm，然后将 2 个长方体进行组合编辑，使用“减运算”功能将 2 个实体组合，绘制印章底部边框效果，效果如图 11–6 所示。

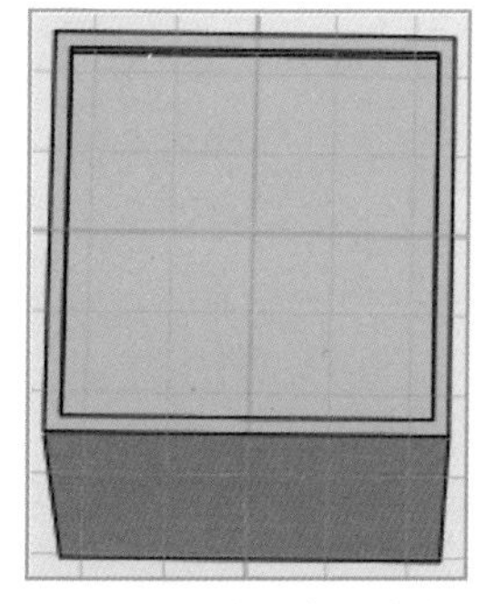

图 11–6　印章底部边框效果

## 绘制印章手柄

手柄是印章不可少的部分，手柄的高度与粗细直接影响印章的手感和美观程度。

**01** 绘制草图 选择“圆形”工具，确定绘图平面，选择合适视图，按图 11-7 所示操作，在印章底座正面中心位置绘制一个半径为 3 的圆形草图。

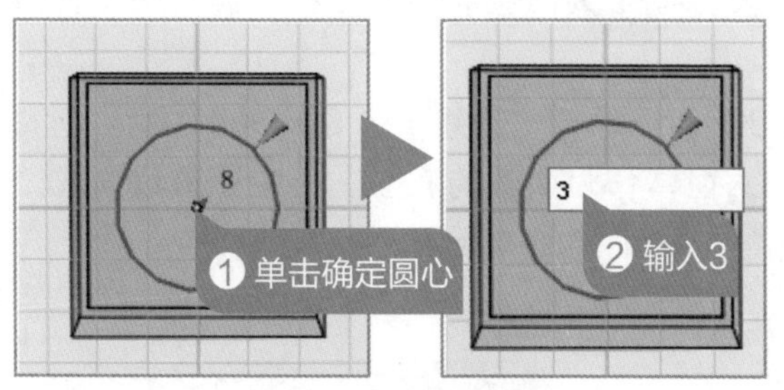


图 11-7 绘制草图

**02** 拉伸草图 按图 11-8 所示操作，选择“特征造型”中的“拉伸”工具，确定绘图平面，绘制印章手柄。

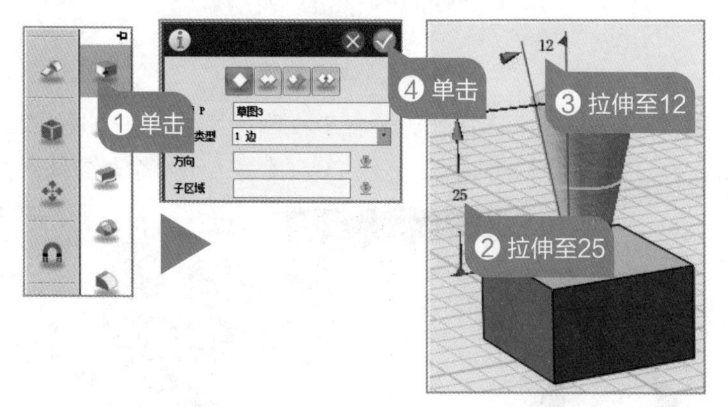


图 11-8 拉伸草图

**03** 绘制球体 选择“球体”工具，绘制半径为 12 的球体，球心位置为 (0,0,45)，效果如图 11-9 所示。

图 11-9 绘制球体效果

## 绘制印章文字

在底座（印章）凹面里预制相关文字信息，同时还将文字镶嵌到底板凹面里，使文字与底座组成一个整体。

**01** 绘制辅助线　选择合适视图，按图 11–10 所示操作，选择“直线”工具，在印章底面上绘制“十”字辅助线。

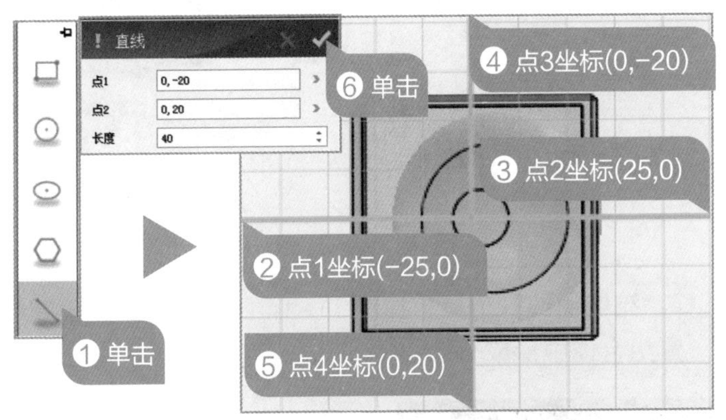


图 11–10　在印章底面绘制辅助线

**02** 确定文字工作面　按图 11–11 所示操作，选择“草图绘制”中的“预制文字”工具，确定预制文字的工作面。

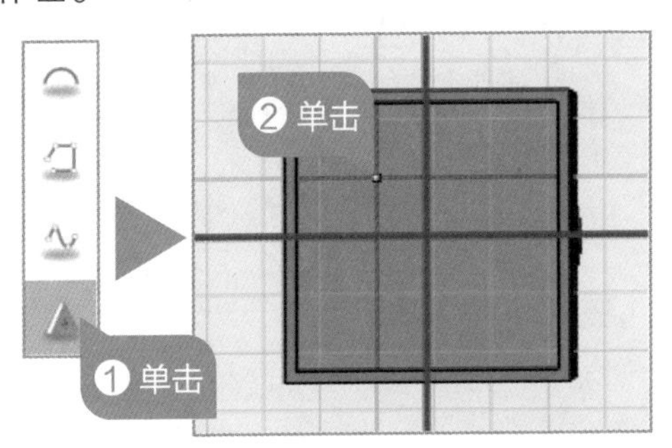


图 11–11　确定文字工作面

**03** 输入文字　按图 11–12 所示操作，单击底盘凹面合适位置，在“预制文字”工具对话框中设置文字属性。

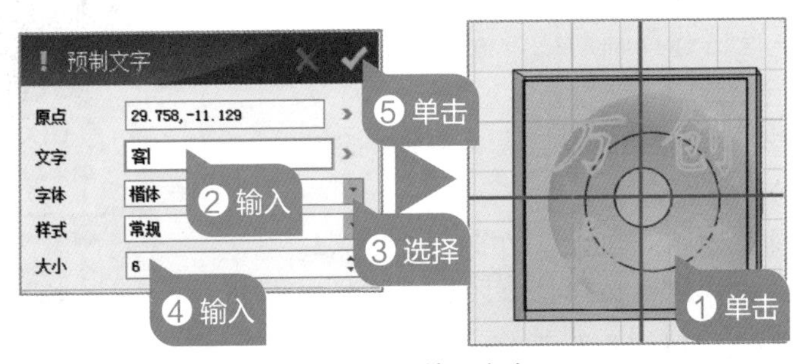


图 11–12　输入文字

**04 调整文字方向** 选择“移动”工具，按图 11–13 所示操作，把文字实体按水平方向旋转 –180° 。

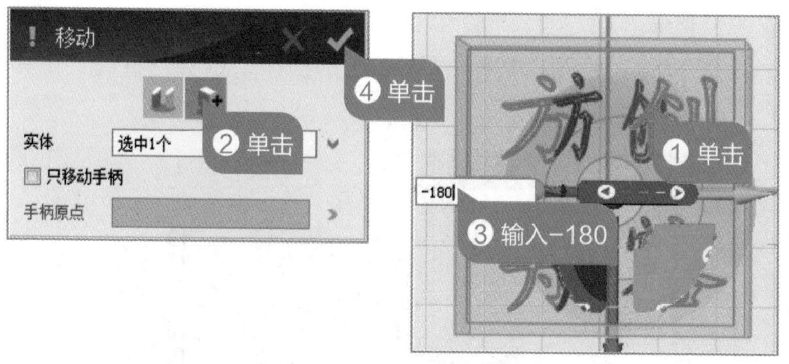


图 11–13　调整文字方向

**05 镶嵌文字** 选择“镶嵌曲线”工具，按图 11–14 所示操作，将预制在底盘凹面上的文字镶嵌到印章组合体中形成一个整体。

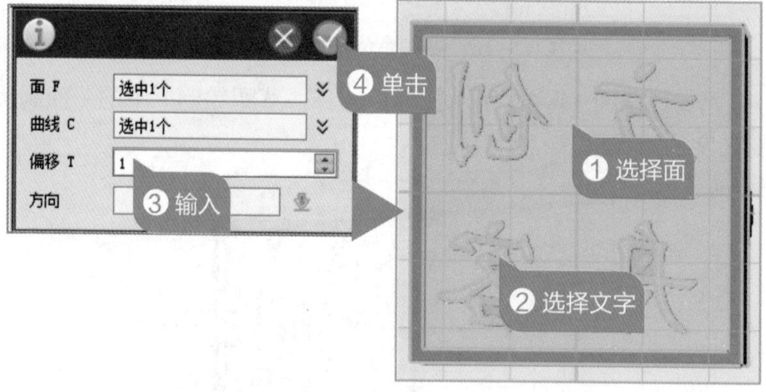


图 11–14　镶嵌文字

## 完善作品

为了作品的美观和整体性，我们对作品进行组合编辑，棱角明显之处还需进行圆角和倒角处理。

**01 删除辅助线** 单击选择辅助线，逐一按键盘的 Delete 键进行删除。

**02 组合编辑** 选择“组合编辑”工具，分别将印章的各组成部分进行组合编辑。

**03 圆角处理** 选择“圆角”工具，在印章的球体与圆柱、圆柱与底座接口的棱角分明处，进行圆角处理，效果如图 11–15 所示。

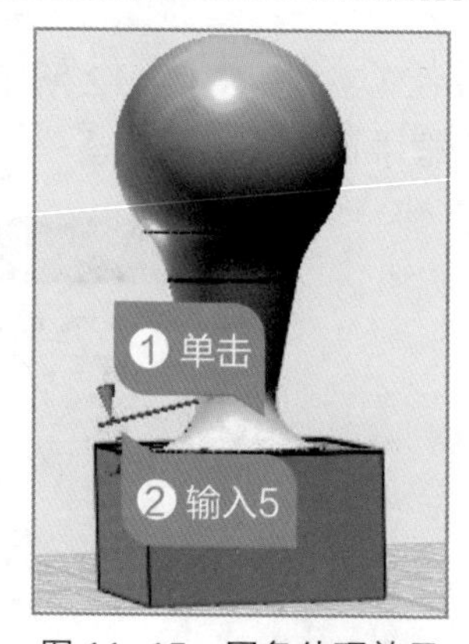


图 11–15　圆角处理效果

**04** 加工倒角　按图 11-16 所示操作，选择“特征造型”中的“倒角”工具，对印章底座边缘部分进行倒角处理。

图 11-16　加工倒角

## 评测提升

### 1. 易犯错误

亲爱的小创客们，对某个组合体进行圆角加工时，必须先进行组合编辑，让各个部分组成整体，才能进行圆角加工。

### 2. 拓展练习

利用“预制文字”工具和“倒角”工具尝试完成以下作品，作品效果如图 11-17 所示，或者发挥你的聪明才智绘制一个异形印章。

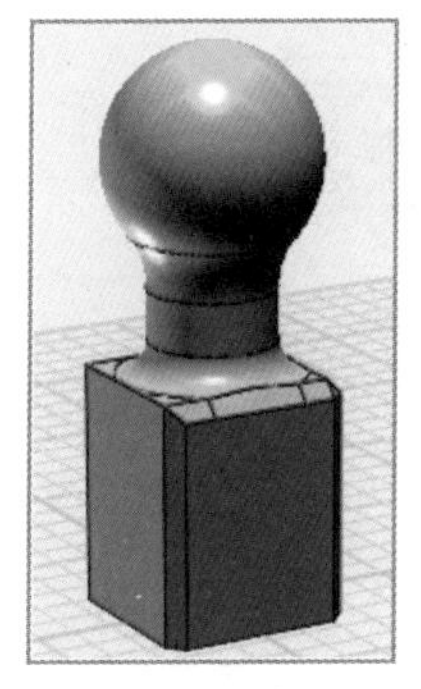

作品正面

作品底面

图 11-17　个人印章作品效果图

扫一扫，看视频

## 第 12 课　超酷的专属笔筒

在现代社会中，笔筒除了装文具外还可以用来当装饰品。市场上看到的笔筒主要由瓷器、木头、玻璃和塑料等材料做成的，形状大多以方形、圆柱形或椭圆形为主，但如今更多的人会偏爱造型优美的异型笔筒，比如可爱小动物外形的笔筒。为此，我们设想并构思制作一款 3D 打印的生肖笔筒，将打印出来的实物进行彩绘，完成一件独特的艺术作品。

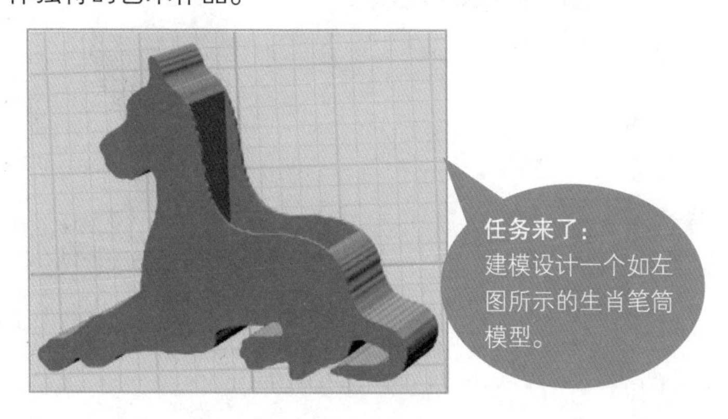


## 构思作品

在构思笔筒作品时，首先要明确它的造型和尺寸，其次笔筒上能够彩绘些什么内容，让我们的作品更加生动和富有趣味性，为此提出相应的解决方案。

### 1. 头脑风暴

想一想你设计的作品除了用来装文具外，还应具有趣味性和装饰作用。为此，我们可以考虑动物造型的笔筒，例如，以你的属相造型来设计一个笔筒，然后在作品外表彩绘你喜爱的图案或刻上你的座右铭，这样与众不同的作品会更加吸引人。请发挥你的想象，将你的好想法补充填写在图 12–1 中。

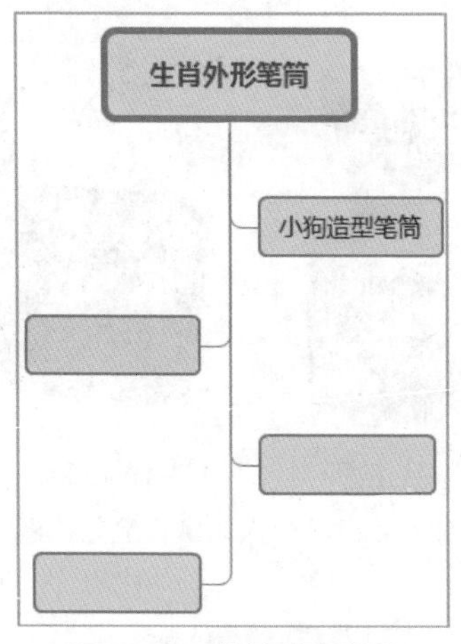


图 12–1　笔筒功能特征

### 2. 提出方案

我们设计的笔筒造型是什么样的？另外，笔筒尺寸多少合适呢？外表面彩绘什么图案呢？请试着先思考并解决如下问题。

**想一想**

(1) 笔筒的造型是什么样的？

□方形　　□圆形　　□椭圆形　　□生肖造型 ________

(2) 笔筒外观尺寸是多少（要考虑打印机最大打印尺寸范围）？

长：________ 宽：________ 高：________

(3) 笔筒外表面彩绘什么样图案或写什么文字？

______________________________________________

(4) 你设计的创意笔筒外形、尺寸及外表面彩绘图案是（在下面小画板里简单画个草图）：

小画板

### 3. 分享方案

根据你对笔筒的了解和大胆设想，请将你的解决方案介绍给大家，让大家来分享你的创意梦想！

**谈一谈**

请将你的作品设计思想大致写在横线上，同时把你的创意分享给大家。

(1) 我设计的笔筒造型是：______________________________

______________________________________________

(2) 我设计的笔筒与众不同的地方（特点）是：________________

______________________________________________

## 规划设计

### 1. 外观结构

笔筒外形是一只小狗趴着的造型，身体的中间部分是一个镂空的长方体，效果如图 12–2 所示，在纸上绘制出作品的外观与结构。

图 12–2　作品外观与结构

### 2. 制作步骤

对作品的外观造型之后，需要考虑的问题就是如何分步来完成作品的制作工作。如图 12–3 所示，这个作品将被分为 3 部分来完成，请思考这 3 部分应当如何安排制作顺序，并用线连一连。

图 12–3　制作步骤

## 建立模型

### 绘制笔筒底座

通过拉伸草图模型，调整和设置实体的尺寸，来确定笔筒的底座模型。

**01** 新建项目 运行3D One软件，新建一个3D One项目，按图 12–4 所示操作，选择“3D One”菜单中的“导入”命令，导入图片文件“小狗 .bmp”。

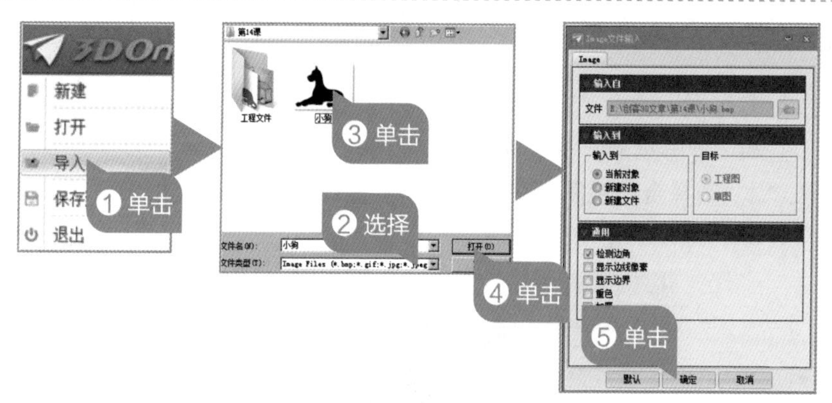


图 12-4　导入图片文件

**02** 拉伸草图　按图 12-5 所示操作，选择右视图，单击选择小狗草图后再选择“拉伸”工具，将小狗草图沿 $z$ 轴方向拉伸或输入数值，小狗草图厚度为 85。

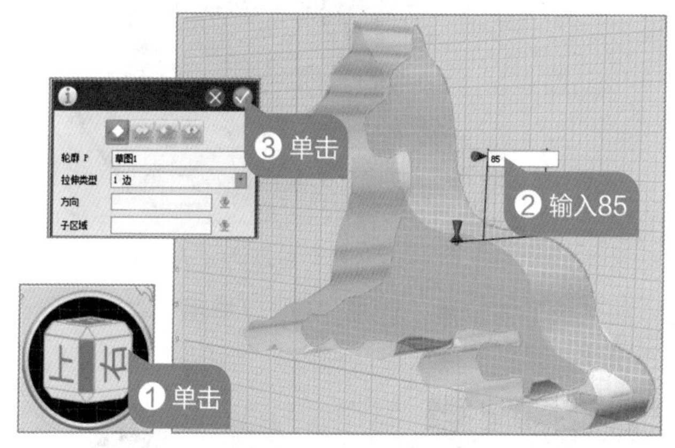


图 12-5　拉伸草图

**03** 缩放实体　按图 12-6 所示操作，选择“基本编辑”中的“缩放”工具，分别按 $x$、$y$ 轴方向进行缩放，$z$ 轴方向保持不变。

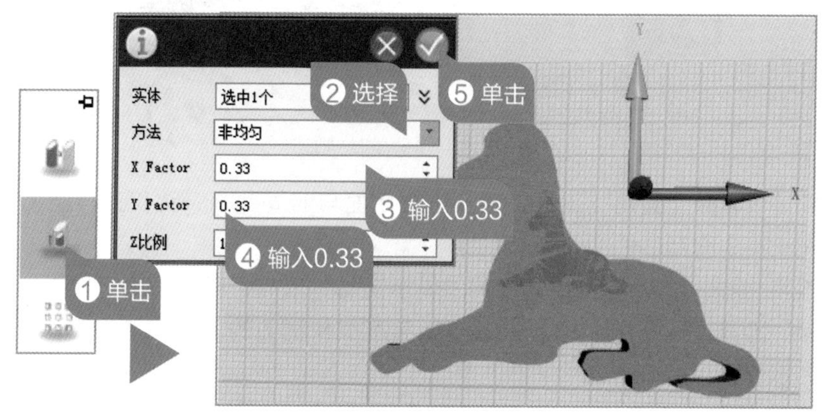


图 12-6　缩放实体

## 加工底座

在底座上部绘制一个长方体实体，使两个实体组合编辑，并进行“减运算”，挖出一个方形空间，能够摆放文具等物品。

**01** 绘制长方体 选择合适视图，在笔筒底座上面绘制一个长方体，长、宽、高分别是35、77、64，效果如图 12-7所示。

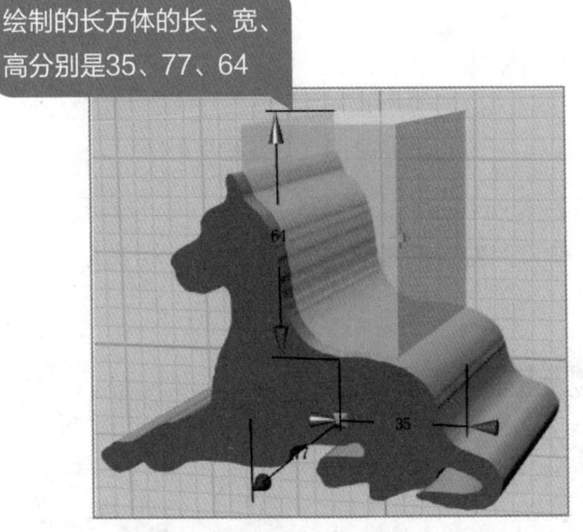


图 12-7 绘制长方体

**02** 隐藏笔筒底座 调整长方体位置，选择“显示 / 隐藏”中的“隐藏几何体”工具，按图 12-8 所示操作，隐藏笔筒底座几何体。

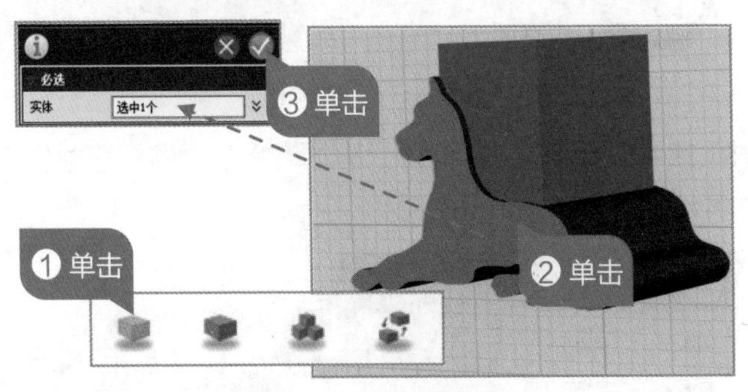


图 12-8 隐藏笔筒底座

**03** 圆角处理 选择“圆角”工具，对长方体底面与四周共 8 条边，进行圆角加工，效果如图 12-9 所示。

**04** 组合编辑 选择“显示 / 隐藏”中的“显示全部”工具，将笔筒底座呈现；选择“组合编辑”工具，按图 12-10 所示操作，完成工作面上的 2 个实体组合，并执行“减运算”操作。

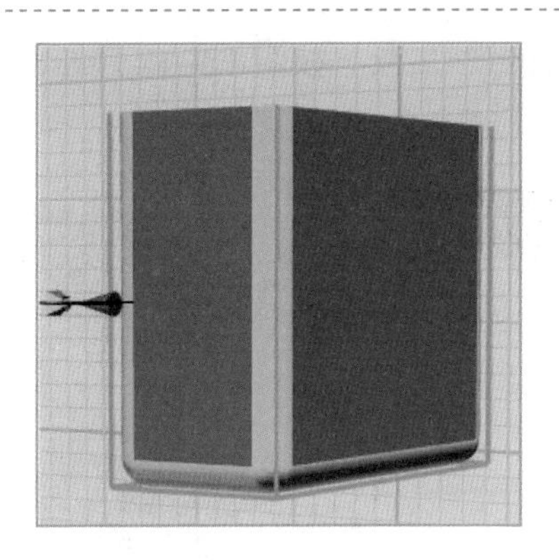

图 12-9　圆角处理效果

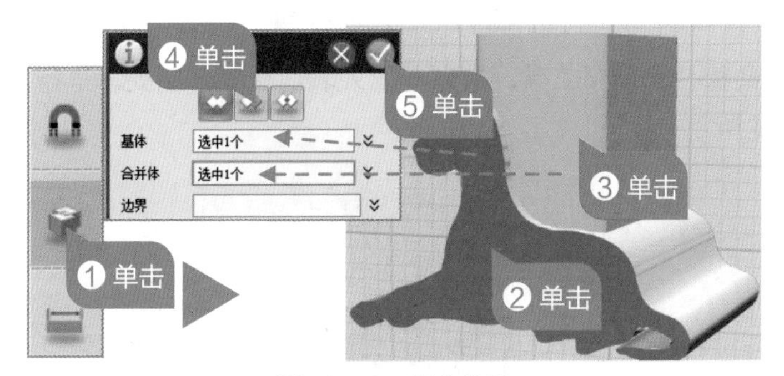


图 12-10　组合编辑

## 完善作品

对笔筒正面预制文字，写上自己喜欢的座右铭，对棱角处进行圆角处理，最后还对作品进行材质渲染。

**01** 输入文字　选择“草图绘制”中的“预制文字”工具，确定工作面，在“预制文字”工具对话框中设置文字属性，效果如图 12-11 所示。

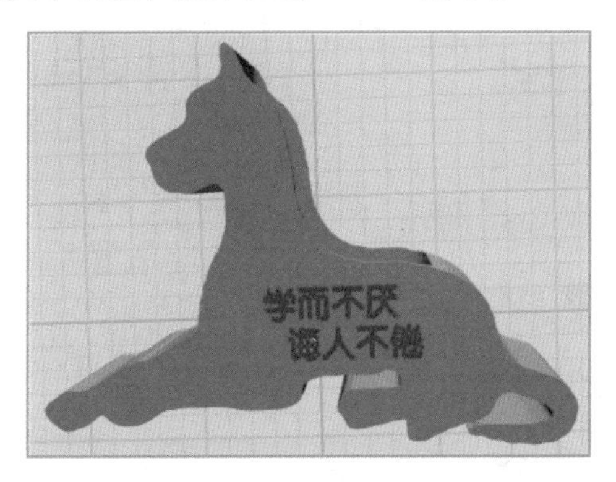


图 12-11　输入文字

**02** **镶嵌文字** 选择“镶嵌曲线”工具，按图 12-12 所示操作，将“文字”曲线镶嵌到笔筒中，组成一个完整实体。

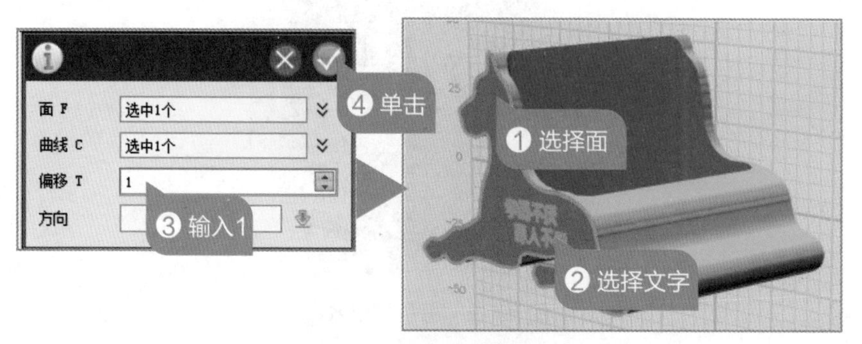


图 12-12　镶嵌文字

**03** **圆角处理** 选择“圆角”工具，选取笔筒外表面棱角分明处，进行圆角处理，效果如图 12-13 所示。

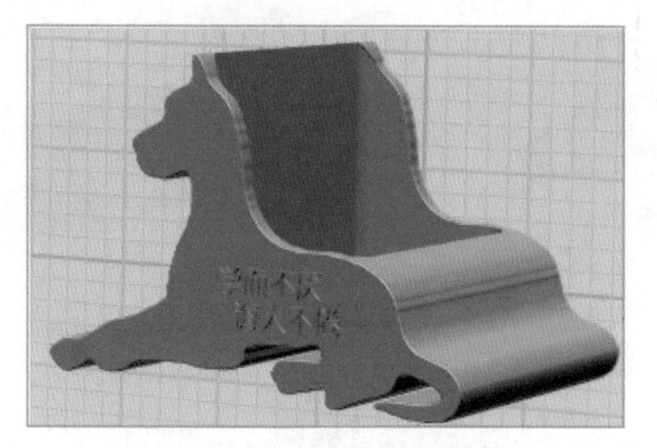

图 12-13　作品圆角效果

**04** **材质渲染** 选择“材质渲染”工具，按图 12-14 所示操作，完成笔筒材质渲染。

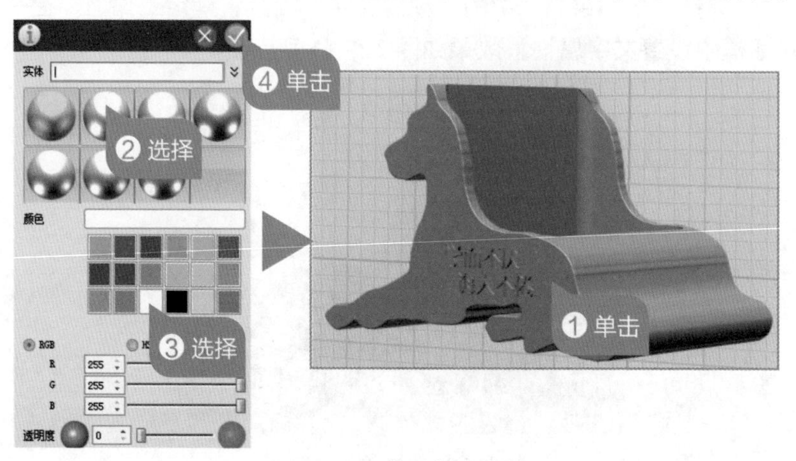


图 12-14　作品材质渲染

## 评测提升

### 1. 作品优化

本课用到了生肖图片，图片可以从互联网上下载，也可以手工绘制，这为我们创作出更多有趣和造型丰富的作品提供了广阔的空间。在导入造型图片时要求最好选择的图片是纯色，且封闭。

### 2. 拓展创新

利用“导入图形”功能尝试完成作品，作品效果如图 12–15 所示。

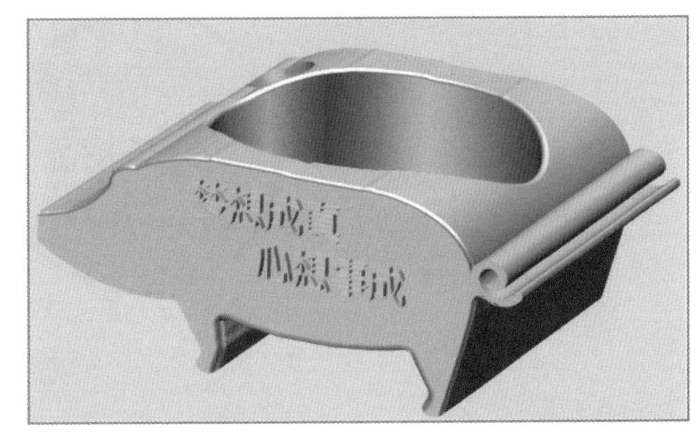

图 12–15　作品效果图

# 第 13 课　丢不掉的钥匙扣

扫一扫，看视频

有很多人在生活中经常不小心将自己的钥匙串给弄丢了。设想如果不小心将钥匙掉到地上，能及时给主人提个醒，或者谁捡到这串钥匙，能及时送到失主的手中，这样就能解决丢钥匙的烦恼。今天我们来制作一个带铃铛的钥匙扣，同时还在铃铛上刻上自己的姓名，这样就可以防止钥匙丢失。

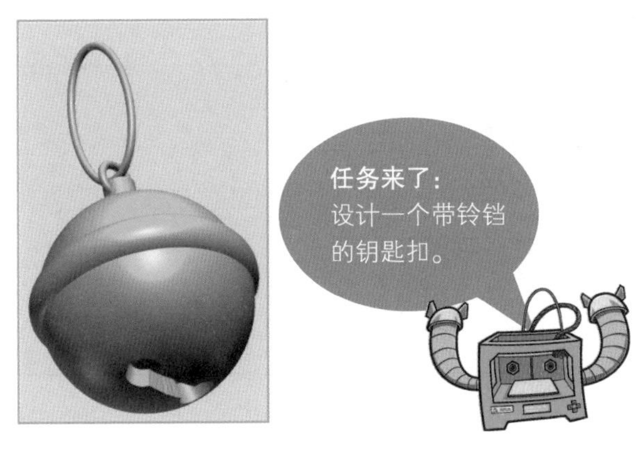


## 构思作品

### 1. 明确功能

作为一个普通的钥匙扣，基本就是把多把钥匙系在一起，为携带方便而设计的。但是，如今的钥匙扣除了方便携带钥匙之外，还需要从作品的功能、外观和装饰等方面考虑。你认为还可以增加哪些功能来提升作品的趣味性和实用性？请将你的思考结果填写在图 13–1 中。

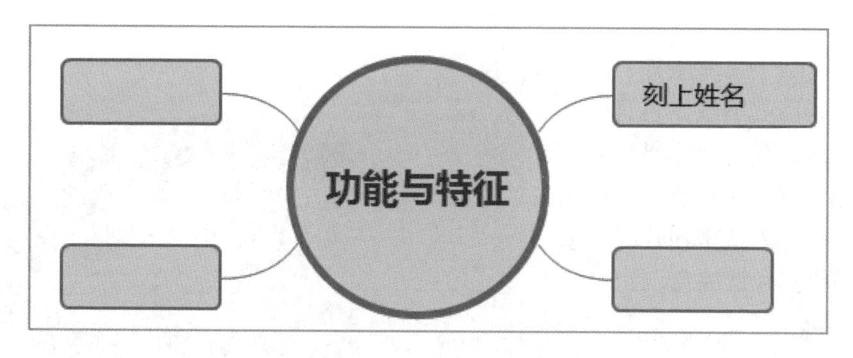


图 13–1 设定作品功能与特征

### 2. 头脑风暴

制作这款作品最大的难点是考虑作品的造型，市面上钥匙扣的款式很多，目前铃铛常见的造型是球形，形式多种多样，最常见的是圆形或椭圆形，今天我们就来做一个常见的带铃铛的钥匙扣。

这款钥匙扣主要包括铃铛和钥匙环两部分。铃铛的外形比较多，可爱的球形铃铛在建模时也相对简单。钥匙环的形状可以考虑椭圆形设计，同等周长的情况下比圆形更加小巧，方便携带。

### 3. 提出方案

通过上面的分析，我们该如何设计出这个作品呢？你有什么好方法吗？请试着先思考解决下面提出的问题，设计出对应的解决方案。

想一想

**(1) 铃铛由哪些元件组成？**

**(2) 铃铛的造型是什么样的？**

**(3) 钥匙扣的造型是什么样的？**

**我的方案：**

______________________________

______________________________

______________________________

______________________________

## 规划设计

### 1. 外观结构

铃铛由一个球体和挂环组成，球体上部分有一个小圆柱体，球体正中间有一个大环包住，球面上刻有主人姓名，球体的底部被挖有一个哑铃状的孔，挂环上面是个椭圆形钥匙扣，效果如图 13-2 所示，在纸上绘制出作品的外观与结构。

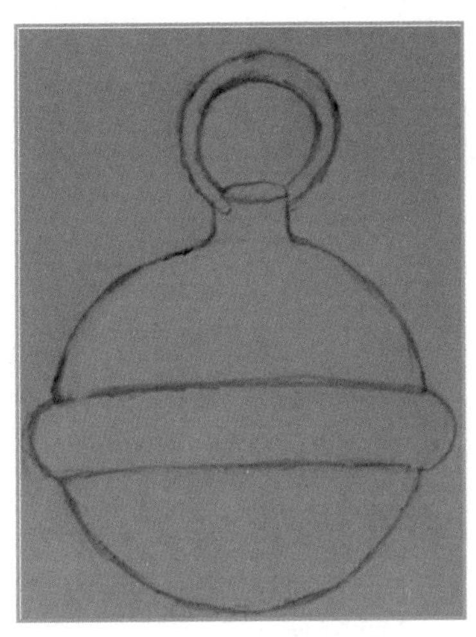

图 13-2　设计外观与结构

### 2. 安排绘制步骤

对作品的外形与功能细化之后，这个作品大致可以分为 4 个步骤，如图 13-3 所示。请思考这 4 个步骤应当如何安排绘制顺序，并用线连一连。

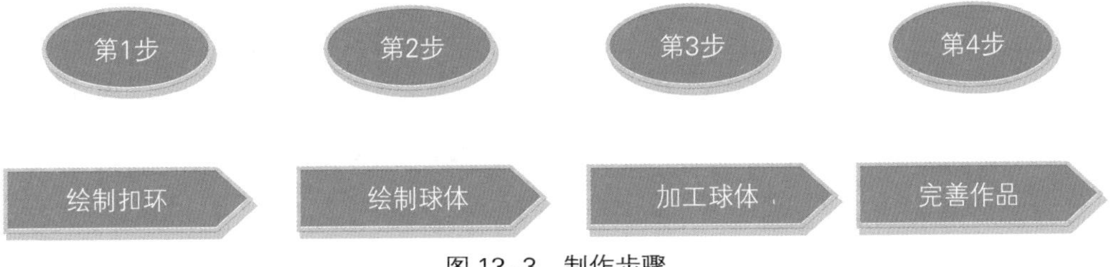


图 13-3　制作步骤

## 建立模型

### 绘制球体

铃铛造型可以设计多种样式，书中只采用了其中一种，读者可以根据自己的喜好，设计不同的样式。

**01 绘制球体** 运行 3D One 软件，选择合适的视图，在坐标 (0,0,0) 处绘制半径为 25 的球体。

**02 绘制大圆环** 选择“圆环体”工具，在坐标 (0,0,0) 处绘制一个半径为 27、厚度为 2 的圆环体，效果如图 13-4 所示。

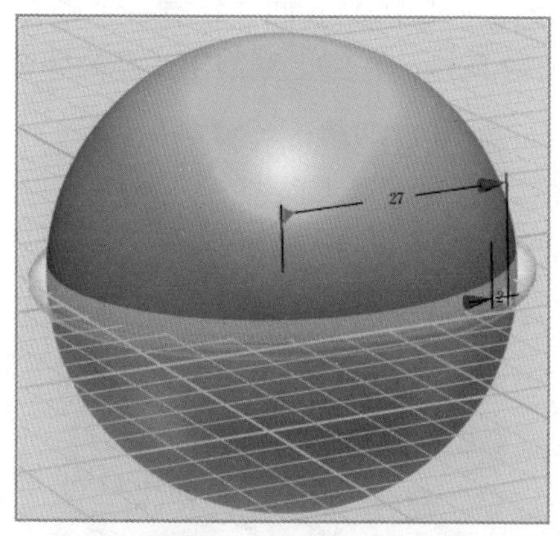


图 13-4 绘制大圆环

**03 组合编辑** 选择“组合编辑”工具，进行“加运算”，选择圆环体为基体，选择球体为合并体，按图 13-5 所示操作，将大圆环与球体组合在一起。

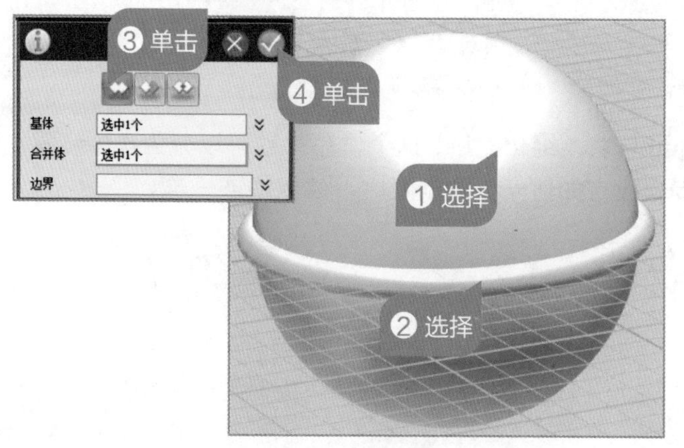


图 13-5 组合编辑

**04 抽壳处理** 选择“抽壳”工具，把球体组合体加工成一个空心的实体，空心球体的壁厚设置为 1。

**05 绘制圆柱体** 选择“圆柱体”工具，按图 13-6 所示操作，在坐标 (0,0,24) 处绘制一个半径为 4、高为 9 的圆柱体。

**06 绘制小圆环** 选择合适的平面，按图 13-7 所示操作，绘制半径为 6、厚度为 1 的圆环。

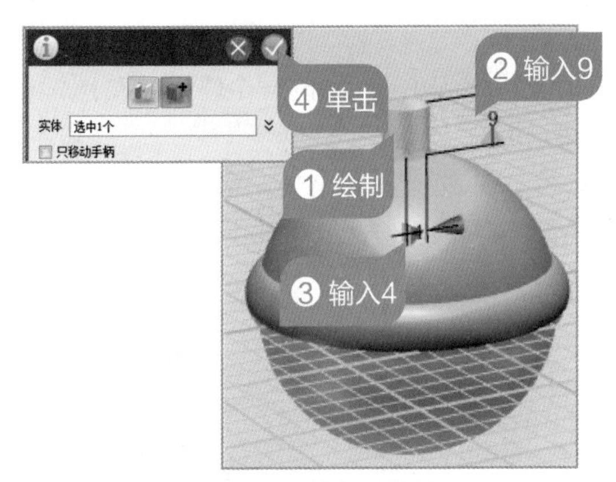


图 13-6　绘制圆柱体

图 13-7　绘制小圆环

**07** 移动小圆环　选择“移动”工具，将圆环按 *x* 轴方向移动，移至球体上面的圆柱体中心位置，效果如图 13-8 所示。

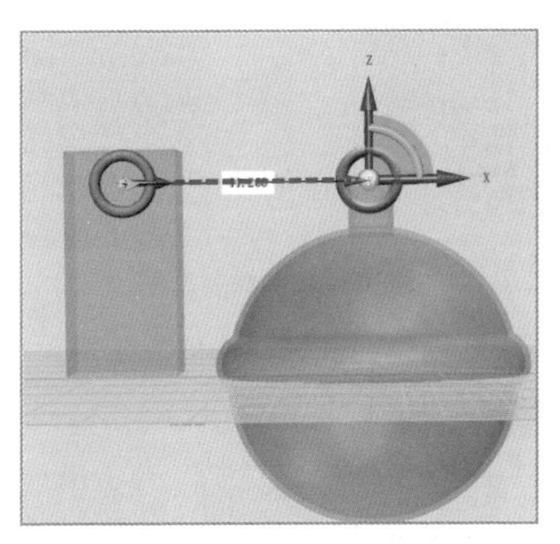

图 13-8　移动小圆环

**08** 组合编辑　选择“组合编辑”工具，将圆柱体、球体组合体和小圆环组合成一个整体。

## 加工球体

在铃铛的底部挖一个哑铃状的小孔，绘制一个哑铃状草图，将草图投影到球面上后，再将草图镶嵌到球的内部。

**01 绘制长方体** 在坐标 (0,0,0) 处绘制一个长、宽、高分别为 30、30、30 的长方体，将长方体按 *z* 轴方向向下移动 –30，效果如图 13–9 所示。

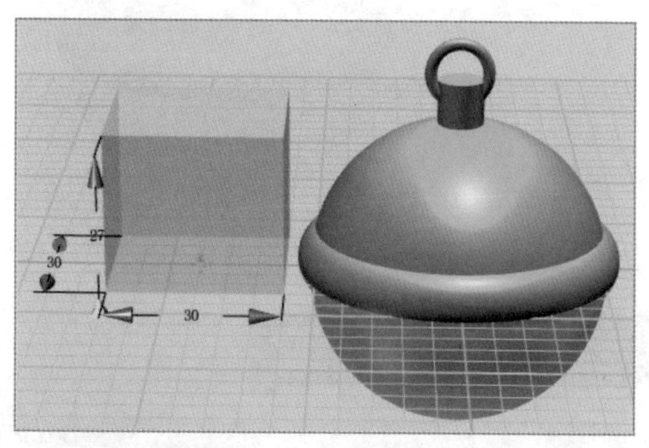


图 13–9　绘制长方体

**02 绘制哑铃草图** 选择“草图绘制”中的“圆形”工具，按图 13–10 所示操作，选择下视图，在圆心分别为 (10,0) 和 (–20,0) 处绘制 2 个直径为 10 的圆，然后再绘制两条相互平行的线段，要求长度为 24 且两端均与圆相交。

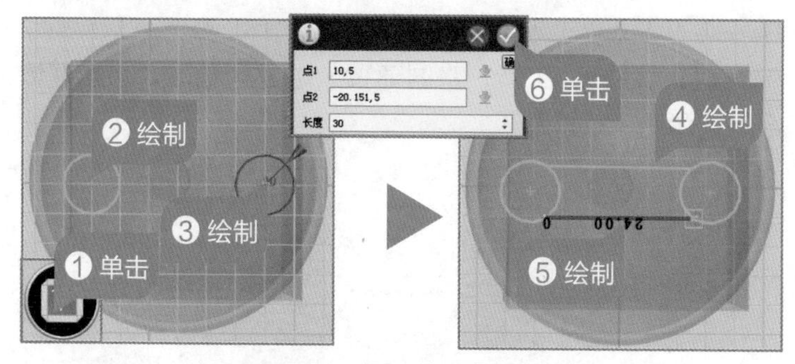


图 13–10　绘制草图

**03 修剪草图** 按图 13–11 所示操作，选择“修剪”工具，剪去多余的线条。

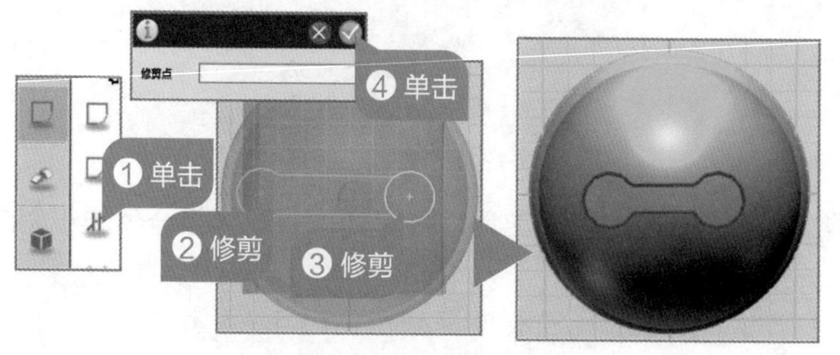


图 13–11　修剪草图

**04** 投影曲线　按图 13-12 所示操作，选择“投影曲线”工具，将哑铃状草图曲线投影到球体组合体的曲面上。

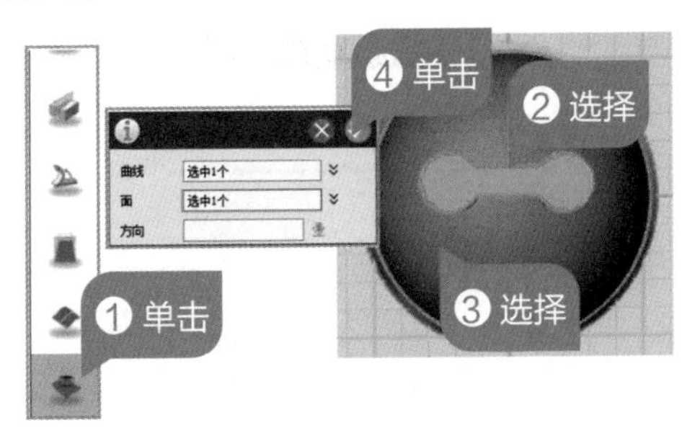


图 13-12　投影曲线

**05** 球底挖孔　按图 13-13 所示操作，选择“特殊功能”中的“镶嵌曲线”工具，在球体组合体的底部挖一个哑铃状的孔洞。

图 13-13　球底挖孔

## 制作扣环

铃铛的上部是钥匙环，通过绘制钥匙环草图，利用“扫掠”工具沿着草图轨迹将钥匙环元件制作完成。

**01** 绘制长方体　选择左视图，在坐标 (10,50,0) 处绘制一个长、宽、高分别为 40、20、80 的长方体，作为辅助绘制钥匙扣草图的平面，效果如图 13-14 所示。

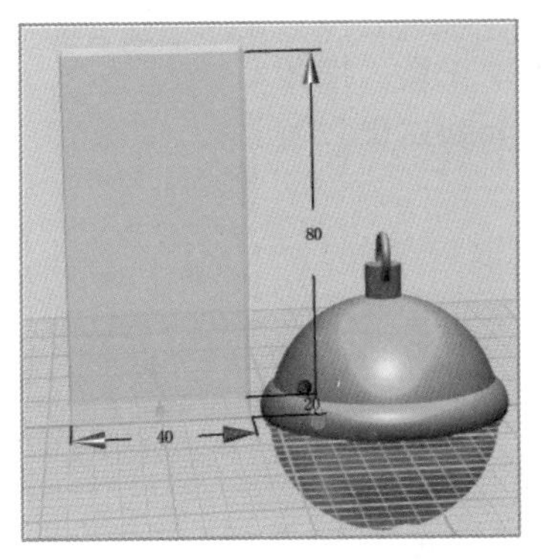


图 13-14　绘制辅助长方体

**02** 绘制钥匙环草图　选择“椭圆形”工具，确定绘制草图平面，按图 13–15 所示操作，在坐标 (0,–5) 处绘制长轴为 40、短轴为 20 的椭圆草图，退出草图绘图界面。

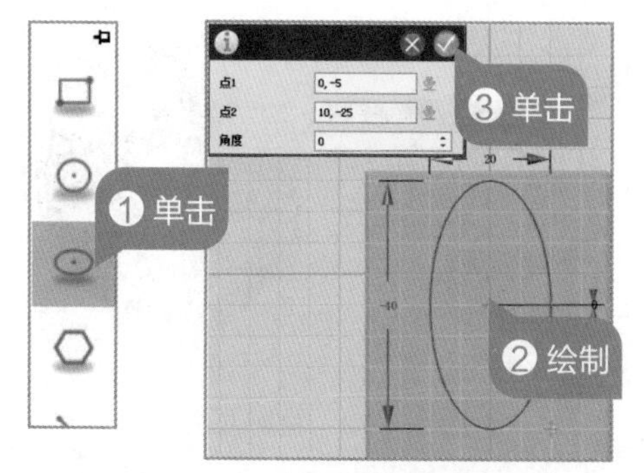


图 13–15　绘制钥匙环草图

**03** 制作钥匙环　选择垂直椭圆草图工作面，绘制一个直径为 2 的圆形草图，选择“扫掠”工具，按图 13–16 所示操作，绘制出一个钥匙环实体。

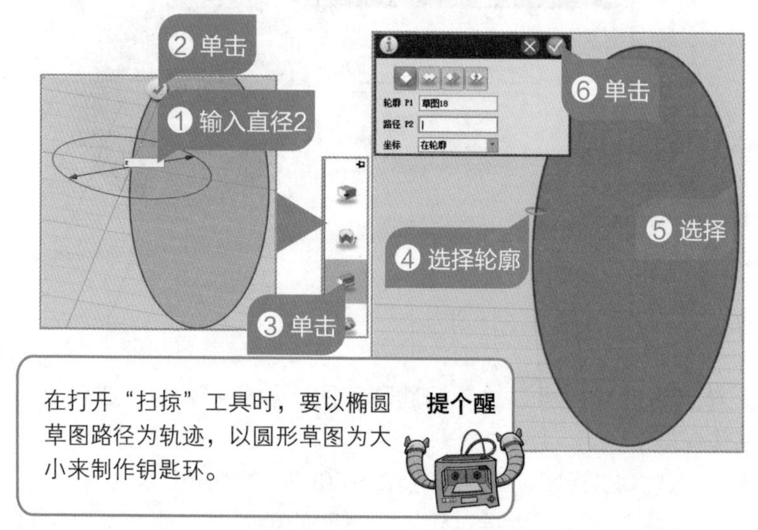


图 13–16　制作钥匙环

**04** 移动钥匙环　使用“移动”工具，把做好的钥匙环移至铃铛上部的圆环里，效果如图 13–17 所示。

图 13–17　钥匙环效果

## 完善作品

在铃铛的外表面刻上文字；其次，把铃铛上个别棱角分明处进行圆角处理，让作品更加舒适和美观。

**01** 绘制文字　选择“预制文字”工具，确定绘制文字平面，按图 13–18 所示操作，在铃铛的正面绘制文字。

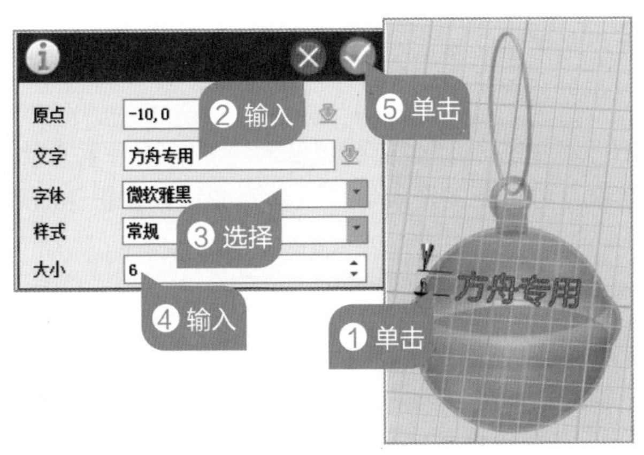


图 13–18　绘制文字

**02** 投影文字　选择“投影曲线”工具，将“方舟专用”文字曲线投影到铃铛球面上，效果如图 13–19 所示。

**03** 镶嵌文字　选择“镶嵌曲线”工具，将“方舟专用”文字曲线刻在铃铛球面上，效果如图 13–20 所示。

**04** 圆角处理　选择“圆角”工具，将铃铛棱角分明的地方进行圆角处理，效果如图 13–21 所示。

图 13–19　投影文字效果

图 13–20　镶嵌文字效果

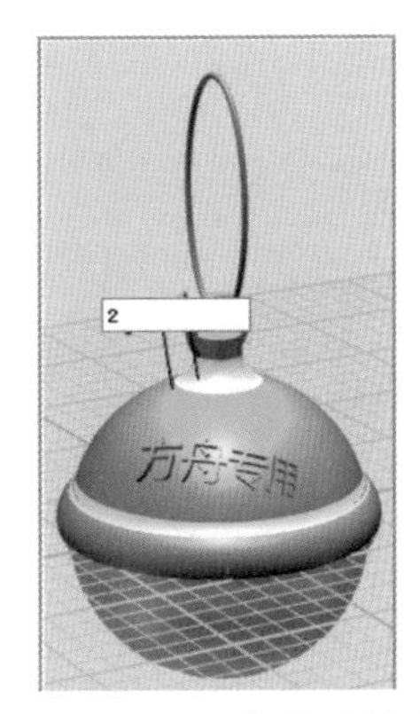


图 13–21　圆角处理效果

## 评测提升

### 1. 答疑解惑

本课学习的知识点较多，主要有扫掠、投影曲面、镶嵌曲线、组合编辑、草图绘制等，其中用到的“草图绘制”工具的次数最多，在绘制草图时，常常要借助绘制辅助体，来确定绘制草图的平面。另外，为了简化步骤和操作准确，确定绘制辅助体的坐标和实体的数值大小是关键。

### 2. 作品优化

铃铛钥匙扣做好了，有没有什么新的想法对它进行优化呢？比如可以在铃铛外表面制作浮雕效果或镶嵌各种漂亮的图案等，快动手去试试，把你的想法变成现实吧！

### 3. 拓展创新

亲爱的小创客们，这节课是本单元的最后一课，你能不能把本单元所学的知识进行总结。另外，我们在做这个作品时，所用的一些方法未必是唯一的，只有多学、多做、多想，你才有可能做出更多、更新的作品来。

利用你今天学到的方法，也制作一个不同类型的铃铛，挂到你家或朋友家的小宠物脖子上哦！快去试试吧！

# 第 4 单元

## 要和电线较个劲

现代人的生活已经离不开电了，与电相关的设备充斥在我们生活的每个角落。小创客不仅要在生活中注意安全用电，而且更要思考如何改进和美化我们的设备。那么，用学习的 3D 知识来解决生活中的问题，难道不是一件更加有创造性的事情吗？

本单元以设计改造生活中与电有关的物件为主要探索内容，帮助大家综合运用 3D 知识，渗透计算机思维，学习用三维的视角来看待生活中的事物。

### 本单元内容

# 第 14 课 耳机线要很整齐

用耳机听音乐是件很惬意的事，但是整理零乱的耳机线可不是件快乐的事。身为小创客，当然要改变这一现状，下面就让我们一起设计一款耳机绕线器，来整理零乱的耳机线吧！

## 构思作品

### 1. 明确功能

一款耳机绕线器应当具备哪些功能与特征呢？请将你认为需要达到的目标填写在图 14–1 的思维导图中。

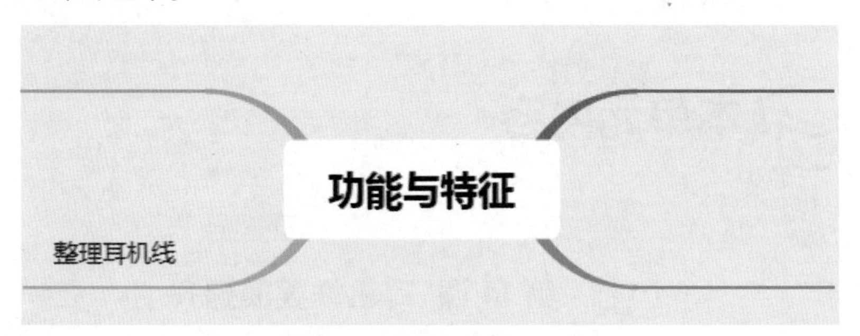


图 14–1　设定作品功能与特征

### 2. 提出方案

如何设计出更完美的作品，你有什么好方法吗？请试着先思考解决下面提出的问题，设计出对应的解决方案。

想一想

(1) 主体要设计成什么形状，才可以更方便地整理耳机线?

(2) 耳机线与耳机头分别设计放置在作品的什么位置?

我的方案：

________________________________________

________________________________________

________________________________________

________________________________________

针对以上 2 个问题，经过思考，可以先找一个耳机来实际测量一下，作为参考数据来设计作品。

## 规划设计

### 1. 外观结构

(1) 造型分析

因为作品的主要功能就是收集耳机线，所以绕线部件一定要圆滑，因此需要将主体设计成一个圆环体，再把圆环中间挖空，放置收集到的耳机线，而耳机头直接放在中间的圆环内。整个作品不能过大，以便能放在口袋里携带。

(2) 造型设计

根据以上的分析，可以初步设计出作品的外观与结构，效果如图 14-2 所示，在纸上绘制出作品的外观与结构。

图 14-2　设计外观与结构

提示

这个设计草图还有什么需要修改的地方吗？请你改一改，如果你有更好的方案，也请你仿照这张设计草图，将你的好主意画在纸上。

### 2. 作品尺寸

设计好作品外形后，要做的工作就是在刚才设计的草图上标注出作品的相应尺寸，这里的尺寸一定参考实际测量到的耳机尺寸。图 14–3 所示是我们测量并记录的结果，请你看看图上的尺寸还有没有需要补充的，如果有，请在你的草图上补充吧！

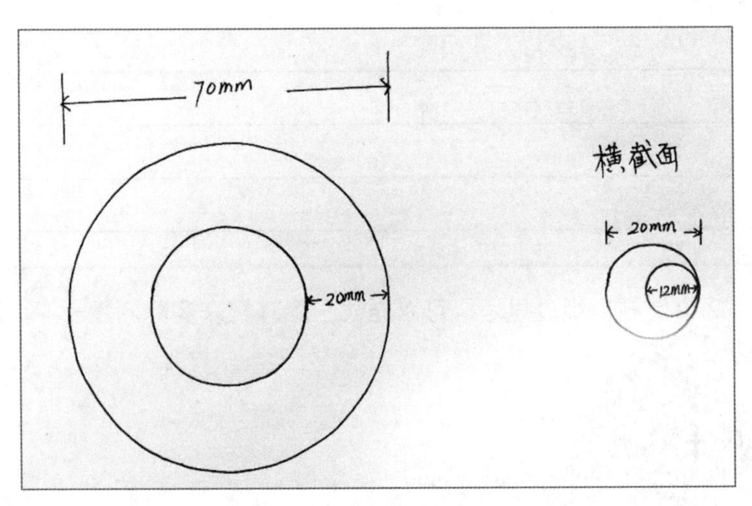


图 14–3　规划作品尺寸

### 3. 制作步骤

对作品的外形与数值细化之后，需要考虑的问题就是如何分步来完成作品的绘制工作。如图 14–4 所示，这个作品将被分为 3 部分来完成，请思考这 3 部分应当如何安排绘制顺序，并用线连一连。

图 14–4　安排绘制步骤

## 建立模型

### 绘制主体

作品主体是圆环体，我们需要参考测量的数据，中间的圆环要大于 1 个耳机头，小于 2 个耳机头。

**01** 绘制第 1 个圆环体　运行 3D One 软件，选择好视图角度，按图 14-5 所示操作，选择“圆环体”工具，绘制主体。

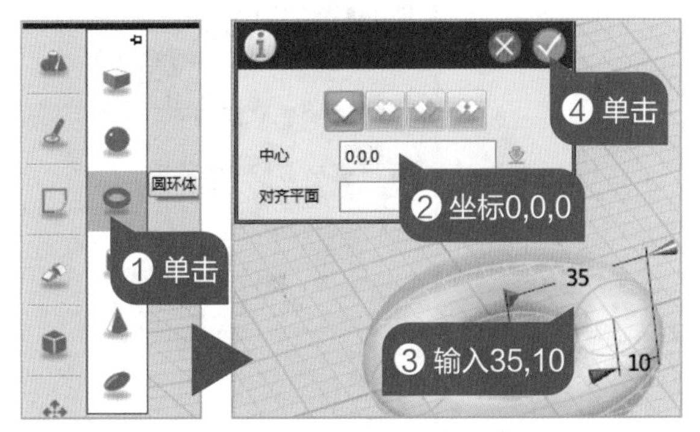


图 14-5　绘制第 1 个圆环体

**02** 绘制第 2 个圆环体　按图 14-6 所示操作，用“圆环体 " 工具在指定坐标绘制出第 2 个圆环体。

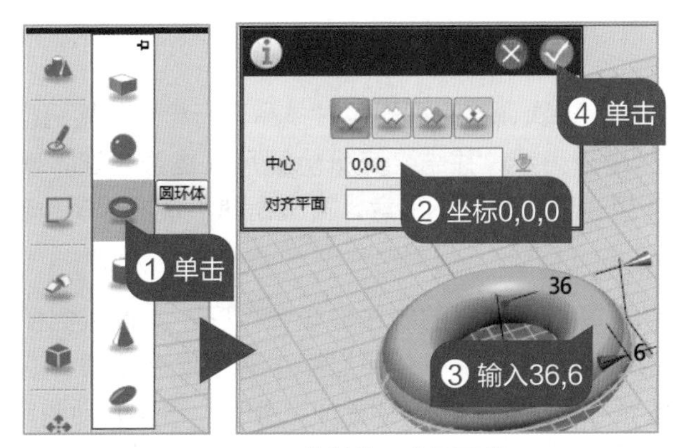


图 14-6　绘制第 2 个圆环体

## 完成作品

完成作品的基本设计后，我们可以给作品进行“材质渲染”，从而设计出漂亮的效果。

**01** 完成制作　按图 14-7 所示操作，选择“组合编辑”工具，运用“减运算”功能，制作出作品主体。

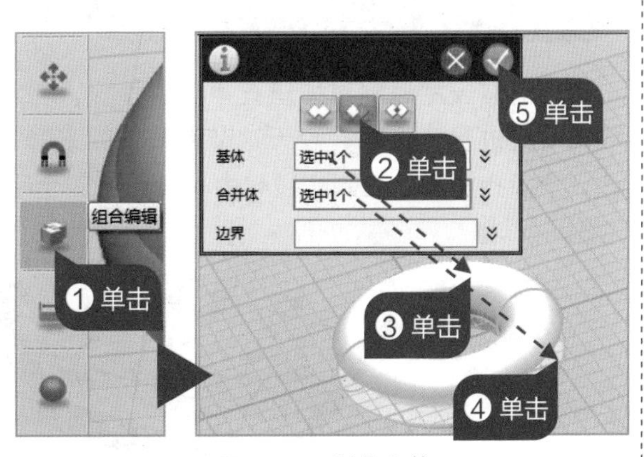


图 14-7　制作主体

**02** 渲染作品　按图 14–8 所示操作，选择“材质渲染”工具，给作品添加自己喜欢的效果。

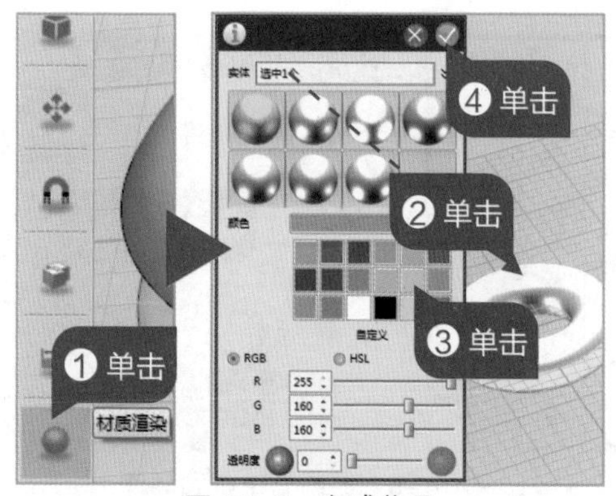


图 14–8　完成作品

## 检测评估

### 1. 检测模型

在 3D One 软件中，多次调整不同视角对作品进行检查，检测模型结构是否完整，尺寸是否匹配，外形是否美观，并结合耳机检测尺寸是否合理。确定作品后，可将作品打印出来，实际使用一下，如果不满意，再根据使用情况，调整作品。

### 2. 拓展创新

亲爱的小创客们，耳机绕线器的制作你学会了吗？本课实例使用最简洁的圆环体制作而成，耳机头放在圆环中间，在使用过程中有可能会松动，有没有想过设计一款新的作品，把耳机头也包裹进去，让作品更加完善呢？请你开动脑筋，改进设计方案，绘制作品模型。期待看到你创意满满的作品。

# 第 15 课　多孔插座很能干

相信你一定遇到过插座孔不够的情况，有没有想过用创客的思维来对它进行改造呢？今天这节课我们就来学习用 3D One 软件设计一个多孔插座。在制作过程中务必注意安全哦！

## 构思作品

### 1. 明确功能

一个多孔插座应当具备哪些功能与特征呢？请将你认为需要达到的目标填写在图 15–1 的思维导图中。

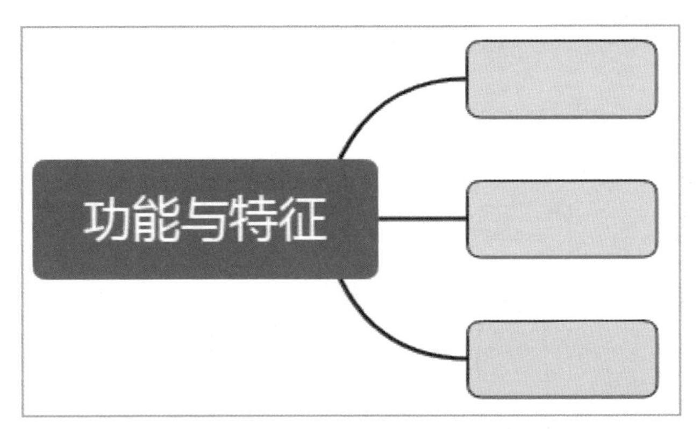


图 15–1　设定作品功能与特征

### 2. 提出方案

如何设计出更完美的作品，你有什么好方法吗？请试着先思考解决下面提出的问题，再设计出对应的解决方案。

**想一想**

**(1) 这个插座的主体要设计成多大尺寸？**

**(2) 每个插孔如何放置才能相互不干扰？**

**(3) 三孔插孔下方的两个孔之间的角度是多少？**

**我的方案：**

______________________________

______________________________

______________________________

______________________________

针对以上 3 个问题，经过思考，可以先找一个插座来实际测量一下，作为参考数据来设计作品。重要提示：测量过程中要注意安全，一定要在不通电的情况下测量，最好的办法是找到一个废弃的插座测量或请家长帮助。

# 规划设计

## 1. 外观结构

(1) 造型分析

因为我们只是对原来的插座进行改造，所以外形不能改动，只能在固定大小的插座上尽可能多地设计一些相互之间不干扰的插孔。

(2) 造型设计

根据以上的分析，可以初步设计出作品的外观与结构，效果如图 15–2 所示，在纸上绘制出作品的外观与结构。

图 15–2　设计外观与结构

**提示**

这个设计草图还有什么需要修改的地方吗？请你改一改，如果有更好的方案，请仿照这张设计草图，将你的好主意画在纸上。

## 2. 作品尺寸

设计好作品外形后，要做的工作是在刚才设计的草图上标注出作品的相应尺寸，注意参照实际测量的尺寸。图 15–3 所示是我们测量并记录的结果，请你看看图上的尺寸还有没有要补充的，如果有，请在你的草图上补充吧！

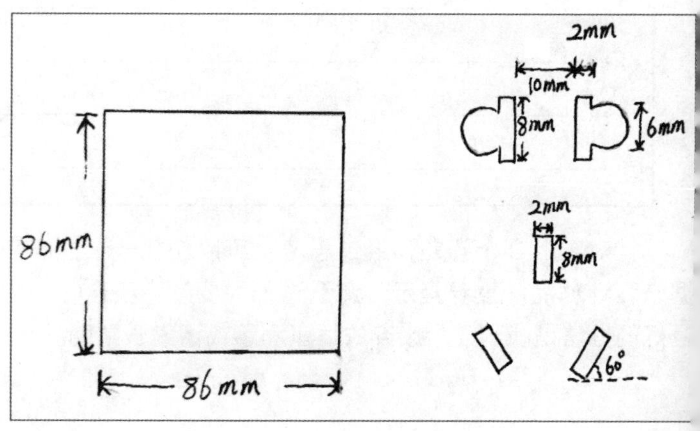


图 15–3　规划作品尺寸

### 3. 制作步骤

对作品的外形与数值细化之后，需要考虑的问题是如何分步来完成作品的绘制工作。如图 15–4 所示，这个作品将被分为 4 部分来完成，请思考这 4 部分应当如何安排绘制顺序，并用线连一连。

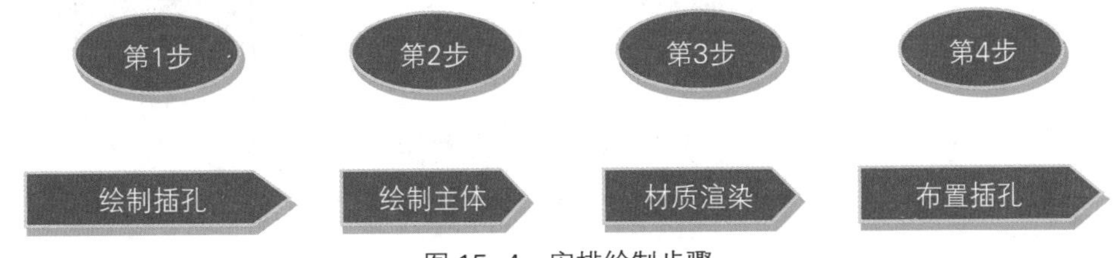


图 15–4　安排绘制步骤

## 建立模型

### 绘制主体

插座的主体是一个六面体，我们要按照日常标准尺寸绘制，还要将主体分割出不同区域。

**01** **绘制主体**　运行 3D One 软件，选择好视图角度，按图 15–5 所示操作，选择“六面体”工具，绘制主体。

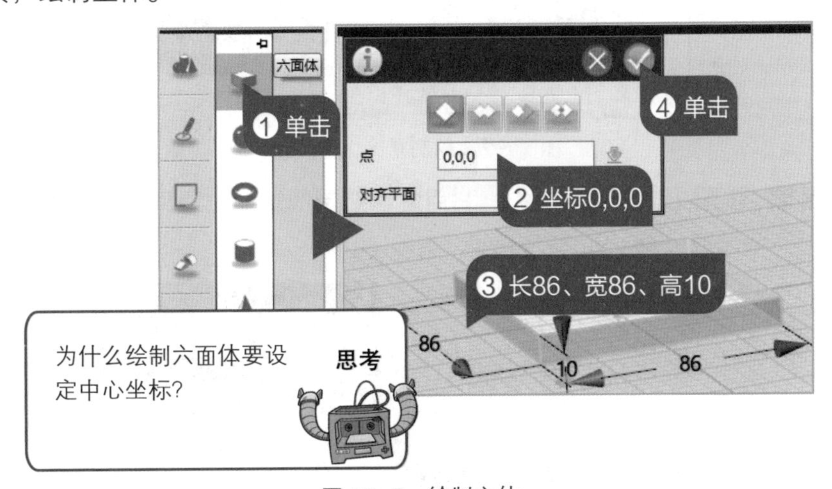


图 15–5　绘制主体

**02** **绘制第 1 个正方形**　选择上视图，按图 15–6 所示操作，选择“矩形”工具，在指定坐标绘制边长为 50 的正方形。

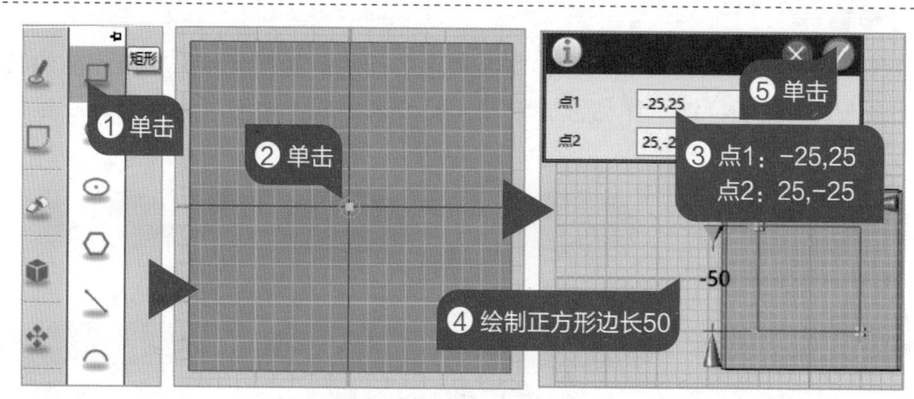


图 15-6　绘制第 1 个正方形

**03** **绘制第 2 个正方形**　按图 15-7 所示操作，完成第 2 个正方形的绘制，并退出草图绘制。

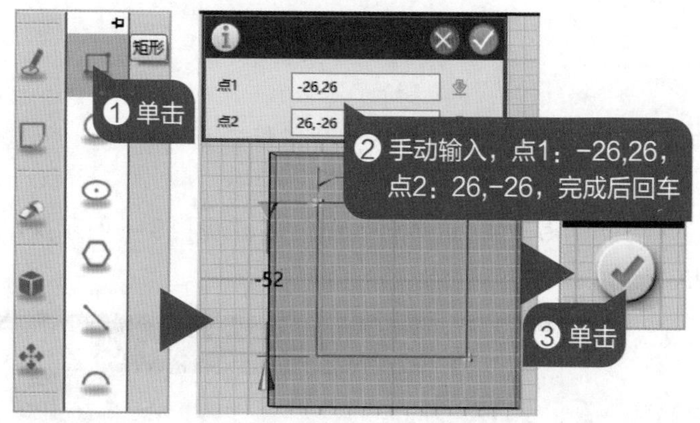


图 15-7　绘制第 2 个正方形

**04** **分割区域**　按图 15-8 所示操作，利用之前绘制的矩形，运用"减运算"功能在六面体上完成区域分割。

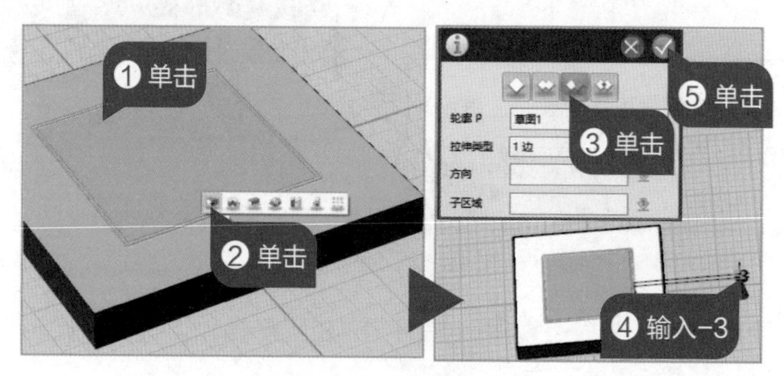


图 15-8　分割区域

## 绘制插孔

这里的插孔分为三孔插孔与两孔插孔，在绘制过程中要严格根据事先测量的数据进行绘制。

**01** **绘制第 1 个矩形** 选择上视图，按图 15-9 所示操作，选择主体中心坐标后绘制宽为 2、高为 8 的矩形。

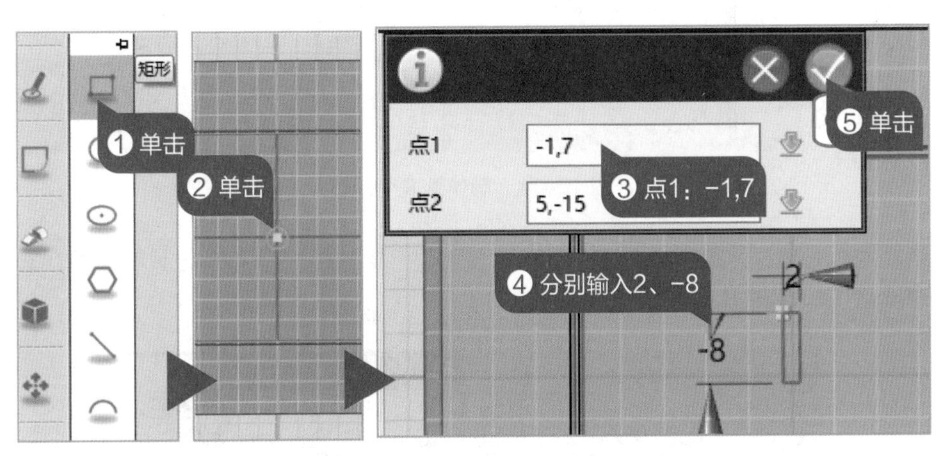


图 15-9　绘制第 1 个矩形

**02** **绘制第 2 个矩形** 按图 15-10 所示操作，选择“矩形”工具，绘制第 2 个矩形，并选择“旋转”工具，旋转矩形。

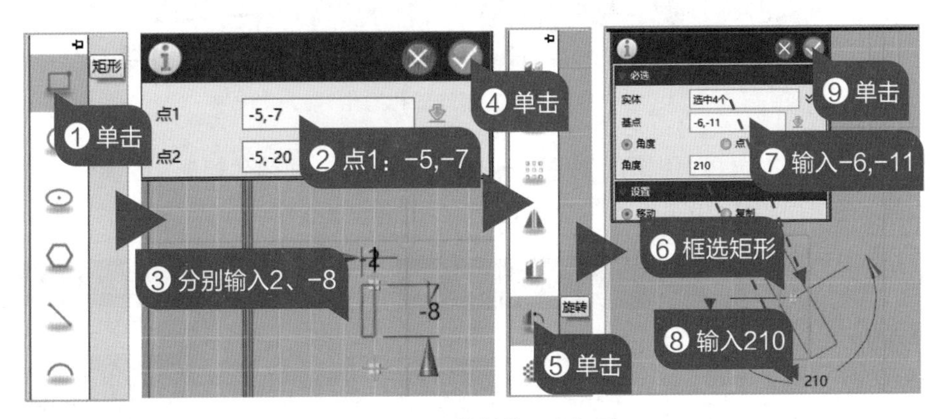


图 15-10　绘制第 2 个矩形

**03** **制作第 3 个矩形** 按图 15-11 所示操作，先绘制参考线，通过“镜像”工具制作出第 3 个矩形，完成后先删除参考线再退出草图编辑。

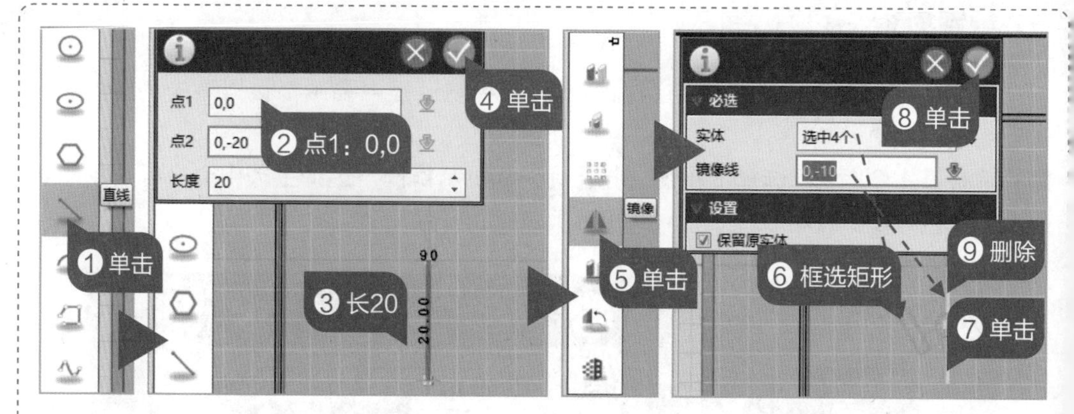


图 15-11　制作第 3 个矩形

**04** **制作三孔插孔**　按图 15-12 所示操作，通过"减运算"将之前绘制的图形在主体上挖成一个三孔插孔。

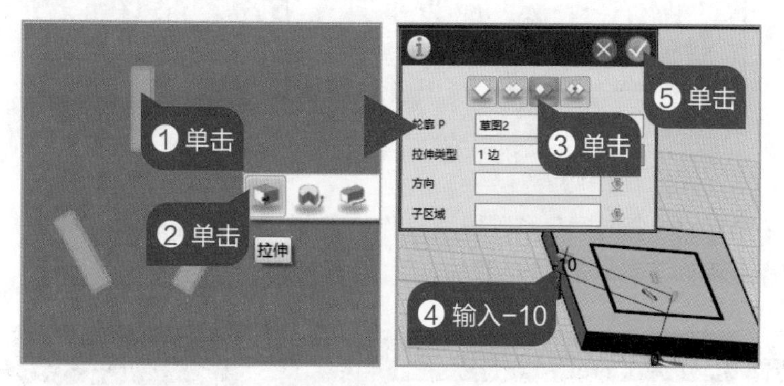


图 15-12　制作三孔插孔

**05** **绘制组合图形**　选择上视图，按图 15-13 所示操作，使用"矩形"工具与"圆形"工具，在指定坐标绘制出第 1 个插孔。

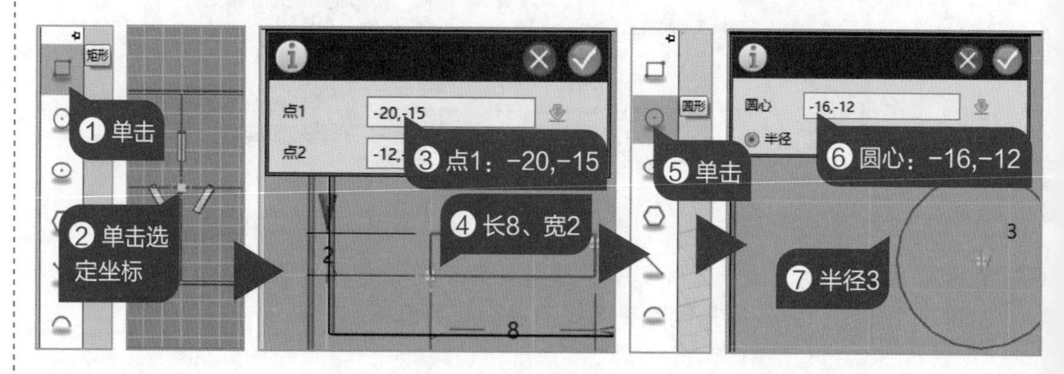


图 15-13　绘制组合图形

**06** **制作第 1 个插孔**　按图 15-14 所示操作，将之前的组合图形修剪成插孔造型。

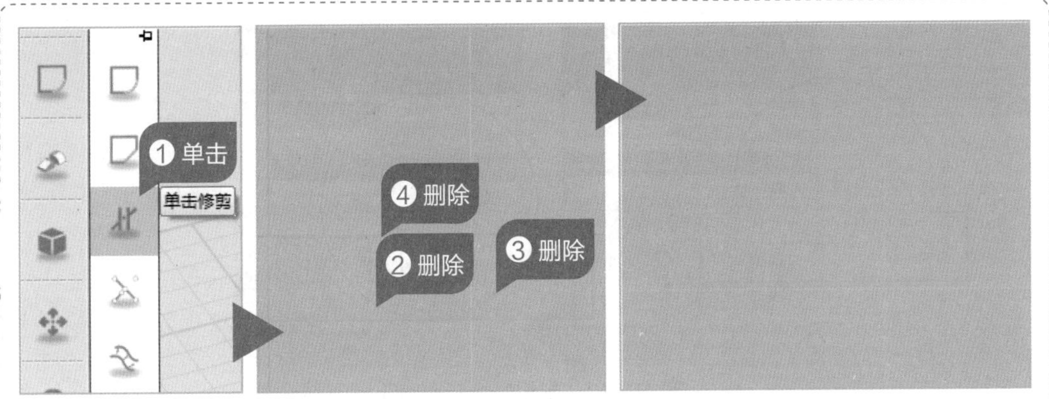


图 15–14　制作第 1 个插孔

**07** 制作完整插孔　按图 15–15 所示操作，先用“直线”工具在指定坐标绘出参考线，再通过“镜像”制作第 2 个插孔，最后用“矩形”工具在指定坐标绘出矩形。

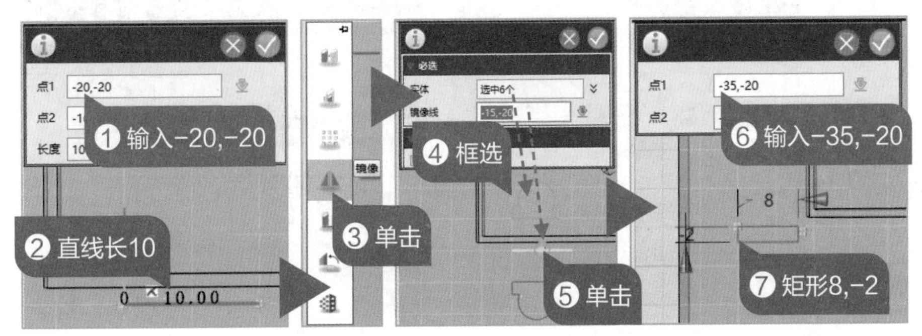


图 15–15　制作完整插孔

**08** 绘制参考线　按图 15–16 所示操作，选择“草图绘制”中的“直线”工具，在指定坐标上绘制十字形参考线。

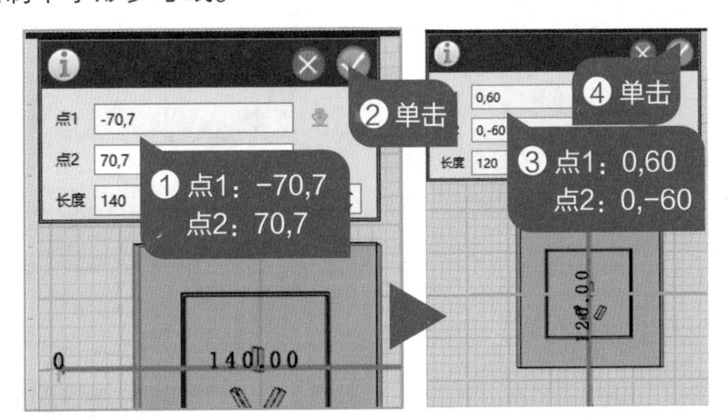


图 15–16　绘制参考线

**09** 制作剩余三孔插孔　按图 15–17 所示操作，选择“基本编辑”中的“镜像”工具，制作出剩余的所有三孔插孔。

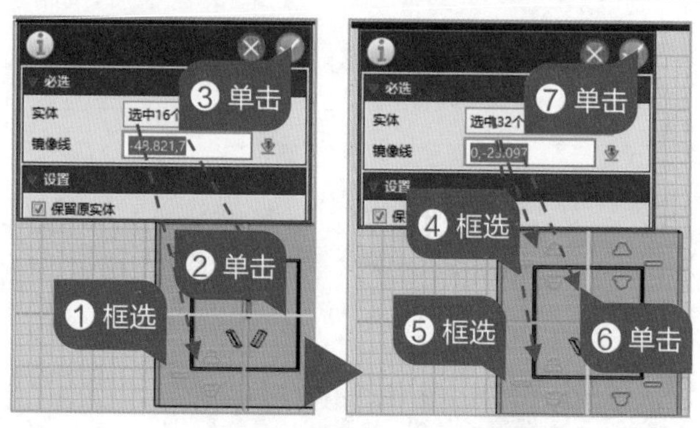


图 15–17　制作剩余三孔插孔

**10　绘制两孔插孔**　按图 15–18 所示操作，选择 “复制” 工具，复制出两孔插孔，再选择“镜像”工具，制作第 2 个插孔，删除所有参考线，退出草图编辑。

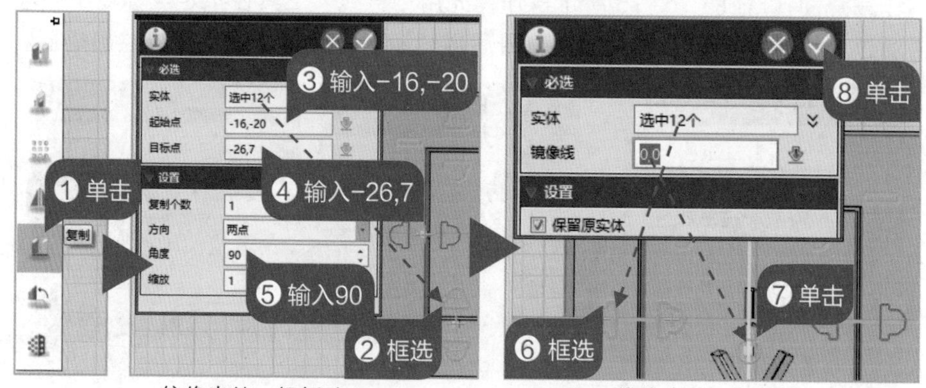


图 15–18　绘制两孔插孔

**11　完成作品**　按图 15–19 所示操作，单击草图，在弹出的菜单中选择“拉伸”工具，运用“减运算”功能挖出所有插孔，完成作品设计。

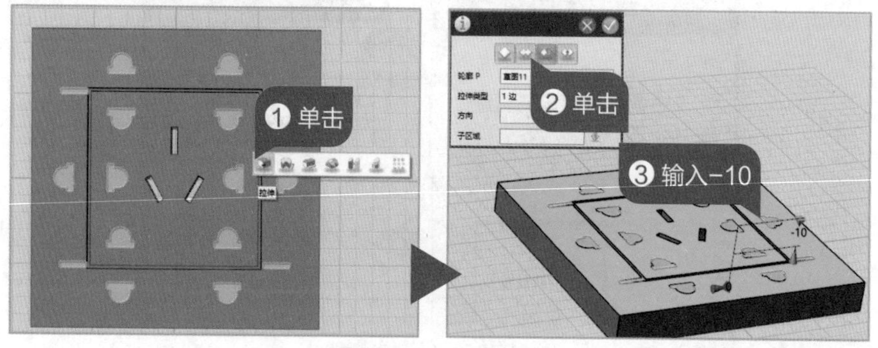


图 15–19　完成作品

## 检测评估

### 1. 检测模型

在 3D One 软件中，多次调整不同视角对作品进行检查，检测模型结构是否完整，尺寸是否匹配，外形是否美观。确定作品后，可将作品打印出来，实际使用一下，感受一下插头之间是否有相互干扰的情况出现，根据实际情况再次调整改良作品。

### 2. 拓展创新

亲爱的小创客们，多孔插座的制作你学会了吗？有没有想出新的创意，改良家中的其他电器设备呢？快去试试吧！

# 第 16 课　插座要用收纳盒

我们一起来想象这样一个画面：当插座上插满插头，各式各样零乱的电线占据着桌面上所剩不多的空间，插座边上还散落着大大小小的书本与学具。在这样的桌面上工作或学习，可能没有谁会喜欢吧？身为小创客的我们，有没有想过设计一款插座收纳盒来改变这个状况呢？今天这节课我们就来一起学习用 3D One 软件设计一款插座收纳盒。

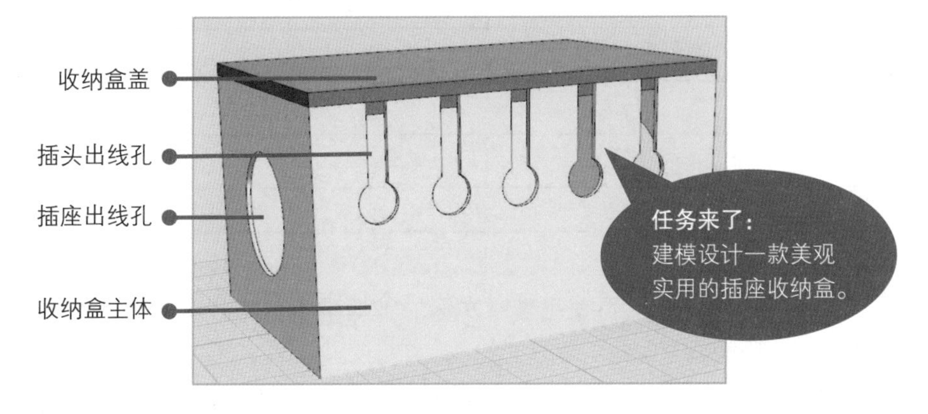


## 构思作品

### 1. 明确功能

一款插座收纳盒应当具备哪些功能与特征呢？请将你认为需要达到的目标填写在图 16–1 的思维导图中。

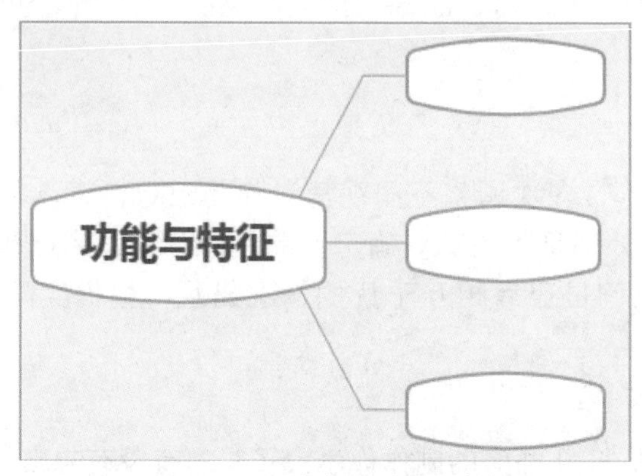


图 16-1　设定作品功能与特征

### 2. 提出方案

如何设计出更完美的作品，你有什么好方法吗？请试着先思考解决下面提出的问题，设计出对应的解决方案。

想一想

**(1) 这个收纳盒的主体要设计成多大尺寸？**

**(2) 收纳盒中间的插座线以及插在上面的插头线用什么方式引出盒外？**

**我的方案：**

______________________________

______________________________

______________________________

______________________________

针对以上 2 个问题，经过思考，可以先找一个插座来实际测量一下，根据这些作为参考数据来设计作品。

## 规划设计

### 1. 外观结构

(1) 造型分析

收纳盒的主要功能就是要将插座收入其中，所以主体要根据插座的外形设计成长方体。另外，收纳盒是放置在桌面上使用的，也要考虑它的美观性，比如开孔要尽可能美观，最好能用一些个性美观的造型。

(2) 造型设计

根据以上的分析，可以初步设计出作品的外观与结构，效果如图 16–2 所示，在纸上绘制出作品的外观与结构。

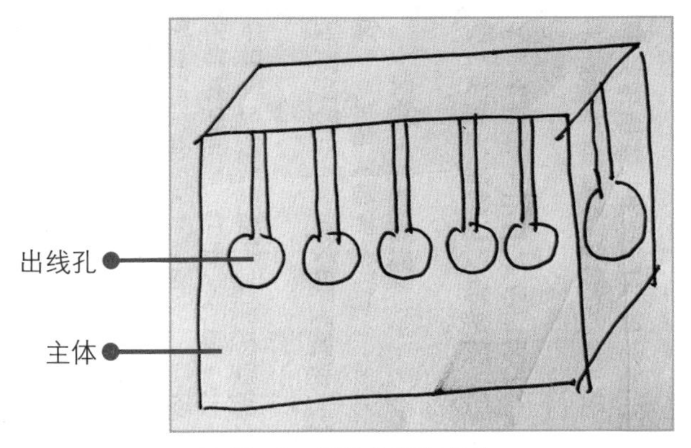


图 16–2　设计外观与结构

**提示**

这个设计草图还有什么需要修改的地方吗？请你改一改，如果有更好的方案，请仿照这张设计草图，将你的好主意画在纸上。

## 2. 作品尺寸

设计好作品外形后，要做的工作就是在刚才设计的草图上标注出作品的相应尺寸，这里的尺寸一定要是实际测量的标准大小。图 16–3 所示是我们测量并记录的结果，请你看看图上的尺寸还有没有要补充的，如果有，请在你的草图上补充吧！

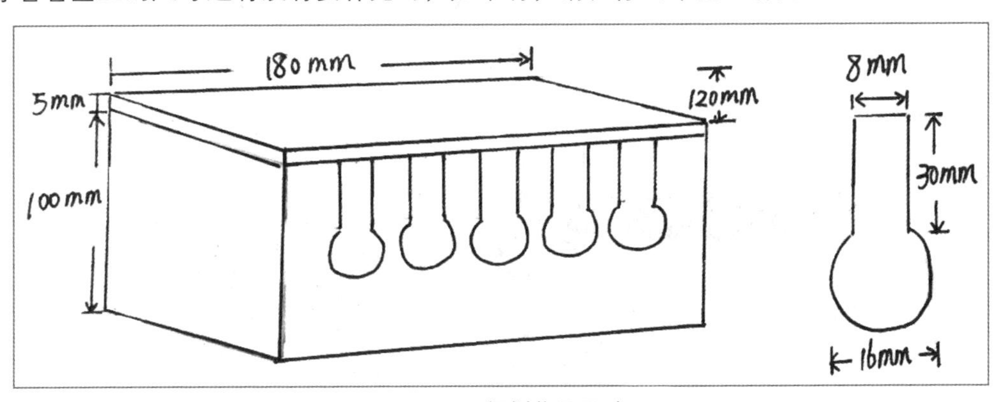


图 16–3　规划作品尺寸

## 3. 制作步骤

对作品的外形与数值细化之后，需要考虑的问题就是如何分步来完成作品的绘制工作。如图 16–4 所示，这个作品将被分为 4 部分来完成，请思考这 4 部分应当如何安排绘制顺序，并用线连一连。

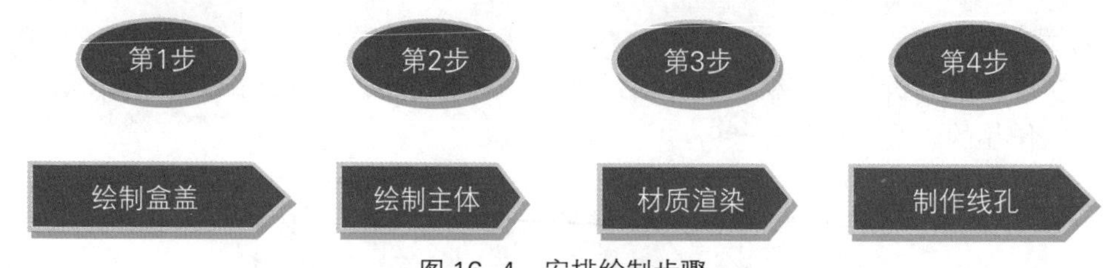


图 16-4　安排绘制步骤

## 建立模型

### 绘制主体

插座收纳盒的主体是一个六面体，绘制完成再在六面体上挖出所需的线孔。

**01** **绘制主六面体**　运行 3D One 软件，选择好视图角度，按图 16-5 所示操作，选择“六面体”工具，绘制主体。

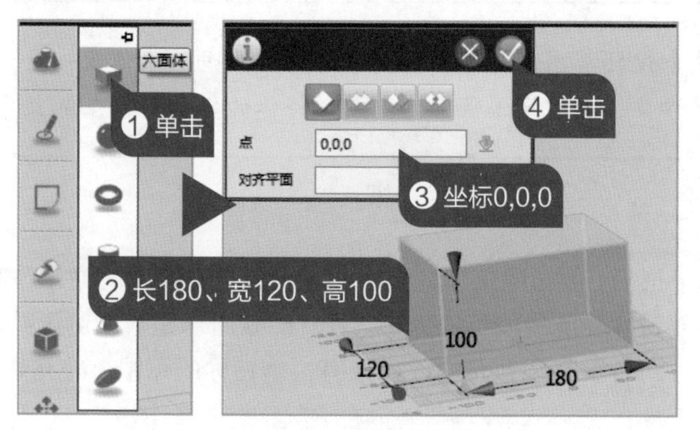


图 16-5　绘制主六面体

**02** **绘制第 1 个小六面体**　选择“六面体”工具，按图 16-6 所示操作，绘制六面体盒盖，再用“显示 / 隐藏”中的“隐藏几何体”工具隐藏收纳盒主体。

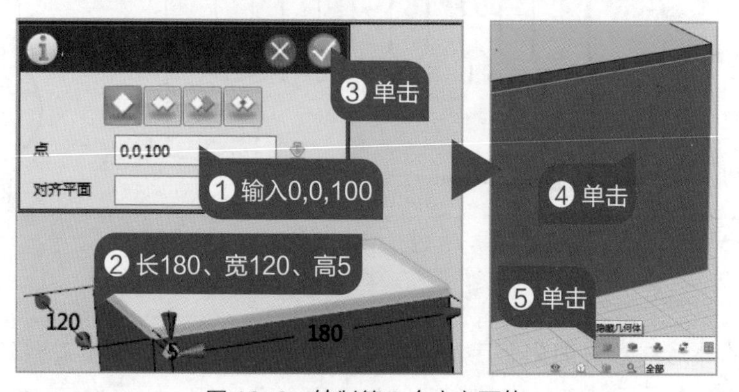


图 16-6　绘制第 1 个小六面体

**03** 绘制第 2 个小六面体　选择下视图，按图 16-7 所示操作，选择“六面体”工具，绘制六面体。

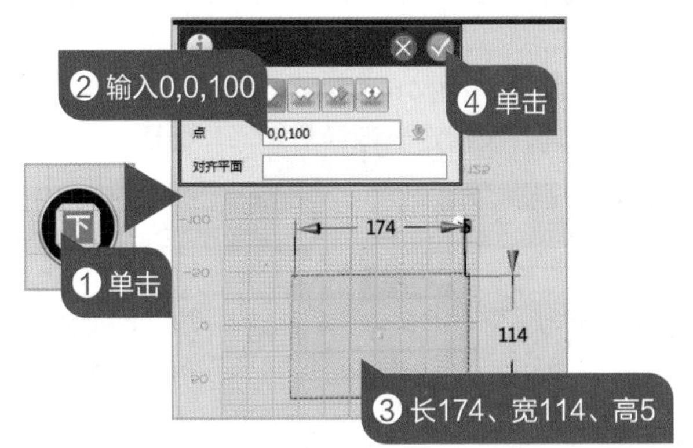


图 16-7　绘制第 2 个小六面体

**04** 制作盒盖　选择合适视图，按图 16-8 所示操作，选择“组合编辑”工具中的“加运算”功能，制作出盒盖。

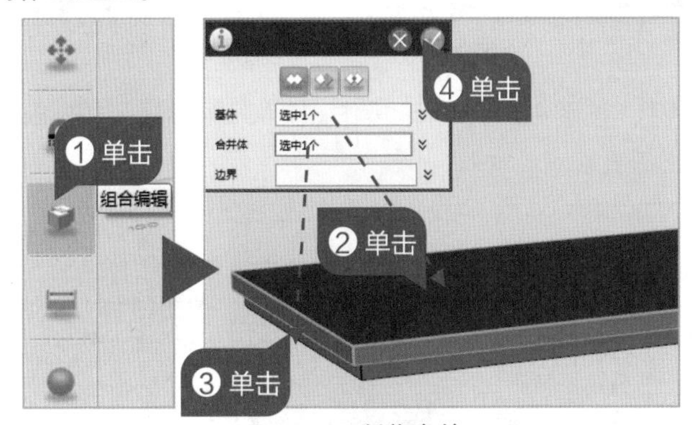


图 16-8　制作盒盖

**05** 显示主体　在“显示 / 隐藏”中选择“显示全部”命令后，显示出之前隐藏的六面体，单击盒盖，运用“隐藏几何体”命令将其隐藏。

**06** 制作主体　选择合适视图，按图 16-9 所示操作，运用“抽壳”工具把主体挖成盒状。

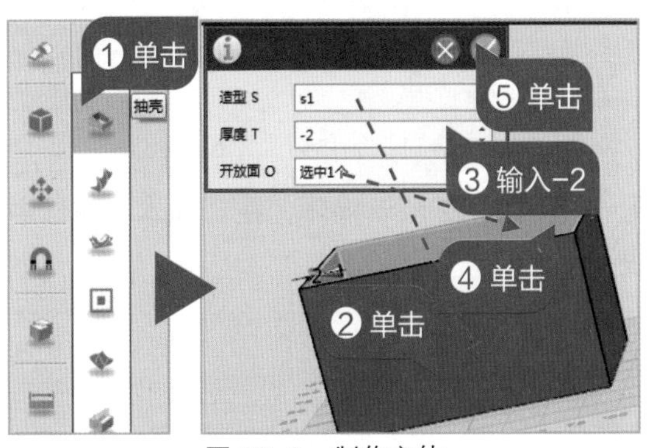


图 16-9　制作主体

## 制作出线孔

设计时不仅要考虑电线要从收纳盒中出来，还要考虑到插头也要从盒中出来，所以出线孔要设计出一个开口。

**01 绘制组合图形** 选择前视图，按图 16-10 所示操作，分别用“草图绘制”中的“矩形”工具与“圆形”工具，按指定坐标绘出矩形与圆形。

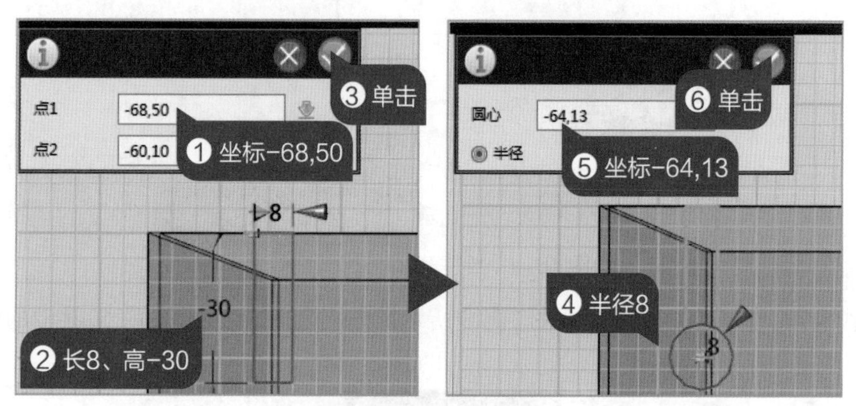


图 16-10　绘制组合图形

**02 制作第 1 个出线孔** 按图 16-11 所示操作，在“草图编辑”中选择“单击修剪”工具，制作出第 1 个出线孔。

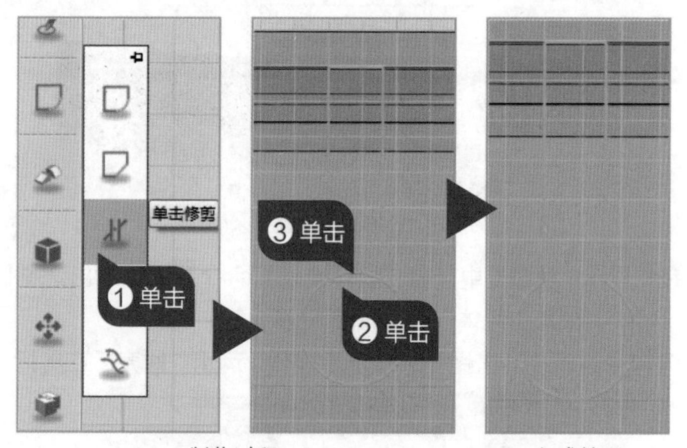


制作过程　　　　完成效果

图 16-11　制作第 1 个出线孔

**03 制作其余的出线孔** 按图 16-12 所示操作，在“基本编辑”中选择“阵列”工具，制作其余 4 个出线孔。

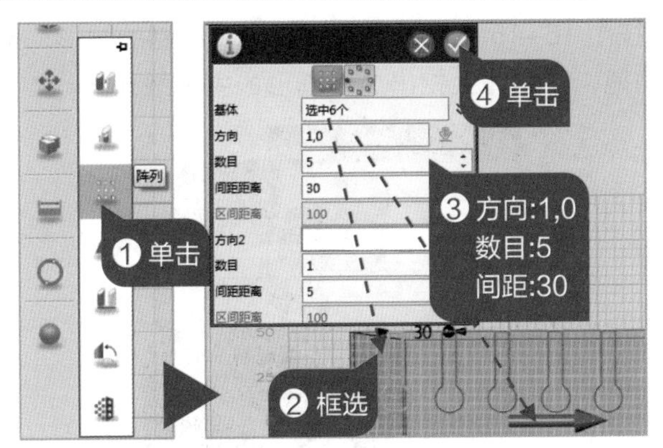

图 16-12　制作其余的出线孔

**04** **挖出出线孔**　按图 16-13 所示操作，单击刚才绘制的草图，选择“拉伸”工具中的“减运算”功能，在主体上挖成 5 个出线孔。

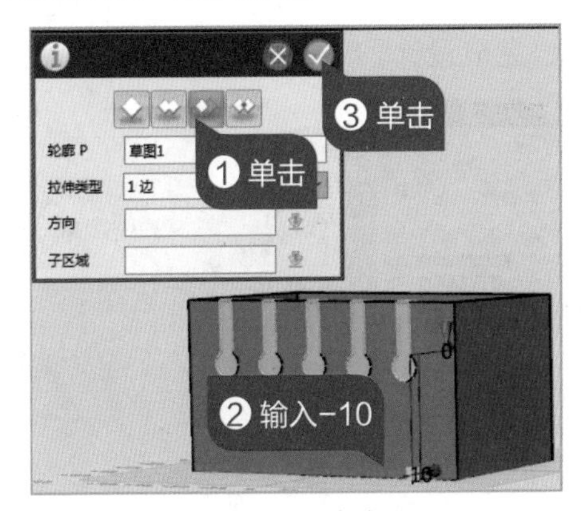

图 16-13　挖出出线孔

**05** **绘制圆形**　按图 16-14 所示操作，选择右视图，使用“圆形”工具，在主体上绘制一个半径为 25 的圆形。

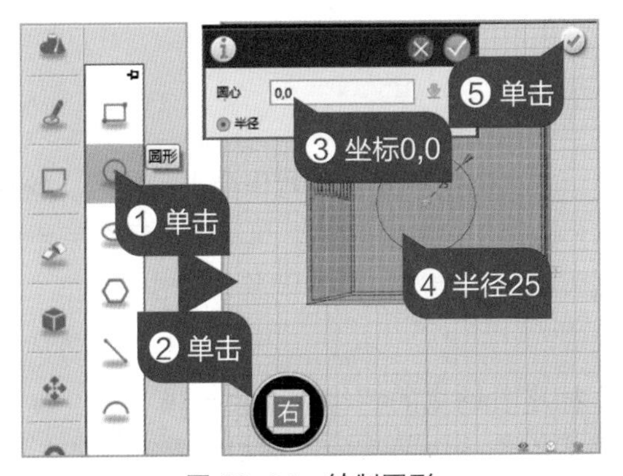

图 16-14　绘制圆形

**06** 挖出主出线孔 按图 16–15 所示操作，单击刚才绘制的圆形，选择“拉伸”工具中的“减运算”功能，在主体上挖出 2 个圆形的主出线孔。

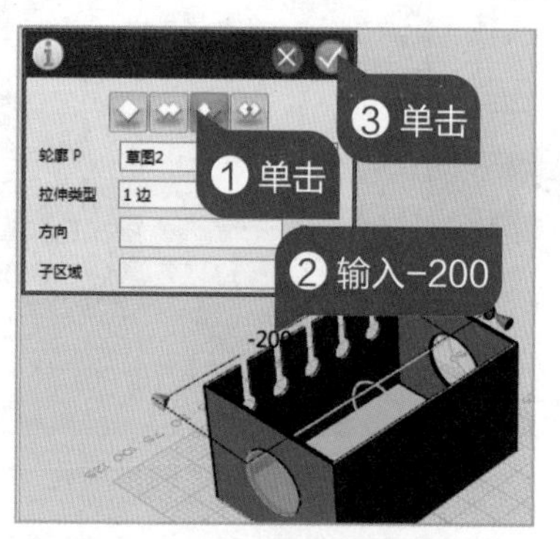


图 16–15 挖出主出线孔

**07** 完成作品 在“显示 / 隐藏”中选择“显示全部”命令后，按图 16–16 所示操作，给作品进行材质渲染，完成设计。

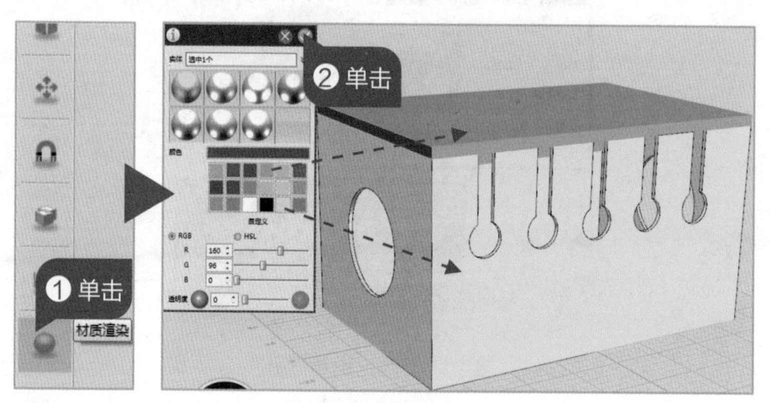


图 16–16 完成作品

## 检测评估

### 1. 检测模型

在 3D One 软件中，多次调整不同视角对作品进行检查，检测模型结构是否完整，再分别隐藏盒盖及主体，看看这些组合部件之间是不是可以完全匹配。初步确定作品后，将作品打印出来，根据实际使用情况，再次调整改良作品。

### 2. 拓展创新

亲爱的小创客们，插座收纳盒的制作你学会了吗？有没有想过对这个收纳盒进行二次再创作呢？这次我们的作品中所有的出线口都是圆形的，其实还可以把它们改成其他的形状，比如爱心形、菱形，甚至树形、花盆形。快去试试吧，把你的想象付诸于行动！

# 第 17 课　气球手机充电座

你给手机充过电吗？有没有为充电时零乱的充电线烦恼过呢？有没有想过设计一款 3D 作品解决这一难题呢？比如可以设计一个气球形状的手机充电座，装饰性的前盖设计成气球的样子，不仅美观，还可以遮挡充电线，后座安装在墙上，将手机放在上面充电，这样的手机充电座可以将空间美学发挥出更大的价值。

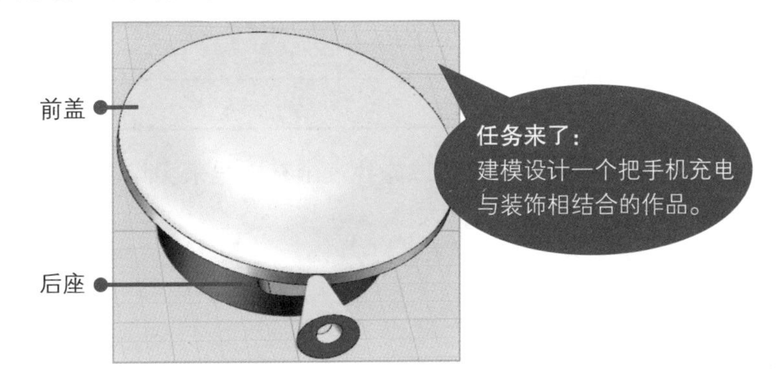


## 构思作品

### 1. 明确功能

一个气球形状的手机充电座应当具备哪些功能与特征呢？请将你认为需要达到的目标填写在图 17–1 的思维导图中。

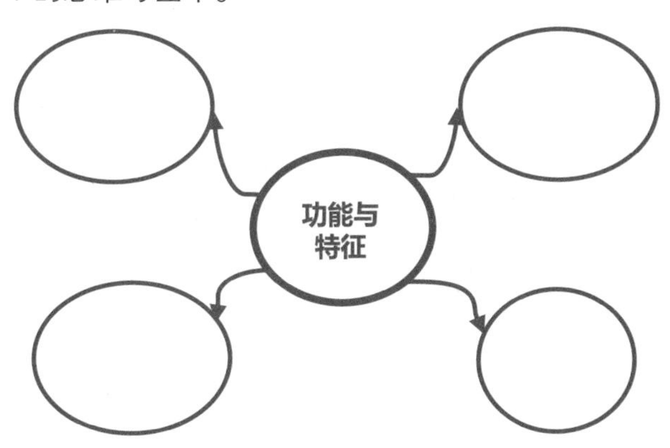


图 17–1　设定作品功能与特征

### 2. 提出方案

如何设计出更完美的作品，你有什么好方法吗？请试着先思考解决下面提出的问题，设计出对应的解决方案。

**想一想**

(1) 手机充电座上的充电口要设计成多大尺寸？

(2) 后座如何设计才能既方便安装又实用？

我的方案：

______________________________

______________________________

______________________________

______________________________

针对以上 2 个问题，经过思考，可以先找一个充电器来实际测量一下，了解充电线尺寸，根据这些作为参考数据来设计大小。

## 规划设计

### 1. 外观结构

(1) 造型分析

前盖为气球造型，但不能直接用球体来设计，因为这样厚度太大，不利于作品的打印与安装，可以用高度为 3 的圆柱进行“由指定点开始变形实体”处理，改造成一个较薄的半椭圆体。后座为圆柱造型，中间因为要放置充电线，所以要挖出可供充电线通过的孔。另外，作品是安装在墙上的，所以还要设计出螺钉孔。

(2) 造型设计

根据以上的方案，可以初步设计出作品的外观与结构，如图 17-2 所示，在纸上绘制出作品的外观与结构（前盖与后座可以分开设计）。

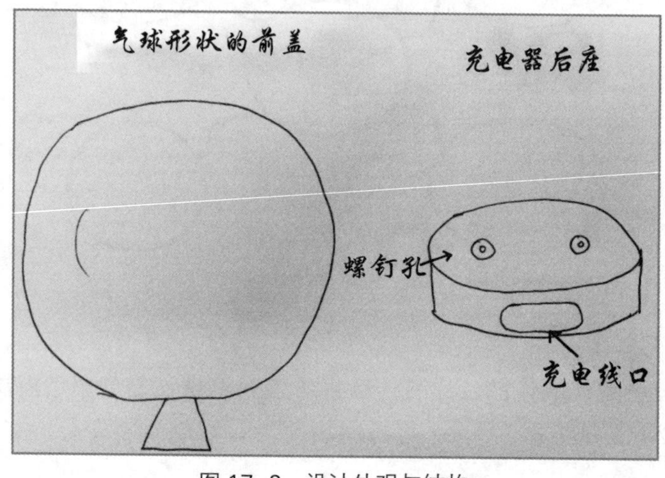


图 17-2　设计外观与结构

**提示**

这个设计草图还有什么需要修改的地方吗？请你改一改，如果有更好的方案，请仿照这张设计草图，将你的好主意画在纸上。

## 2. 作品尺寸

设计好作品外形后，要做的工作就是，在刚才设计的草图上标注出作品的相应尺寸，可以参考充电器的大小，但要注意所有的孔均要放大 1mm，这是因为作品打印后会产生误差。图 17–3 所示是我们测量并记录的结果，请你看看图上的尺寸还有没有要补充的，如果有，请在你的草图上补充吧！

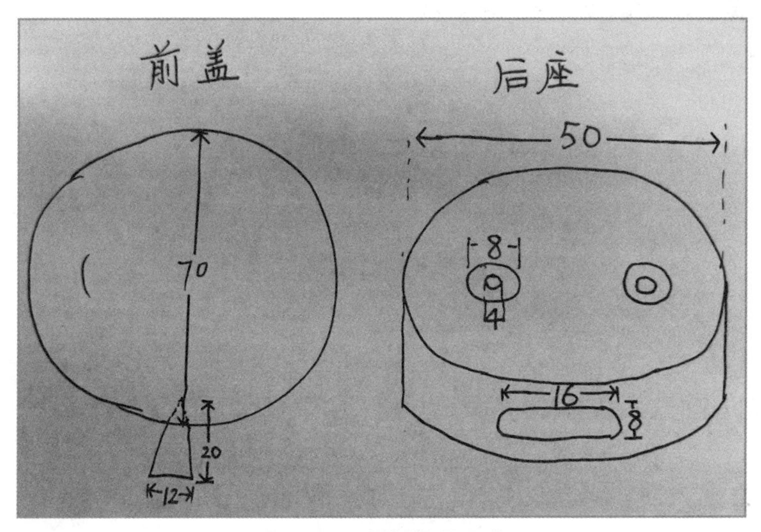


图 17–3 规划作品尺寸

## 3. 制作步骤

对作品的外形与数值细化之后，需要考虑的问题就是如何分步来完成作品的绘制工作。如图 17–4 所示，这个作品将被分为 4 部分来完成，请思考这 4 部分应当如何安排绘制顺序，并用线连一连。

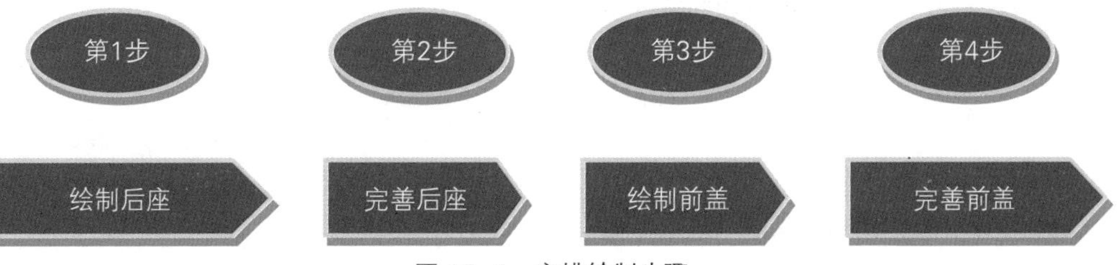


图 17–4 安排绘制步骤

# 建立模型

## 绘制后座

后座的结构相对复杂，需要用一个圆柱作为基体，挖出充电线孔及螺钉孔，并制作出放置手机的档板。

**01** **绘制圆柱主体** 运行 3D One 软件，选择好视图角度，按图 17-5 所示操作，绘制圆柱主体。

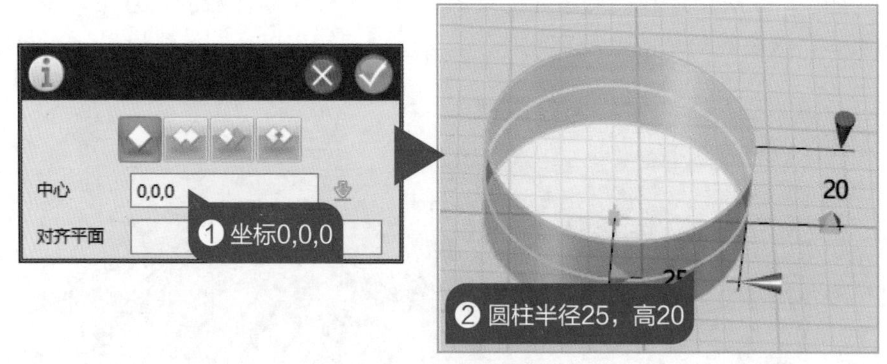


图 17-5 绘制圆柱主体

**02** **绘制六面体** 选择“六面体”工具，按图 17-6 所示操作，绘制一个参照物，再以面向圆柱的面为参照面（对齐面），绘制一个六面体。

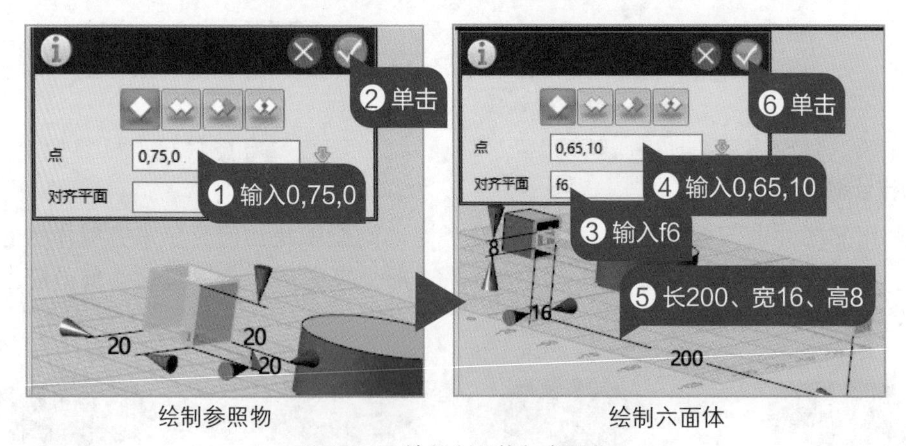


图 17-6 绘制六面体与参照物

**03** **处理圆角** 选择合适的视图，按图 17-7 所示操作，选择“圆角”工具，将六面体的其中 4 条边进行圆角处理。

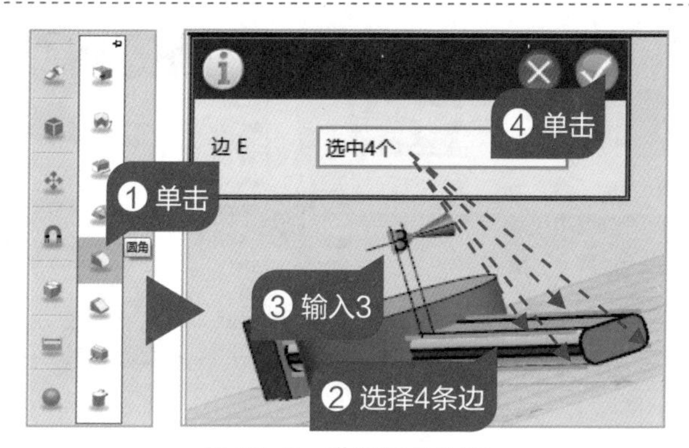


图 17–7　进行圆角处理

**04** 挖出充电线口　按图 17–8 所示操作，选择“减运算”功能，将圆柱体设为“基体”，六面体设为“合并体”，挖出充电线口。

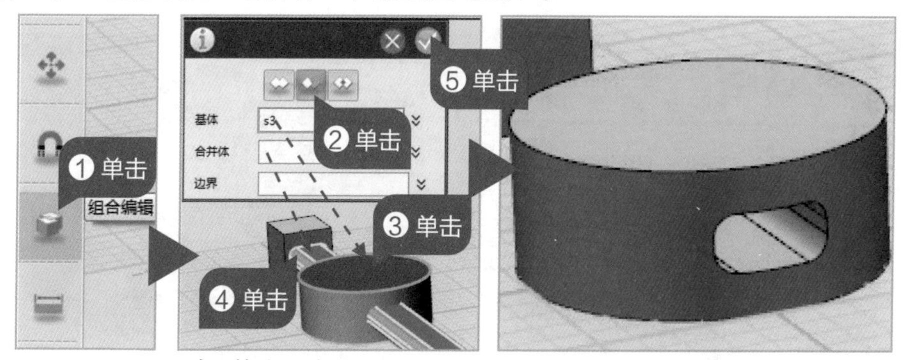


减运算处理过程　　完成后效果

图 17–8　挖出充电线口

**05** 绘制第 1 个圆形　选择上视图，按图 17–9 所示操作，在“草图绘制”中选择“圆形”工具，在圆柱体上的合适位置绘制一个半径为 2 的圆形。

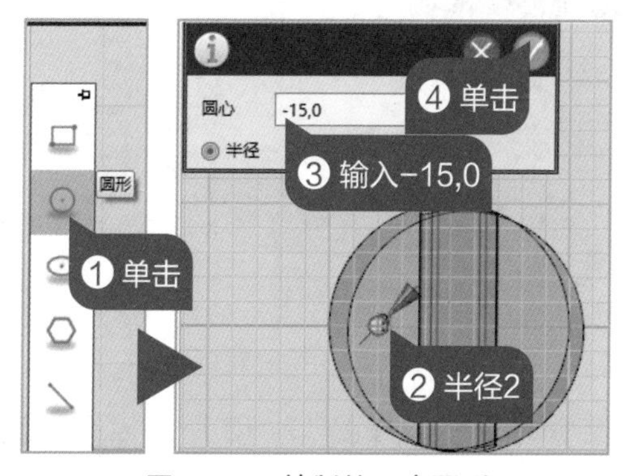


图 17–9　绘制第 1 个圆形

**06** 制作第 2 个圆形　按图 17–10 所示操作，选择“阵列”工具，在圆柱上面再制作出一个同样大小的圆形。

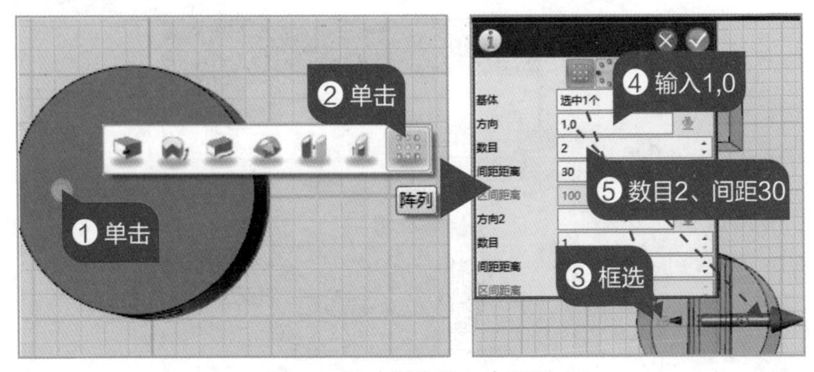


图 17–10　制作第 2 个圆形

**07　挖出螺钉孔**　按图 17–11 所示操作，选择“拉伸”工具，在圆柱上面挖出 2 个半径为 2 的圆柱形螺钉孔。

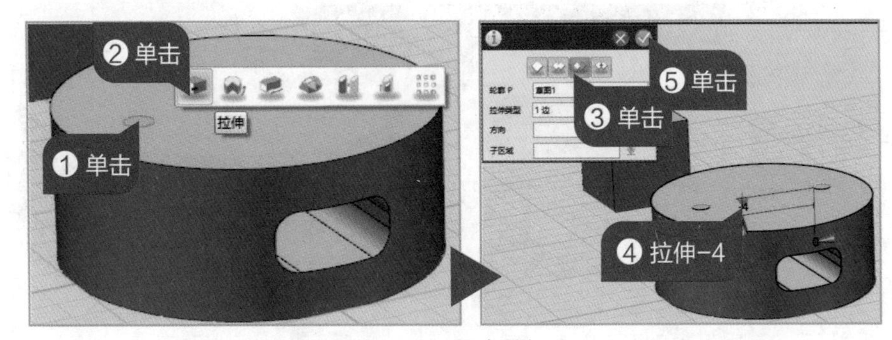


图 17–11　挖出螺钉孔

**08　绘制螺钉盖**　按图 17–12 所示操作，选择“圆形”工具，以螺钉孔圆心为圆心绘制一个半径为 4 的圆形，再使用“阵列”工具复制出第 2 个圆形。

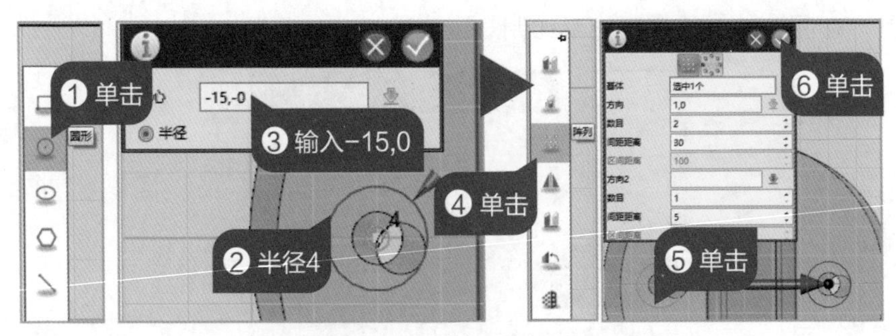


图 17–12　绘制螺钉盖

**09　挖出螺钉盖孔**　选择合适的视图，按图 17–13 所示操作，选择“拉伸”工具，在主体上挖出半径为 4、高为 –4 的螺钉盖孔。

**10　绘制手机档板**　按图 17–14 所示操作，按指定坐标绘制一个六面体，并进行圆角处理，作为后座上的手机档板。

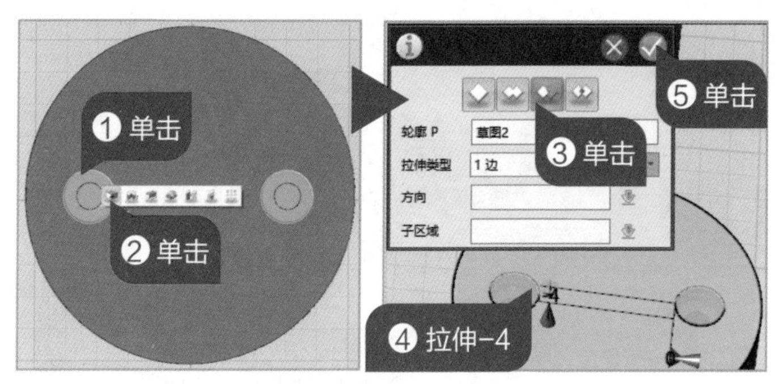


图 17-13　挖出螺钉盖孔

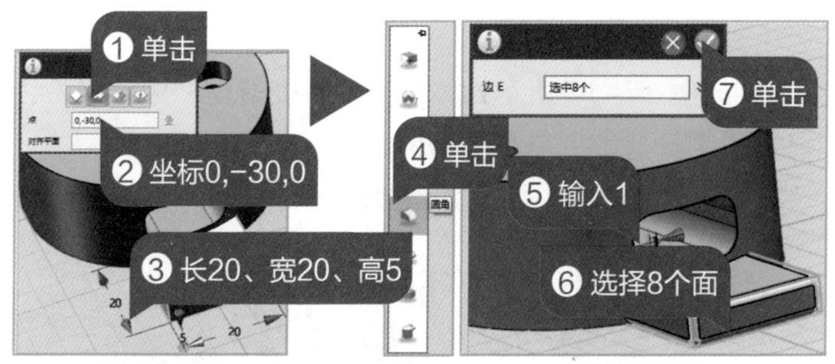


图 17-14　绘制手机档板

**11　制作手机座**　按图 17-15 所示操作，选择“六面体”工具，在指定坐标绘制一个六面体，并用“减运算”功能在档板上挖去多余部分。

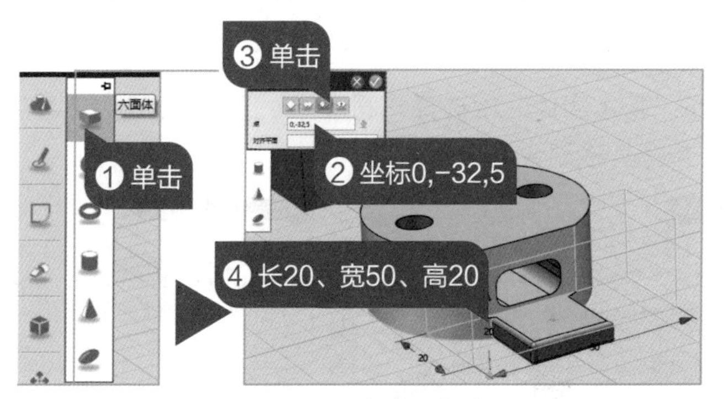


图 17-15　制作手机座

## 绘制前盖

前盖为气球造型，分为气球及球柄两部分，气球造型既美观，又可遮挡后座及充电线，球柄则是为了插入充电线。

**01　绘制圆柱体**　选择合适视图，按图 17-16 所示操作，选择“圆柱体”工具，以后座主体为圆心，绘制半径为 35、高为 3 的圆柱。

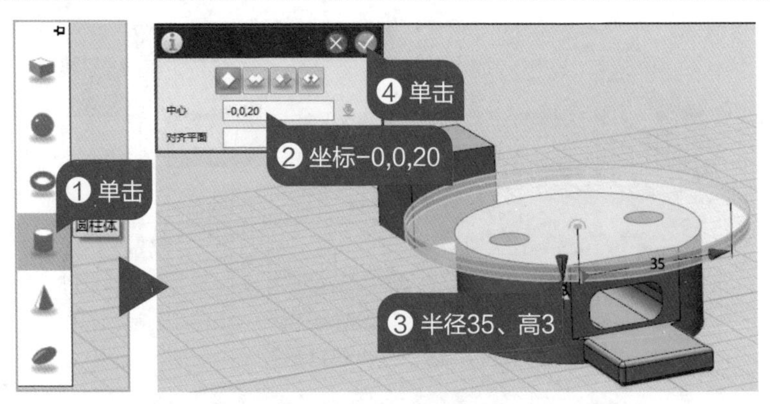


图 17-16　绘制圆柱体

**02** **制作气球形前盖** 按图 17-17 所示操作，在“特征造型”中选择“由指定点开始变形实体”工具，将圆柱变形成气球形前盖。

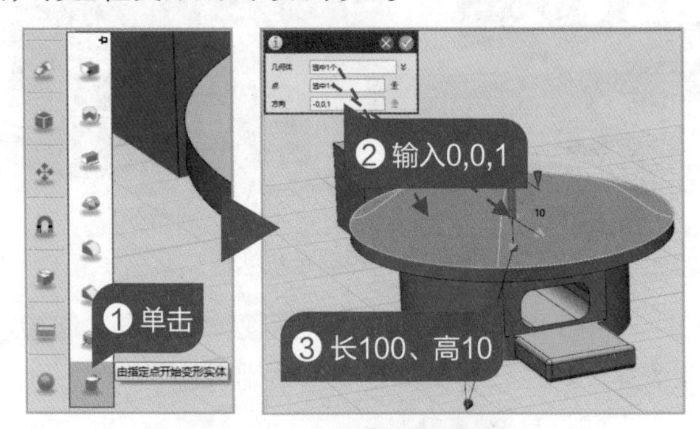


图 17-17　制作气球形前盖

**03** **绘制圆锥体** 在“基本实体”中选择“圆锥体”工具，按图 17-18 所示操作，绘制一个圆锥体，并将其移到合适位置。

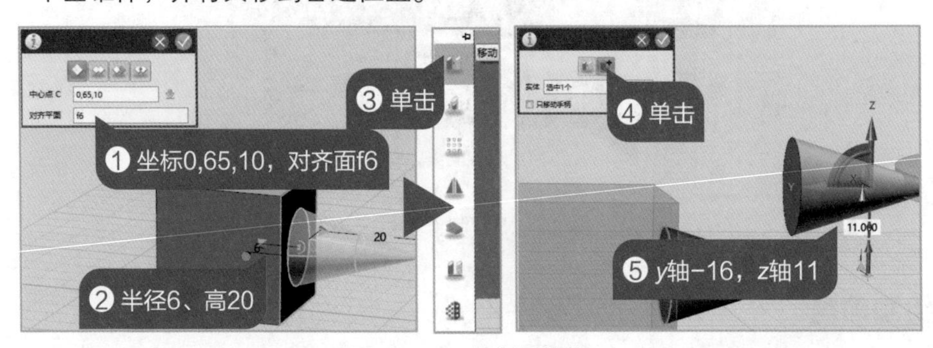


图 17-18　绘制圆锥体

**04** **绘制圆柱体** 选择合适视图，选择“圆柱体”工具，按图 17-19 所示操作，在圆锥的圆心处绘制一个半径为 2.5、长为 20 的圆柱。

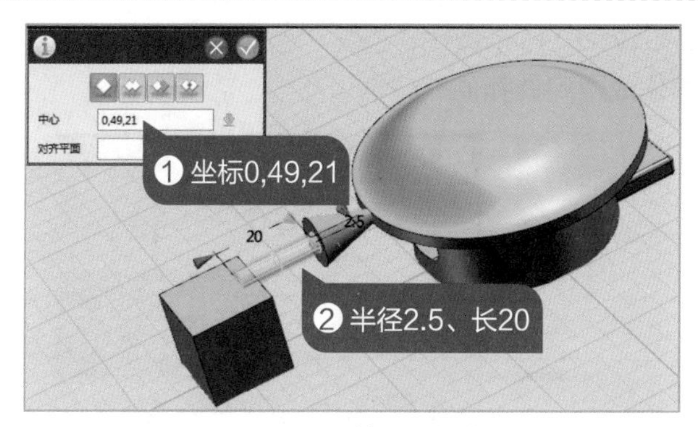


图 17-19　绘制圆柱体

**05** 折弯圆柱　按图 17-20 所示操作，在“特殊功能”中选择“圆柱折弯”工具，将圆柱折弯。

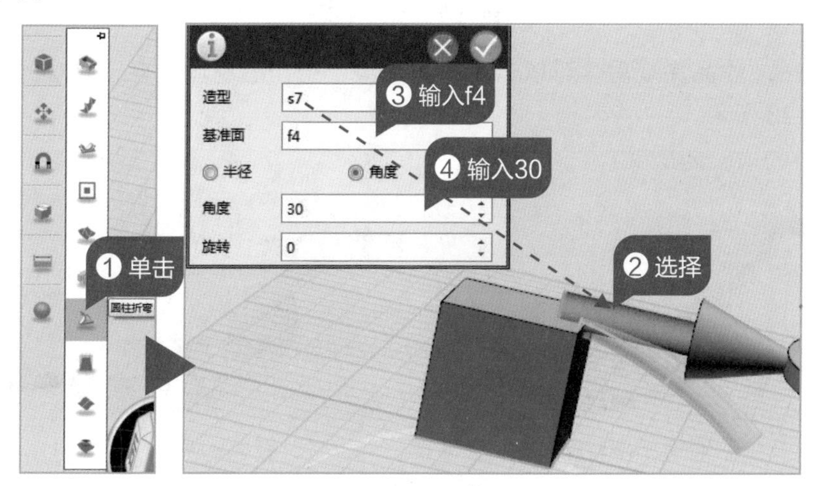


图 17-20　折弯圆柱

**06** 移动折弯的圆柱　按图 17-21 所示操作，运用“动态移动”功能，将折弯后的圆柱移到合适位置。

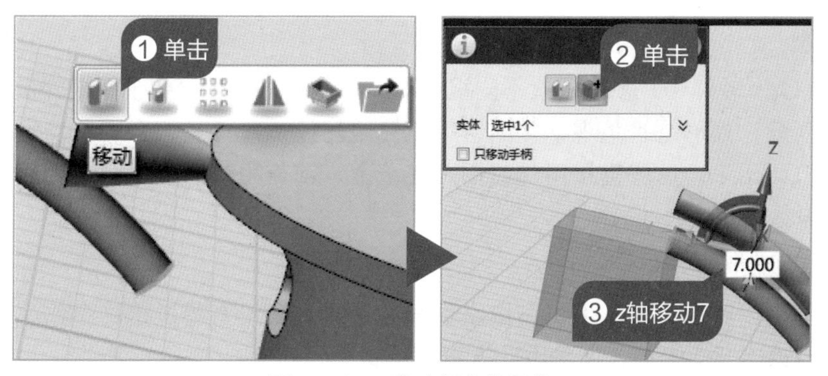


图 17-21　移动折弯的圆柱

**07** **制作气球柄** 按图 17-22 所示操作，选择“组合编辑”工具中的“减运算”功能，将圆锥挖孔，制作成中间有孔的气球柄。

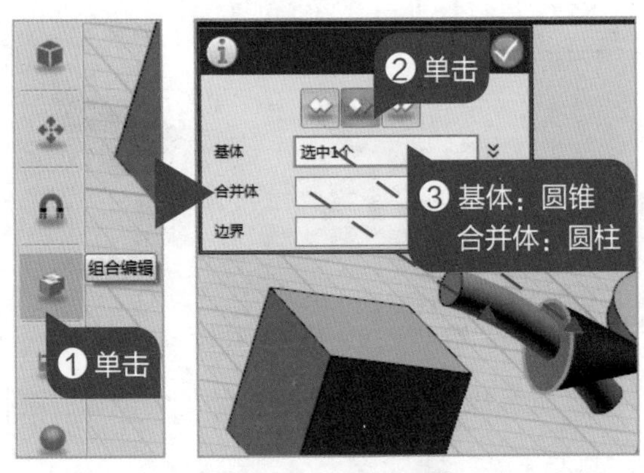


图 17-22　制作气球柄

**08** **完成作品** 作品完成后，可以运用材质渲染，给作品制作出自己喜欢的效果，如图 17-23 所示。

制作完成后作品

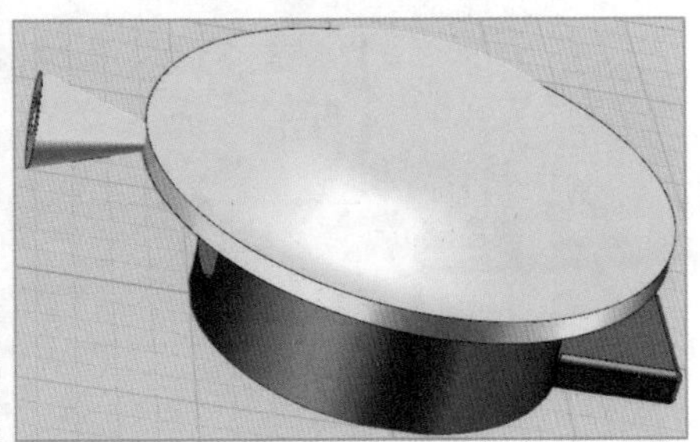

材质渲染后作品

图 17-23　作品效果图

## 检测评估

### 1. 检测模型

在 3D One 软件中，多次调整不同视角对作品进行检查，检测模型结构是否完整，尺寸是否匹配，外形是否美观，并结合手机充电器检测尺寸是否合理。确定作品后，可将作品打印出来，后座直接用螺钉固定在墙上，前盖用双面胶粘合在后座前方，结合手机充电线使用。

### 2. 拓展创新

亲爱的小创客们，气球手机充电座你学会了吗？有没有想过给这个作品设计不同的前盖呢？请你开动脑筋，调整设计方案，绘制作品模型。

# 第 5 单元

## 读书我要很方便

“书是人类进步的阶梯”，而读书是人类获取知识最常见的途径。我们在生活中离不开书。我们小创客不仅要喜爱读书，还要学会有效读书，更要用创客思维来创造或改进辅助读书的设备，让读书变得更方便、更美好。

本单元以设计改造生活中与书有关的物件为主要探索内容，帮助大家综合使用 3D 知识来尝试设计，学习用三维的视角来看待生活中的事物。

- 第 18 课 保护书本很重要
- 第 19 课 动物书签真可爱
- 第 20 课 书签定位很精准
- 第 21 课 拉伸书立真灵活

# 第 18 课 保护书本很重要

如何保护书本，人们想出了很多方法，例如给书本包上书皮。但书皮一般都是由很薄的透明塑料制作而成的，质地很软，保护效果还有待提高。本课我们来设计一款仿精装书封面书皮，既美观保护效果又好。

## 构思作品

### 1. 明确功能

一款仿精装书封面书皮应当具备哪些功能与特征呢？请将你认为需要达到的目标填写在图 18-1 的思维导图中。

图 18-1　设定作品功能与特征

### 2. 提出方案

如何设计出更完美的作品，你有什么好方法吗？请试着先思考解决下面提出的问题，设计出对应的解决方案。

想一想

(1) 书皮主体设计成多大尺寸?

(2) 硬的书皮怎么设计才可以方便折叠使用?

(3) 要设计出什么部件才能让封面很方便地插入书皮?

我的方案:

______________________________

______________________________

______________________________

______________________________

针对以上 3 个问题，经过思考，可以先找一本书来实际测量一下，了解书的尺寸，还要找一款普通的书皮来看看，它是如何解决以上几个问题的，以这些作为参考数据来设计形状大小。

## 规划设计

### 1. 外观结构

(1) 造型分析

作品主体可以设计成精装书书壳造型，书皮的转角处要挖出凹槽，以方便书皮翻动，在内侧要设计出 4 个护角器，用来插入封面与封底，同时将书本固定在书皮内侧。

(2) 造型设计

根据以上的方案，可以初步设计出作品的外观与结构，效果如图 18-2 所示，在纸上绘制出作品的外观与结构。

图 18-2　设计外观与结构

**提示**

这个设计草图还有什么需要修改的地方吗？请你改一改，如果有更好的方案，请仿照这张设计草图，将你的好主意画在纸上。

## 2. 作品尺寸

设计好作品外形后，就需要在草图上标注出作品的相应尺寸。图 18–3 所示是编者测量并记录的结果，请你看看图上的尺寸还有没有要补充的，如果有，请在草图上补充吧！图上数据是参考小学六年级语文课本记录的，读者可以根据自己的书本设计不同的尺寸。

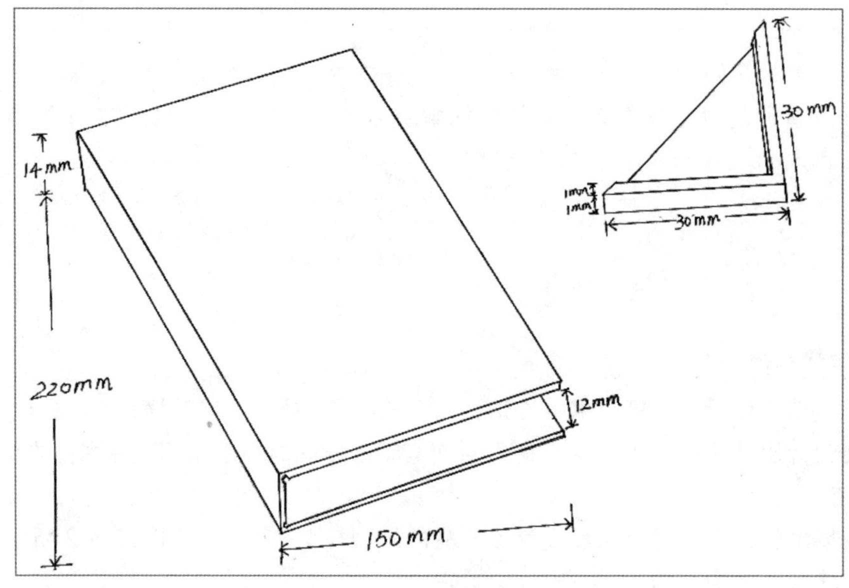


图 18–3　规划作品尺寸

## 3. 制作步骤

对作品的外形与数值细化之后，需要考虑的问题就是如何分步来完成作品的绘制工作。如图 18–4 所示，这个作品将被分为 4 部分来完成，请思考这 4 部分应当如何安排绘制顺序，并用线连一连。

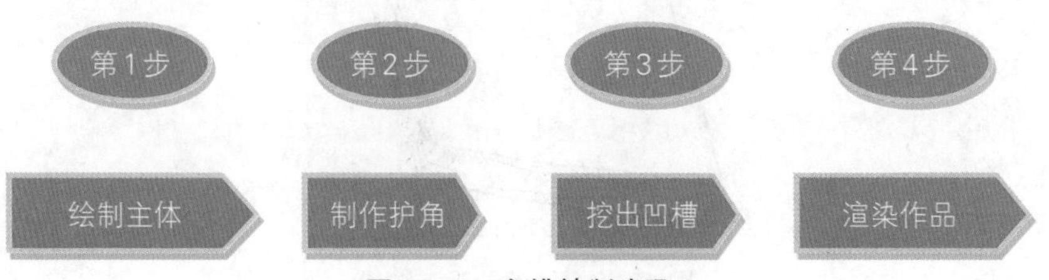


图 18–4　安排绘制步骤

# 建立模型

## 绘制主体

主体制作比较简单，可采用多种方法完成。本书只用了一种相对新颖的方法，课后大家可以尝试其他方法。

**01 绘制六面体** 运行 3D One 软件，选择好视图角度，按图 18-5 所示操作，在指定坐标绘制 1 个六面体。

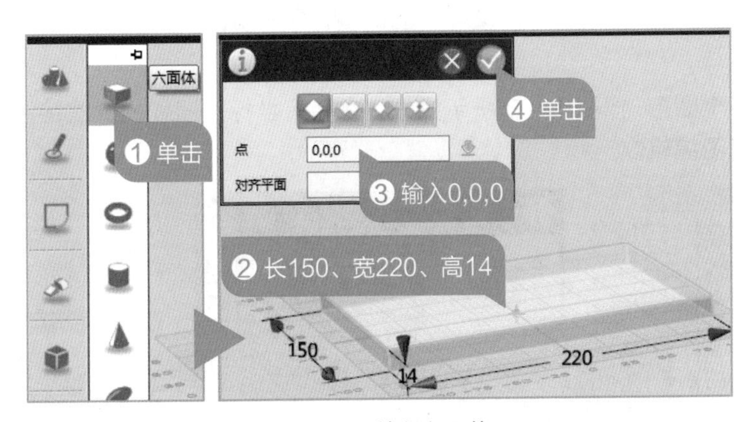


图 18-5　绘制六面体

**02 制作书皮造型** 按图 18-6 所示操作，选择“抽壳”工具，把六面体的 3 个面作为开放面挖去，制作成书皮造型。

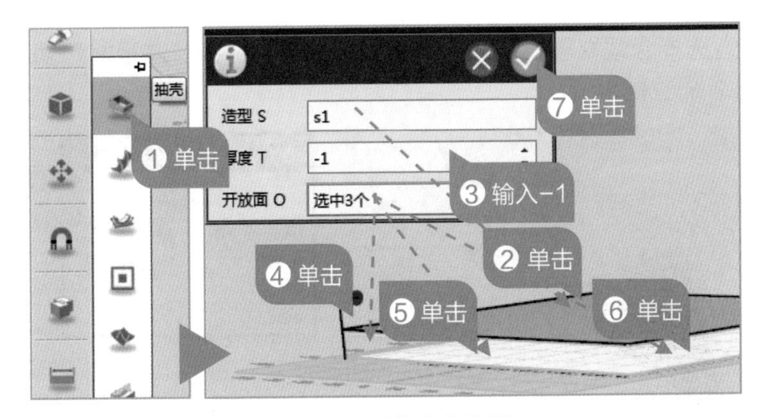


图 18-6　制作书皮造型

**03 绘制第 1 个圆形** 选择左视图并放大，按图 18-7 所示操作，以书皮内侧点为圆心，在指定坐标绘出第 1 个圆形。

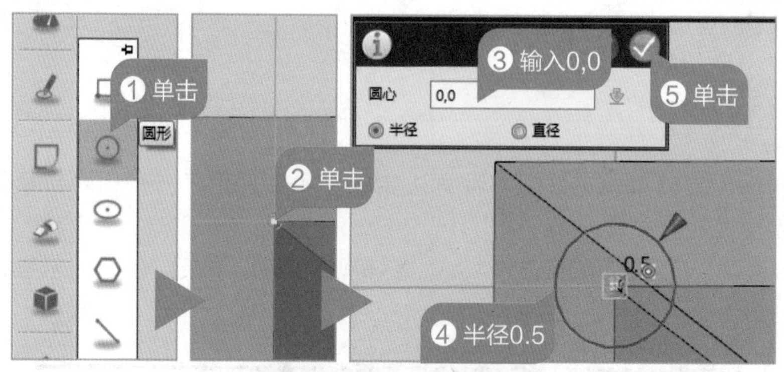


图 18–7　绘制第 1 个圆形

**04** **绘制第 2 个圆形** 按图 18–8 所示操作，在指定坐标用同样的方法绘制第 2 个圆形，并退出草图编辑。

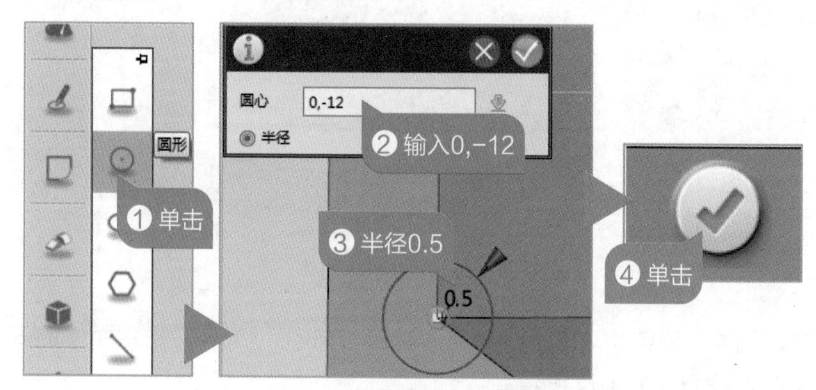


图 18–8　绘制第 2 个圆形

**05** **挖出凹槽** 选择合适视图，按图 18–9 所示操作，选择“减运算”功能，在书皮的内侧挖出 2 个凹槽。

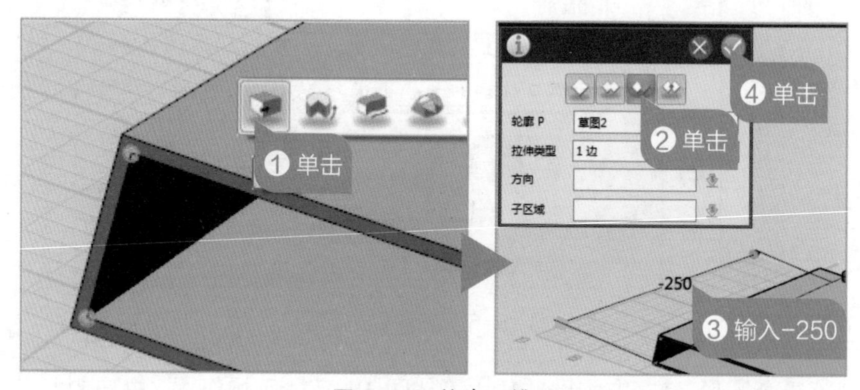


图 18–9　挖出凹槽

**06** **圆角处理** 选择合适视图，按图 18–10 所示操作，把主体的指定部件圆角处理，使主体边角更圆滑。

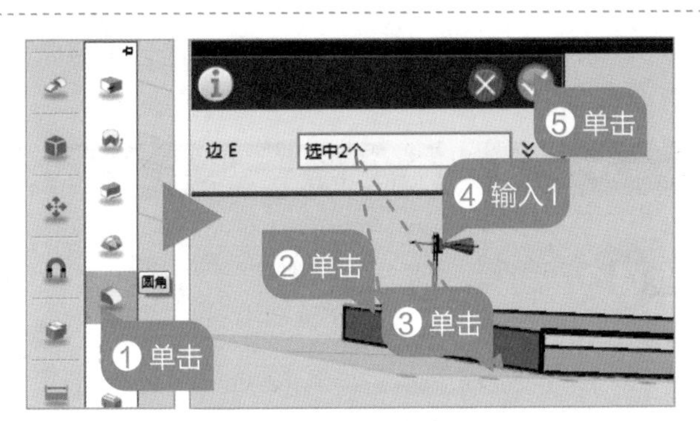


图 18–10　圆角处理

## 绘制护角

护角是起放置书本封面及固定书本作用的，所以尺寸一定要精确，在制作时尽量放大视图。

**01** 绘制矩形　选择上视图，按图 18–11 所示操作，在书皮边缘绘制 2 个边长为 30 的矩形。

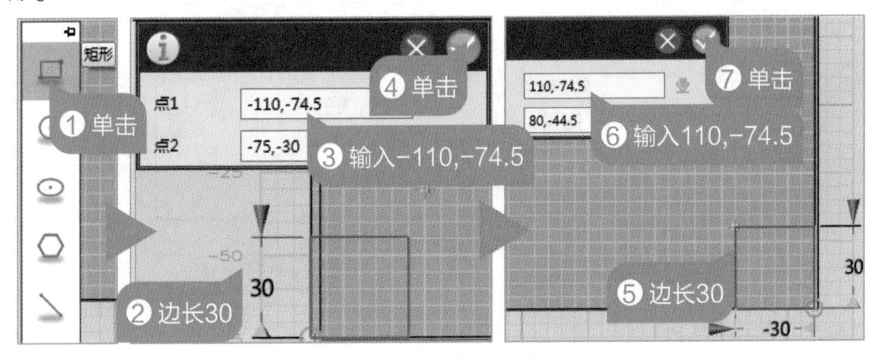


图 18–11　绘制 2 个矩形

**02** 制作三角形　按图 18–12 所示操作，先在 2 个矩形中间绘制对角线，再删除多余的线条，使其成为三角形。

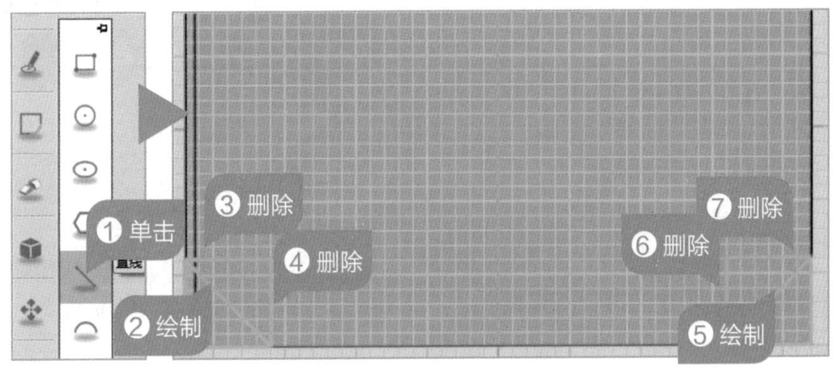


图 18–12　制作 2 个三角形

**03 绘制其余三角形** 选择下视图，按图 18-13 所示操作，用与之前同样的方法制作，在书皮下方也制作出 2 个同样大小的三角形。

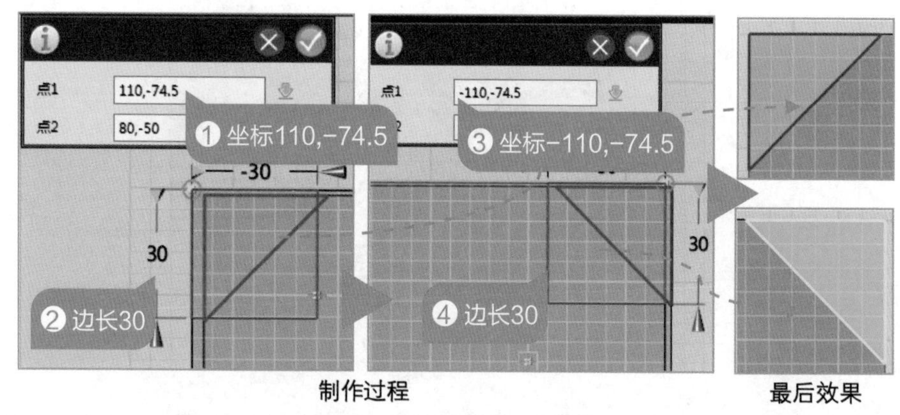


图 18-13 绘制其余三角形

**04 制作三角体** 按图 18-14 所示操作，分别单击之前做好的三角形，通过拉伸制作出 4 个三角体。

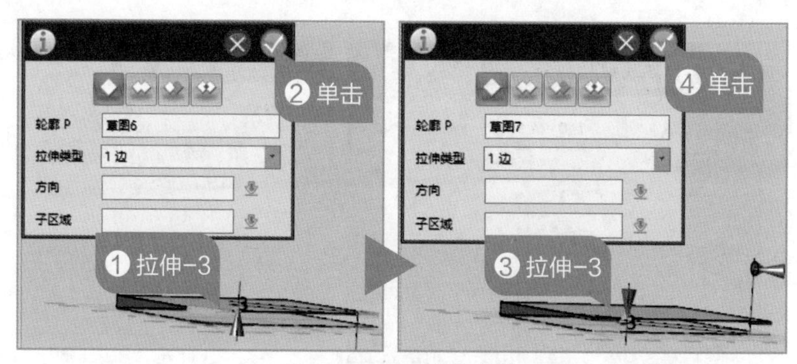


图 18-14 制作三角体

**05 隐藏主体** 单击选中主体，再选择视图下方“显示/隐藏”中的“隐藏几何体”工具，将主体隐藏。

**06 制作第 1 个护角** 按图 18-15 所示操作，选择“抽壳”工具，把三角体制作成书本护角。

**07 制作其他护角** 按图 18-15 所示方法，继续使用“抽壳”工具，把剩余的三角体全部制作成书本护角。

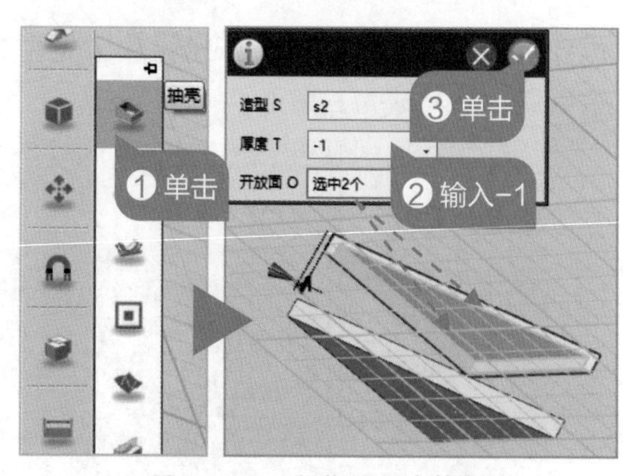


图 18-15 制作第 1 个护角

## 完成作品

这个作品内部的有些部件不容易选择，在制作过程中要适当地放大 / 缩小视图以及改变视角，才能完成制作。

**01** 显示主体　选择视图下方“显示 / 隐藏”中的“显示全部”工具，将之前隐藏的主体再显示出来。

**02** 制作平面文字　按图 18–16 所示操作，先制作出指定文字，再使用“旋转”工具旋转文字，最后退出草图。

图 18–16　制作平面文字

**03** 制作立体文字　按图 18–17 所示操作，选择“拉伸”工具，将之前输入的文字制作成立体文字。

图 18–17　制作立体文字

**04** 材质渲染　选择“材质渲染”工具，将作品渲染成自己喜欢的颜色。

## 检测评估

### 1. 答疑解惑

本课制作的最大难点是对“抽壳”工具的灵活使用。抽壳不仅仅是可以挖空立体图形，还可以通过对开放面的不同选择，让作品产生不同的效果。

### 2. 作品优化

本例在封皮上制作了作品的名称，但是在创作的过程中，同学们可以根据自己的喜爱，制作不同的文字效果，甚至还可以制作一些喜欢的图案，让作品变得更加个性化。

### 3. 拓展创新

亲爱的小创客们，这个作品的制作方法你学会了吗？可以保护书的不仅仅只有书皮哦，还有很多很多，请你开动脑筋，用学到的方法设计出不同的作品。期待看到你创意满满的作品。

# 第 19 课 动物书签真可爱

书签是生活中常见的小物品，它不仅能为你快速找到上次看书的位置，还可以传播知识与文化。但平常的书签多数为纸质或塑料的薄片，使用时完全夹在书里，不易查找。今天我们就来设计一款 3D 立体动物书签解决这个问题，又好玩、又实用。

## 构思作品

恐龙是孩子们都很喜欢的小动物，今天这个作品以恐龙造型为主体，并将恐龙的上部做成立体造型，这样露在书本外面既可爱美观又方便查找。

### 1. 明确功能

作为一个 3D 动物书签，书签的基本功能是一定有的。除此之外，还需要哪些必要的功能与特征呢？还可以增加哪些提升趣味性的功能呢？请将你的思考结果填写在图 19–1 中。

### 2. 头脑风暴

制作这款作品最大的难点是制作出恐龙造型，因为 3D One 软件不能制作复杂的 3D 造型，所以我们只能导入准备好的恐龙图片，将它由 2D 转成 3D。

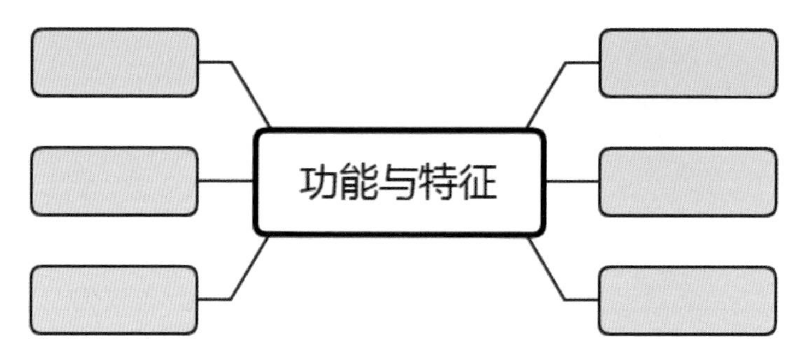


图 19-1　设定作品功能与特征

### 3. 提出方案

通过上面的分析，我们该如何设计出这个作品呢？你有什么好方法吗？请试着先思考解决下面提出的问题，设计出对应的解决方案。

想一想

**(1) 要导入的恐龙图片是彩色的好还是黑白的好呢？**

**(2) 这个书签主体的尺寸设定为多少比较合适呢？**

**我的方案：**

________________________________________

________________________________________

________________________________________

________________________________________

经过调查，我们发现导入的图片只能是黑白的，而且必须线条清晰。另外，书签的尺寸一般不大于普通书本，且插入书的部分不能太厚。

## 规划设计

### 1. 外观结构

3D 动物书签整体呈恐龙造型。主体分成两部分：恐龙的头、尾、背为“露在外面”的部分，可以做成立体造型；其他部分就设计成扁平状，为“夹在书中”的部分。根据以上的分析，可以初步设计出作品的外观，效果如图 19-2 所示，在纸上绘制出作品的外观与结构。

图 19–2　设计书签外观与结构

## 2. 作品尺寸

设计好作品外形后，要做的工作就是在刚才设计的草图上标注出作品的相应尺寸，这里的尺寸参考了一般书签的尺寸。图 19–3 所示是我们测量并记录的结果，请你看看图上的尺寸还有没有需要补充的，如果有，请在你的草图上补充吧！

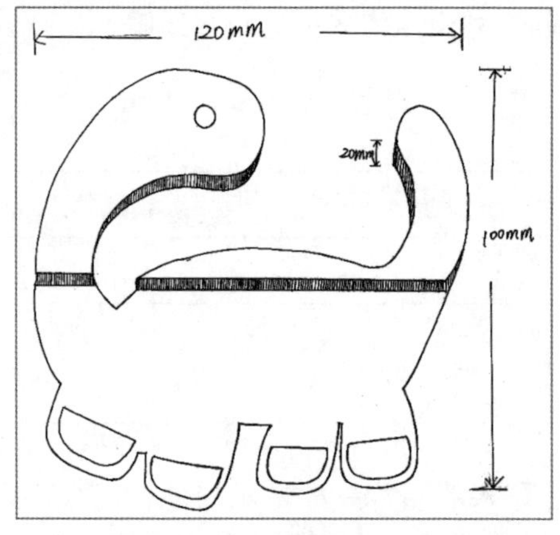


图 19–3　规划书签尺寸

## 3. 绘制步骤

对作品的外形与数值细化之后，这个作品可以大致分为导入图片、转成 3D、分割平面、制作细节 4 部分完成，如图 19–4 所示。请思考这 4 部分应当如何安排绘制顺序，并用线连一连。

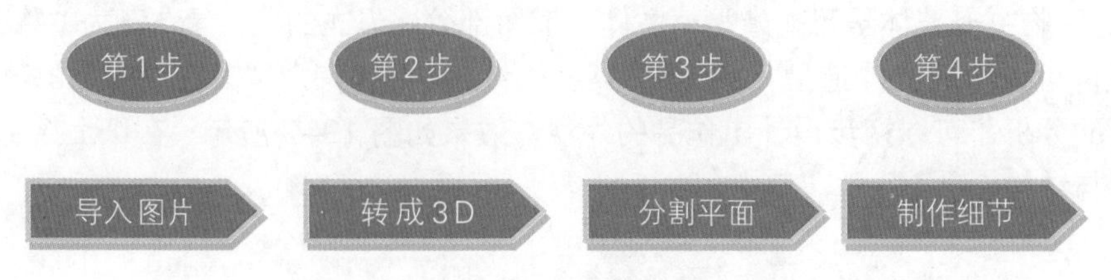


图 19–4　安排绘制步骤

# 建立模型

## 绘制主体

将事先准备好的恐龙图片导入 3D One 软件中转换成 3D 造型，并调整到合适大小。

**01** 修改导入类型　运行 3D One 软件，单击软件左上角的 3D One 图标，在弹出的“导入”对话框中选择文件类型为图片文件。

**02** 导入图片　按图 19-5 所示操作，将事先准备好的图片导入软件中，在弹出的“参数”对话框中设置默认即可，不必做任何修改。

图 19-5　导入图片

**03** 删除多余线条　按图 19-6 所示操作，将多余的线条删除，再退出草图编辑（删除时可适当放大视图，一定把不连贯的线条全部删除）。

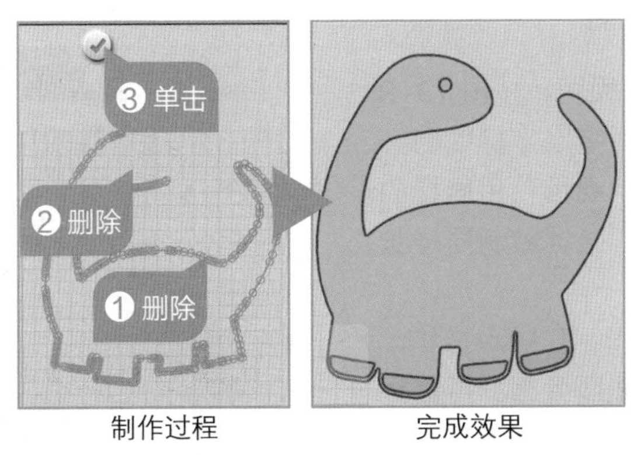


图 19-6　删除多余线条

**04 转变成立体造型** 按图 19-7 所示操作，选择“拉伸”工具，把恐龙草图转变成立体造型。

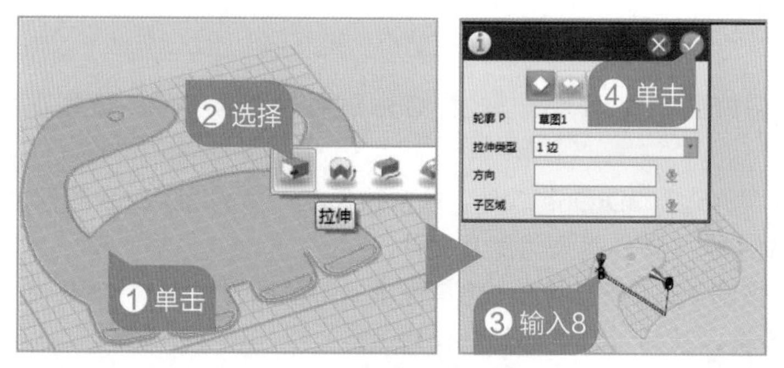


图 19-7 转变成立体造型

**05 缩放至合适大小** 按图 19-8 所示操作，单击恐龙造型，选择“缩放”工具，将造型缩小至比例值为 0.25 大小。

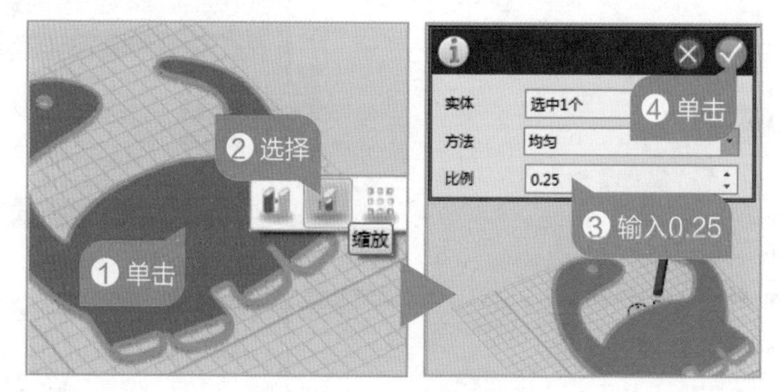


图 19-8 缩放至合适大小

## 制作细节

将主体分割成两部分，上部分做成 3D 造型，下部分保持可以夹入书中的薄片状即可。

**01 绘制直线** 选择上视图，按图 19-9 所示操作，在正面指定坐标绘制一条直线。再选择下视图，用同样的方法，在背面相同坐标绘制同样长度的直线。

**02 分割主体** 按图 19-10 所示操作，对恐龙正面进行曲面分割。再选择下视图，用同样的方法对背面进行曲面分割。

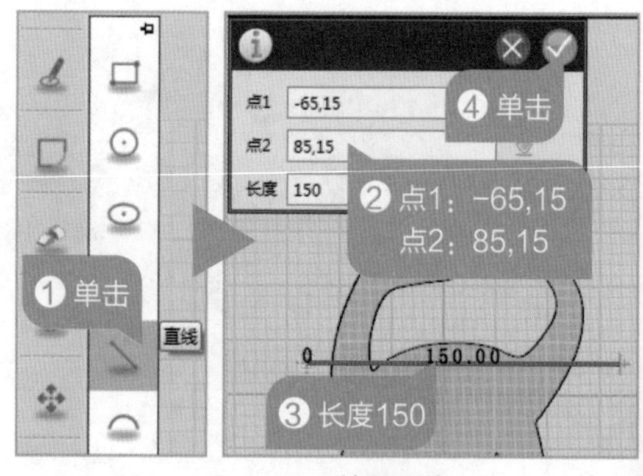


图 19-9 绘制直线

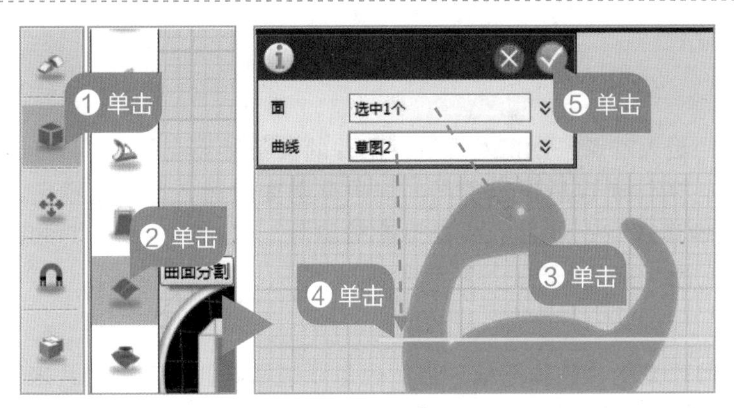


图 19–10　分割主体

**03** 拉伸正面　分别单击恐龙的背和头，在弹出的工具条中选择“拉伸”工具，并按图 19–11 所示操作，拉伸成立体图形。

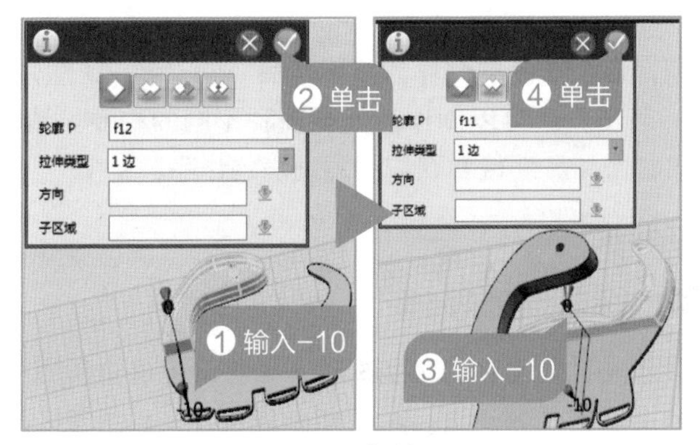


图 19–11　拉伸正面

**04** 拉伸背面　选择下视图，按图 19–12 所示操作，将恐龙的背和头部分别拉伸成立体图形。

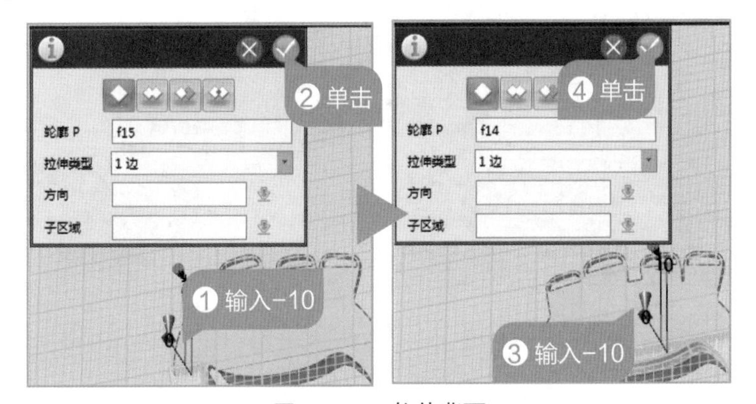


图 19–12　拉伸背面

**05** 材质渲染　选择“材质渲染”工具，把 3D 动物书签渲染成你喜欢的颜色。

## 检测评估

### 1. 答疑解惑

本课制作的最大难点是如何发现导入图片的线条是否连贯，可以通过放大视图的方法细心查找，确认无误后退出草图。如果草图变成蓝色，则已经完成；如果草图变成灰色，则表示还有不连贯的线条没有被删除，这时可以单击“撤销”按钮或按 Ctrl+Z 键，再次进入草图里查找，直至完成。

### 2. 作品优化

本课我们用恐龙图片制作而成，当然也可以选择其他的动物图片来制作不同造型的书签。动物造型图片可以自己先在纸上画出想要的图案，再用手机拍成数码照片，导入电脑中备用。也可以直接在网上搜索自己喜欢的黑白图片，但注意图片要是黑白线条图，而且很清晰。快动手去试试吧！

### 3. 拓展创新

亲爱的小创客们，这个作品的制作方法你学会了吗？将 2D 图片转变成 3D 造型的方法可不只是能做书签哦，还可以制作其他很多种不同的物件。请你开动脑筋，用学到的方法设计出不同的作品。期待看到你创意满满的作品。

# 第 20 课 书签定位很精准

扫一扫，看视频

上节课我们设计了一款可爱的 3D 立体动物书签，但是这种书签只能定位到我们的书看到了哪一页。我们能不能设计一种书签，可以定位到我们看到了哪一行，甚至哪个字呢？今天我们就一起来学习用 3D 软件设计一款可以精准定位的书签。

## 构思作品

### 1. 明确功能

作为一款可以精确定位的书签，书签的基本功能是一定要有的。除此之外，还需要哪些必要的功能与特征呢？请将你的思考结果填写在图 20-1 中。

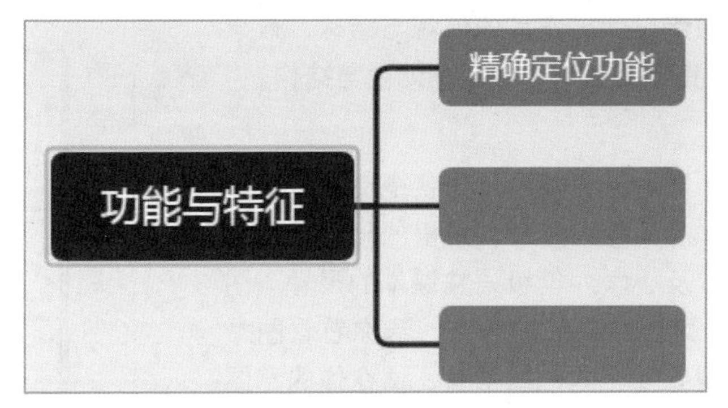


图 20-1　设定作品功能与特征

**2. 头脑风暴**

本课就 3D 制作来说难度不大，重点是创意，如何设计才能精确定位到书本的行与字。因此我们要在书签上设计一个指针，让它可以上下移动，来定位书本的行，而书签本身在夹入书中后是可以左右放置的，这样可以定位字。

**3. 提出方案**

通过上面的分析，我们该如何设计出这个作品呢？你有什么好方法吗？请试着先思考解决下面提出的问题，设计出对应的解决方案。

想一想

**(1) 书签要设计多长才可以精确定位到每一行？**

**(2) 指针设计成什么形状才可以精确到每一个字？**

**我的方案：**

________________________________________

________________________________________

________________________________________

________________________________________

本实例在设计时是以人教版六年级小学语文课本为例的，大家也可以根据自己的书本大小进行重新设计。

## 规划设计

**1. 外观结构**

主体可以设计成和传统书签一样的长方体，上方设计一个挂钩，用来固定书签，下方制作一个凸起，防止指针滑落。指针卡在主体上并设计成三角形的针尖。根据以上的分析，可以初步设计出作品的外观与结构，效果如图 20–2 所示，在纸上绘制出作品的外观与结构。

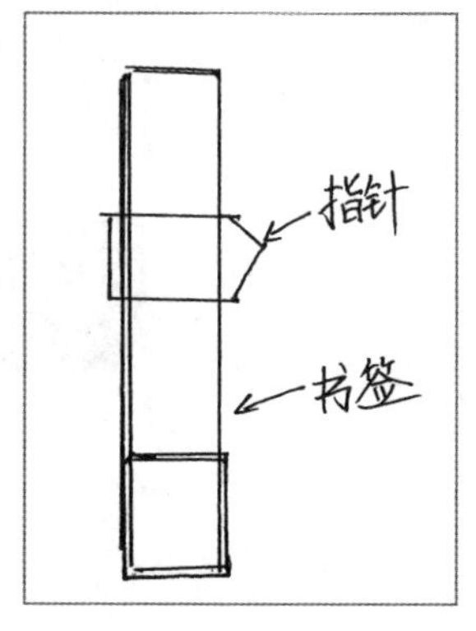

图 20–2　设计外观与结构

### 2. 作品尺寸

设计好作品外形后，要做的工作就是在刚才设计的草图上标注出作品的相应尺寸，这里的尺寸参考了一般书签的尺寸以及小学六年级语文课本的尺寸。图 20–3 所示是我们测量并记录的结果，请你看看图上的尺寸还有没有需要补充的，如果有，请在你的草图上补充吧！

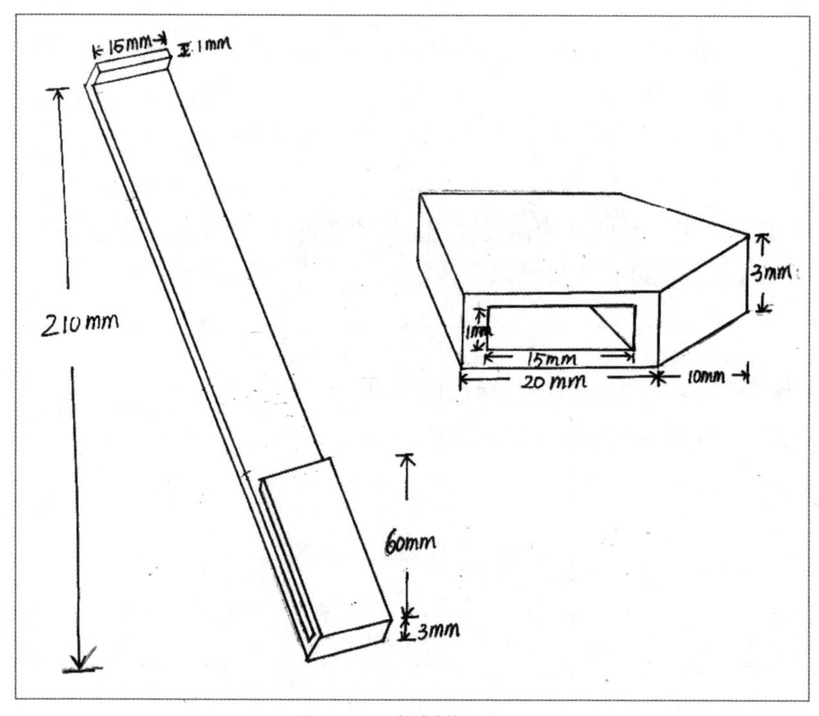

图 20–3　规划作品尺寸

### 3. 绘制步骤

对作品的外形与数值细化之后，这个作品可以大致分为 4 部分完成，如图 20–4 所示。请思考这 4 部分应当如何安排绘制顺序，并用线连一连。

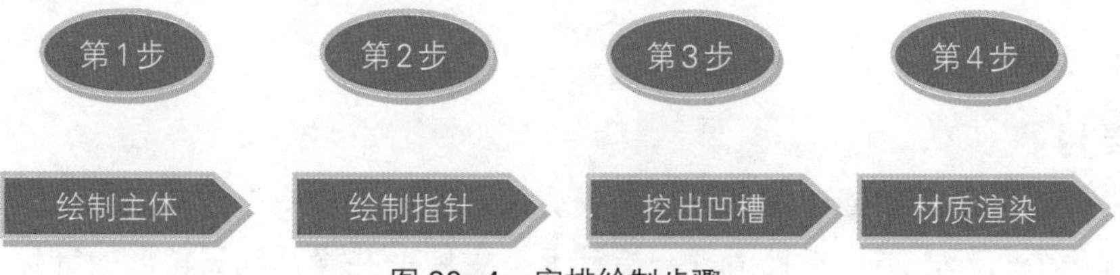

图 20–4　安排绘制步骤

# 建立模型

## 绘制主体

主体造型比较简单，本节所用方法不是唯一方法，大家也可以尝试其他方法制作。

**01** 绘制六面体　运行 3D One 软件，选择“六面体”工具，绘制一个长为 190、宽为 15、高为 3 的六面体。

**02** 抽壳处理　选择合适视图，按图 20-5 所示操作，对六面体进行“抽壳”处理，开放面选择左右两面。

图 20-5　抽壳处理

**03** 绘制长方形　选择上视图，按图 20-6 所示操作，在六面体上面指定坐标绘制一个长方形。

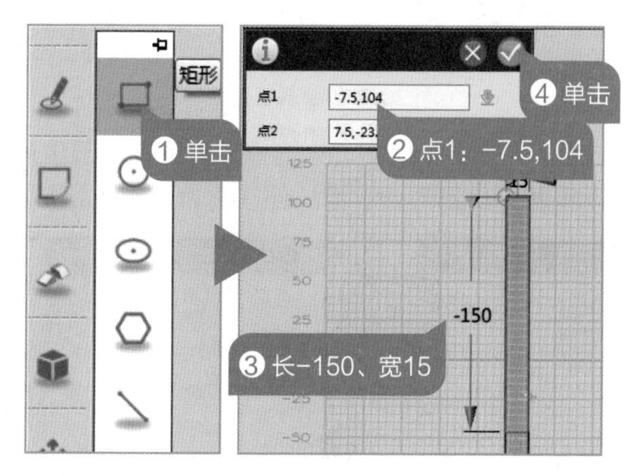


图 20-6　绘制长方形

**04** 完成书签主体　单击矩形，在弹出的工具条中选择“拉伸”工具，按图 20-7 所示操作，运用“减运算”，挖去多余部分，完成书签主体制作。

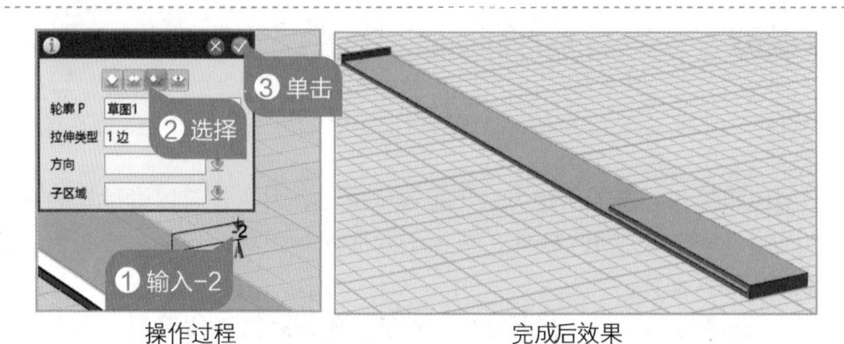


操作过程　　完成后效果

图 20-7　完成书签主体

## 绘制指针

指针是一个带有一个尖角的五边体造型，中间挖空，以便指针可以在书签主体上滑行。

**01** 绘制五边形　按图 20-8 所示操作，先用“矩形”工具绘制矩形，再用“直线”工具绘制尖角，最后删除中间一条直线。

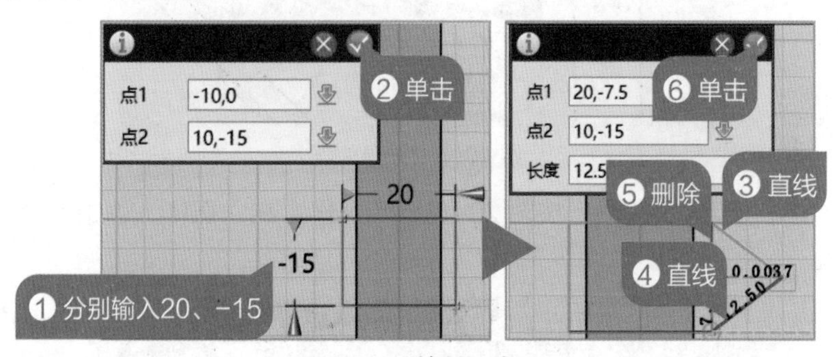


图 20-8　绘制五边形

**02** 制作指针主体　按图 20-9 所示操作，先选择上视图，把五边形拉伸成高为 2 的立体图形，再选择下视图，将图形的下面拉伸成高为 -1 的立体图形。

图 20-9　制作指针主体

**03** 复制书签主体　选择上视图，按图 20-10 所示操作，选中书签主体后，按 Ctrl+C 键，再将起始点和目标点的坐标复制成一样，完成主体复制。

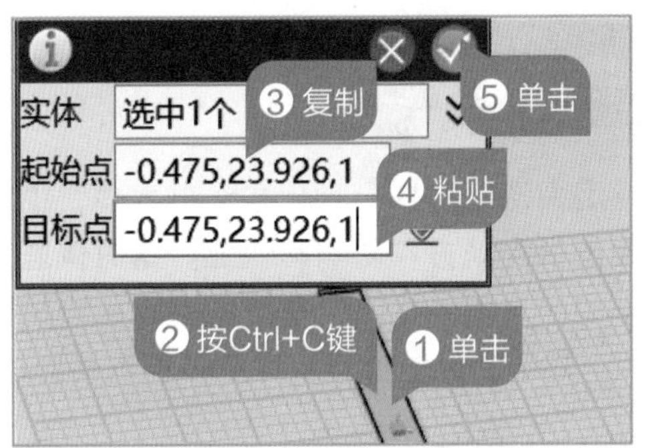


图 20-10　复制书签主体

**04** 挖空指针　选择合适视图，按图 20-11 所示操作，通过“组合编辑”工具中的“减运算”功能将指针挖空。

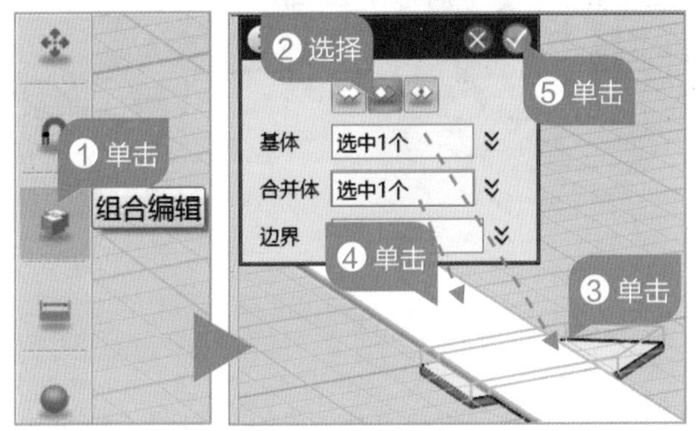


图 20-11　挖空指针

**05** 材质渲染　选择“材质渲染”工具，把作品渲染成你喜欢的颜色。

## 检测评估

### 1. 答疑解惑

实例制作完成后，细心的同学可能会发现指针好像看不到挖空的痕迹，其实只是因为在设计时采用高度精细的原因，你只要隐藏主体书签就可以发现指针其实是挖空的。在实际打印时，如果 3D 打印机精度不够，可以将主体书签缩小至原来的 0.95 大小即可。

### 2. 作品优化

完成作品后，有没有想到把本节课的书签与上节课的书签结合起来，制作一个可以精确定位的 3D 动物书签呢？快去试试吧！

### 3. 拓展创新

亲爱的小创客们，这个作品的制作方法你学会了吗？这种将一个作品中多个组件精密结合的方法可以运用到多种作品的设计中去，你想到了什么呢？快去验证你的想法吧！

# 第 21 课 拉伸书立真灵活

不少同学在学习时肯定会遇到这样一种现象：书太多，抽屉根本不够放，放在桌面又会占很大地方，影响写作业。这时倘若有一个书立，基本能解决同学们的这些困扰。但普通的书立大小是固定的，不太好用，今天我们一起来制作一个可以适应多种场景的拉伸书立吧！

## 构思作品

### 1. 明确功能

作为一个拉伸书立，普通书立的基本功能是一定有的。除此之外，还需要哪些必要的功能呢？还可以增加哪些提升趣味性的功能与特征呢？请将你的思考结果填写在图 21-1 中。

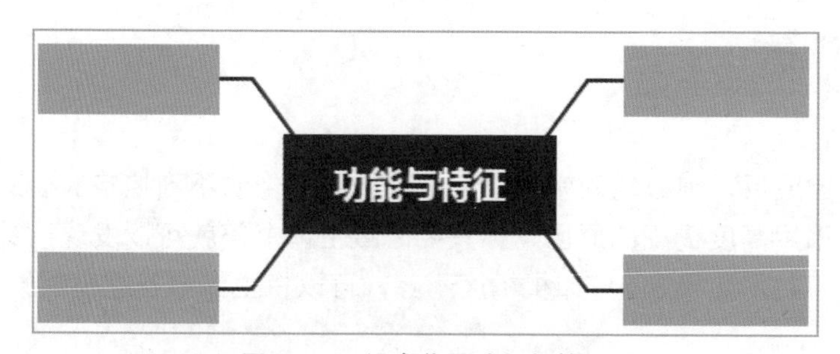


图 21-1 设定作品功能与特征

### 2. 头脑风暴

制作这款作品的最大难点是制作书立的拉伸部件，看到“拉伸”两个字你想到了什么？是不是拉伸门，对了，我们完全可以利用拉伸门的原理，也就是利用平行四边形容易变形的特性来完成制作。

### 3. 提出方案

通过上面的分析，我们该如何设计出这个作品呢？你有什么好方法吗？请试着先思考解决下面提出的问题，设计出对应的解决方案。

想一想

**(1) 书立两边的档板和中间的拉伸尺寸为多少比较合适呢？**

**(2) 书立要怎么设计才能保证放书时的稳定性？**

**(3) 拉伸要如何设计才能自由改变书立的大小？**

**我的方案：**

____________________________________________

____________________________________________

____________________________________________

____________________________________________

经过调查思考，我们发现只有把拉伸设计成交叉的平行四边形样式，才能方便地改变书立的长度。

## 规划设计

### 1. 外观结构

拉伸书立分为两部分，一部分与普通书立一样，就是放在两侧的档板；另一部分是拉伸部件，与拉伸门一样，用 8 根长条组成平行四边形结构，用于改变书立长度。根据以上的构思，可以初步设计出作品的外观与结构，效果如图 21–2 所示，在纸上绘制出作品的外观与结构。

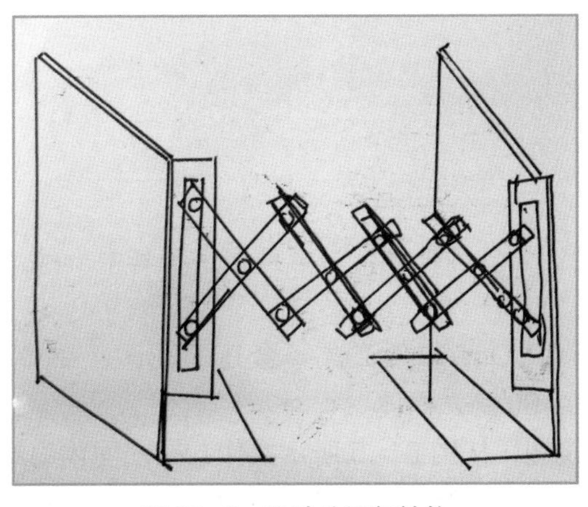

图 21–2　设计外观与结构

### 2. 作品尺寸

设计好作品外形后，要做的工作就是在刚才设计的草图上标注出作品的相应尺寸，这里的尺寸参考了一般书立的尺寸。图 21–3 所示是我们测量并记录的结果，请你看看图上的尺寸还有没有需要补充的，如果有，请在你的草图上补充吧！

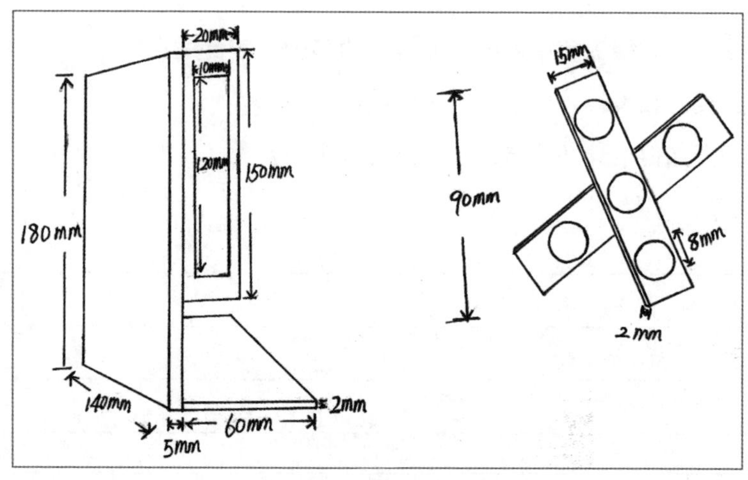


图 21–3　规划作品尺寸

### 3. 绘制步骤

对作品的外形与数值细化之后，这个作品可以大致分为 4 部分完成，如图 21–4 所示。请思考这 4 部分应当如何安排绘制顺序，并用线连一连。

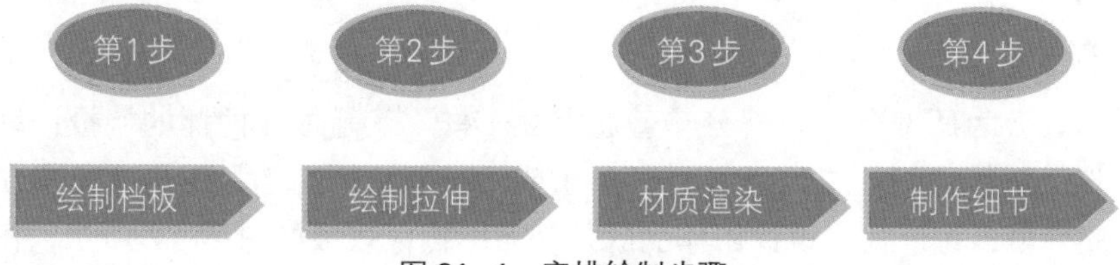


图 21–4　安排绘制步骤

## 建立模型

### 绘制档板

档板的造型可以设计为多种样式，书中只采用了其中一种，大家可以根据自己的喜爱，设计不同的样式。

**01** **绘制六面体**　运行 3D One 软件，选择合适的视图，在 (0,0,0) 坐标处绘制长为 140、宽为 5、高为 180 的六面体。

**02** **绘制底板**　选择左视图，按图 21–5 所示操作，在六面体底部绘制一个等长、高为 2 的矩形，再把这个矩形拉伸成高为 60 的六面体。

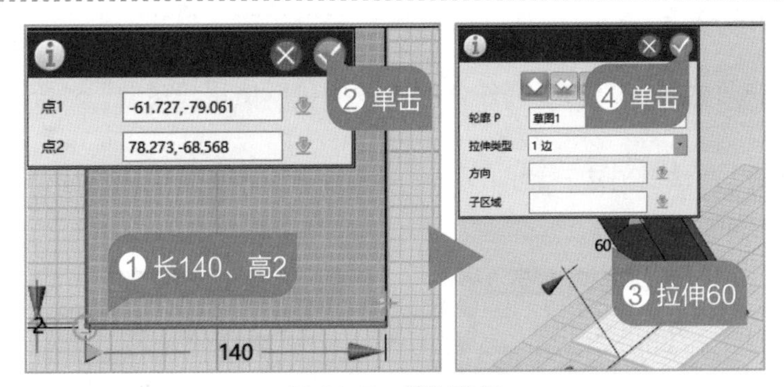


图 21–5　绘制底板

**03** 绘制连接板　选择左视图，按图 21–6 所示操作，在档板左上角绘制长 150、宽 5 的矩形，再拉伸成高为 20 的六面体。

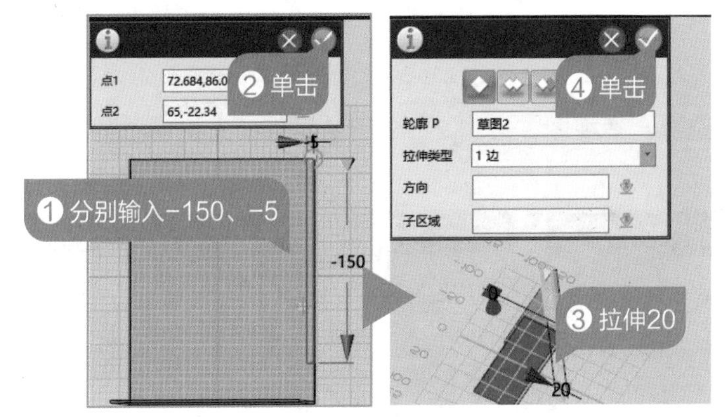


图 21–6　绘制连接板

**04** 绘制连接孔　选择前视图，按图 21–7 所示操作，在连接板中绘制一个矩形，再选择“拉伸”工具中的“减运算”功能，挖出连接孔。

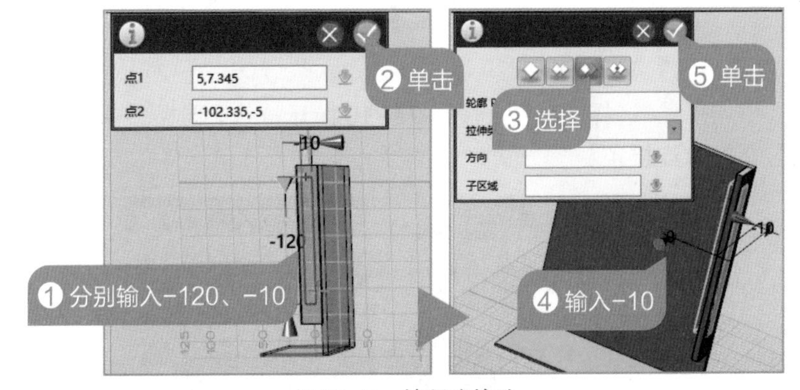


图 21–7　绘制连接孔

## 绘制拉伸部件

拉伸部件中有大量重复的小部件，所以我们可以使用“镜像”“阵列”工具来进行批量制作。

**01 绘制六面体** 选择前视图，按图 21–8 所示操作，在连接板的中间位置先绘制一个矩形，再拉伸成六面体。

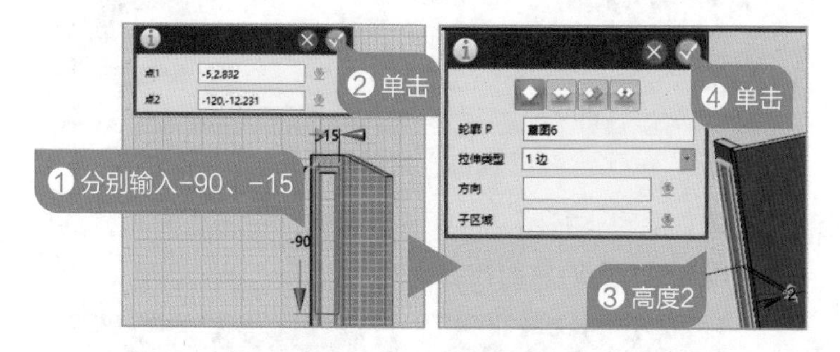


图 21–8　绘制六面体

**02 绘制圆形** 选择合适视图，按图 21–9 所示操作，先在连接条上绘制 3 个半径为 4 的圆形。

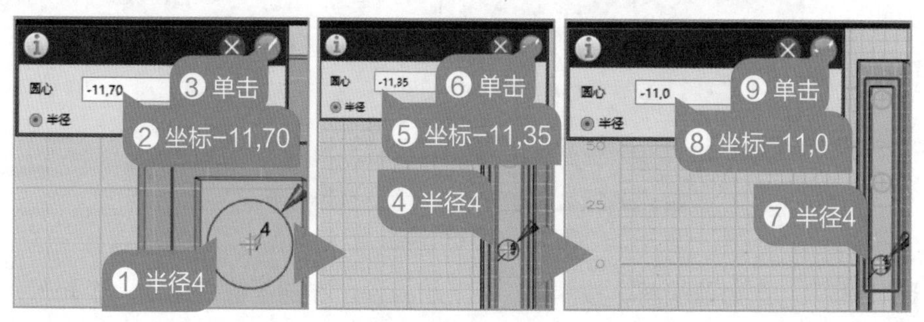


图 21–9　绘制圆形

**03 挖出螺钉孔** 选择“拉伸”工具中的“减运算”功能，将之前绘制的 3 个圆形挖成 3 个螺钉孔。

**04 制作第 1 根连接条** 选择前视图，按图 21–10 所示操作，选择“移动”工具中的“动态移动”，旋转连接条。

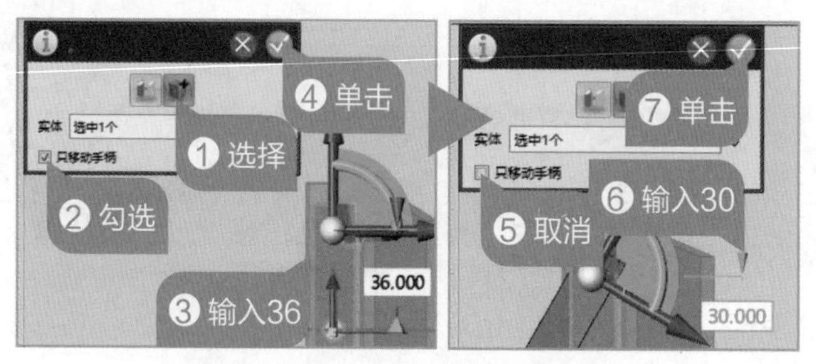


图 21–10　制作第 1 根连接条

**05** 制作第 2 根连接条　选择合适的视图，按图 21-11 所示操作，选择“镜像”工具复制出第 2 根连接条，并旋转 120°。

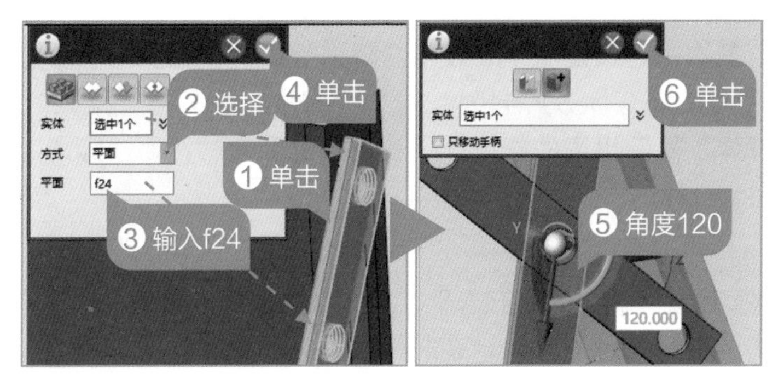


图 21-11　制作第 2 根连接条

**06** 制作第 2 对连接条　按图 21-12 所示操作，选中 2 根连接条，使用“阵列”工具复制出第 2 对。

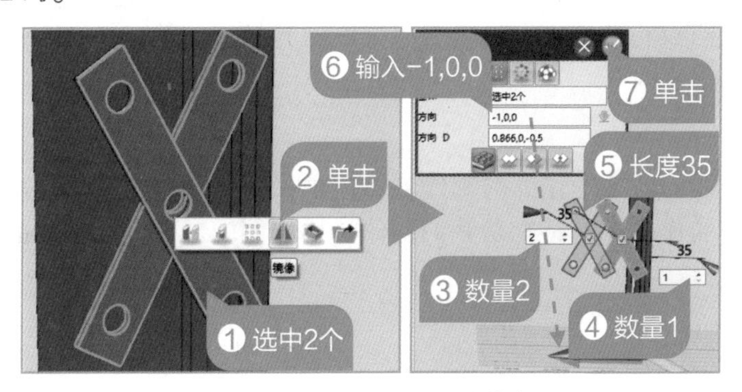


图 21-12　制作第 2 对连接条

**07** 完成作品　选择合适的视图，按图 21-13 所示操作，全选作品后，使用“镜像”工具复制出完整作品。

**08** 材质渲染　选择“材质渲染”工具，将作品渲染成你喜欢的颜色，可以分部件渲染，这样效果更佳。

图 21-13　完成作品

## 检测评估

### 1. 答疑解惑

本课制作中多次用到“镜像”工具与“阵列”工具，很多同学常常会混淆这两个工具。那么，它们之间有什么异同呢？首先“镜像”工具与“阵列”工具都是用来复制，但是“镜像”复制出来的物体样子是进行了翻转的，而“阵列”复制出来的物体是和源物体完全一样的。

### 2. 组装说明

组装作品需要半径 3mm 的螺钉若干，具体数量根据连接条的数量来定。连接条可以根据自己的需要自行打印即可，组装时根据作品效果图，把螺钉放入预留的螺钉孔中拧紧即可。

### 3. 作品优化

拉伸书立做好了，有没有什么新的想法对它进行优化呢？例如，书立两侧档板的造型能否改变，档板和连接板上是否可以镶嵌漂亮的图案等，快动手去试试，把你的想法变成现实吧！

### 4. 拓展创新

亲爱的小创客们，这个作品的制作方法你学会了吗？有没有想过用你今天学到的方法制作出不同的作品呢？特别是我们制作拉伸部件的方法，很多作品上都可能用到哦！快去试试吧！

# 第 6 单元

## 学习我是认真的

语文、数学、英语、科学这些学科当中，哪一门你学习得最好？你最喜欢哪一门呢？在从小到大的学习中，你有什么学习的小妙招吗？有没有遇到什么让你觉得气馁的困难？试想，如果你有一个可以学习成语的华容道；有一个可以研究勾股定理的小学具……这样把学习变成一件有趣的事情，在学中玩，在玩中学，会不会让你变得更加喜爱学习呢？

本单元以制作与学习相关的小学具为主要探索内容，帮助大家对 3D 建模建立较为深入的认知，体会在 3D One 中综合使用各种技能创建作品的过程。

# 第 22 课 学成语用华容道

扫一扫，看视频

你玩过华容道吗？它有趣好玩，还可以训练思维能力。成语短小精悍，可以提升表达水平。这两者如果能结合在一起，让我们一边玩华容道，一边记忆成语，动手玩的同时动脑学，那一定是一件非常有挑战性的事情。

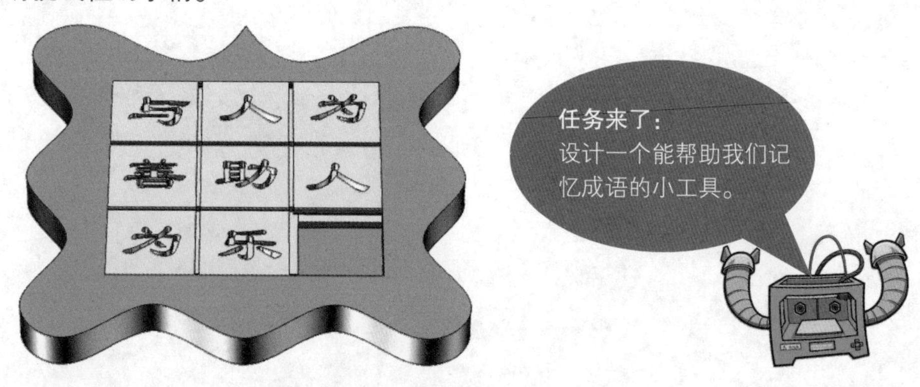


## 构思作品

怎么用小玩具来学成语呢？在构思这个作品时，我们可以先考虑有些什么成语类的电脑游戏，比如说成语接龙，看看是否有转变成实物的可能性；或者考虑现实中有哪些小玩具，比如说拼图等，看看是否可以把游戏的内容换成成语。

### 1. 拓展思路

请你上网搜索一些关于成语的游戏，并在生活中找一找比较有趣的小玩具。你觉得哪些适合转变成这个学成语的小玩具，请你记录下来。

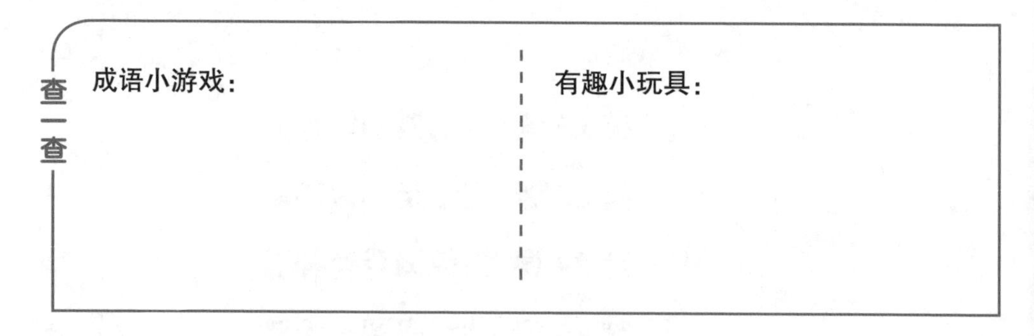


### 2. 明确功能

在设计之前，我们需要思考的问题是，作为一个能学习成语的小玩具，外形上应该便携，且成语内容应该可以经常更换，还要比较有趣，你觉得还需要实现哪些功能与特征呢？请你填在图 22-1 中。

图 22-1　设定作品功能与特征

### 3. 头脑风暴

通过调查，我们发现“华容道”这个小玩具比较符合“方便携带”“有趣好玩”的功能与特征，而且它经过变形可以转变成“数字华容道”和“华容道停车场”等其他玩具，如图 22-2 所示。这么看来“华容道”这个玩具或许可以作为我们设计成语小玩具的雏形。

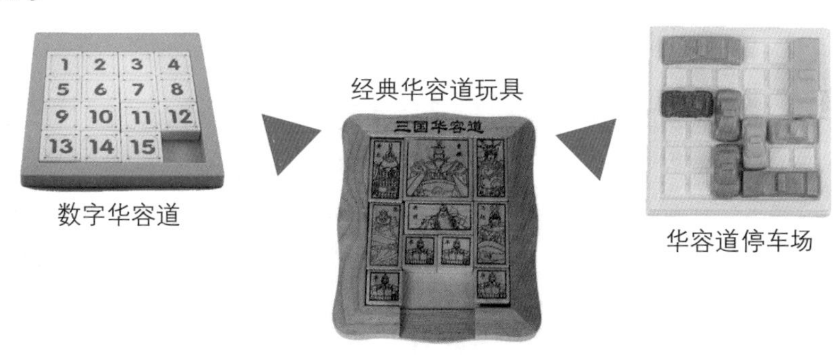


图 22-2　各种华容道玩具

### 4. 提出方案

“华容道”玩具分为底盘和棋子两部分，通过移动棋子，完成将“曹操”营救出来的任务。这么看来，如果将棋子上的人物更换成成语文字，就可以得到一个“成语华容道”。请试着先思考解决图 22-3 中提出的问题，设计出对应的解决方案。

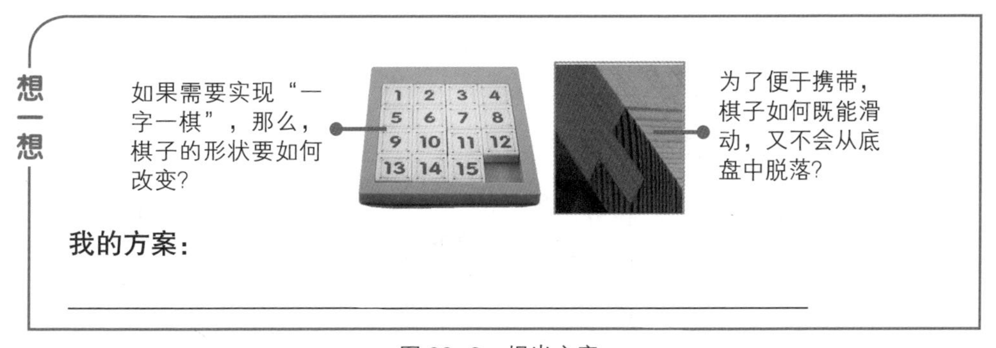


图 22-3　提出方案

针对以上两个问题，经过对各种华容道玩具结构的研究，我们可以考虑模仿“数字华容道”的形式，将棋子全部改变成正方形，这样就可以实现“一字一棋”。再模仿“榫卯结构”，将棋子与底盘设计出卡槽结构，这样棋子就可以既能滑动，又不会脱落了。

**提示**

榫卯结构是中国古代一种精巧的发明，这种结构可以摆脱钉子和螺钉，直接用于连接零件。在设计 3D 作品中，多应用榫卯结构，既能增加作品的美观性，又减少了螺钉孔眼的复杂计算工作。

## 规划设计

### 1. 外观结构

根据以上的方案，可以初步设计出作品的外观，效果如图 22–4 所示，在纸上绘制出作品的外观与结构。

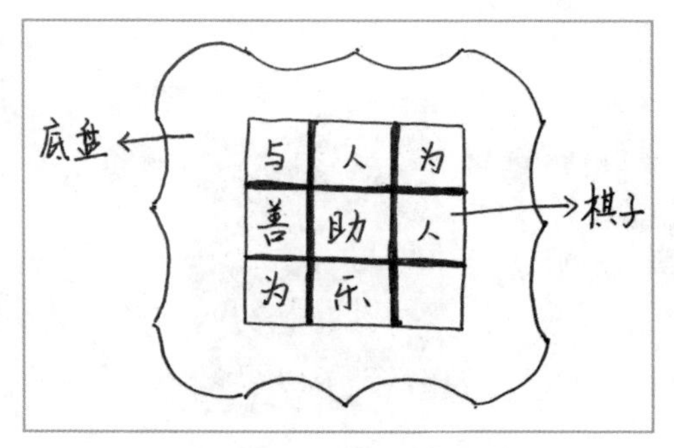


图 22–4　设计外观与结构

### 2. 作品尺寸

这个小玩具中，卡槽的设计较为复杂。效果如图 22–5 所示，棋子左侧及底部设计为凹槽，棋子上部和右侧设计为凸槽，这样两颗棋子就可以刚好吻合。此外，棋子的卡槽结构与底盘上的卡槽结构也刚好吻合。这样，棋子就可以安装在底盘上，不易脱落，而且还能随意滑动。

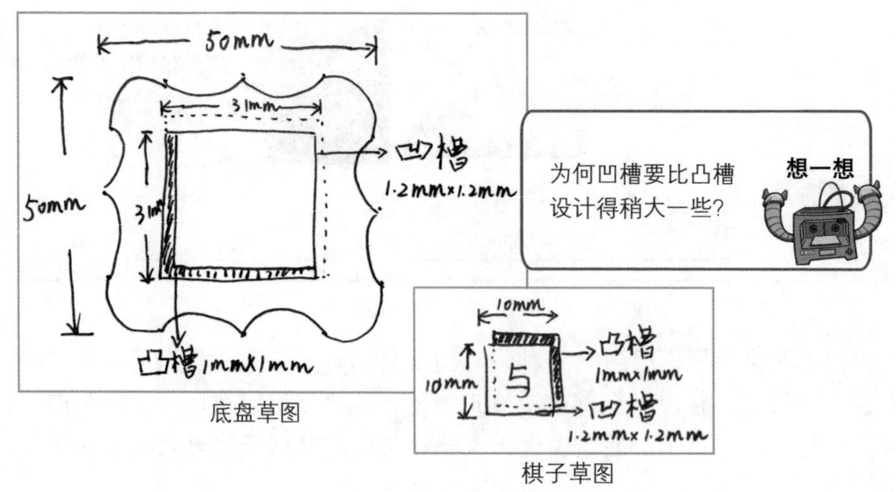


底盘草图

棋子草图

图 22–5　规划作品尺寸

### 3. 绘制步骤

对作品的外形与尺寸细化之后，需要考虑的问题就是如何分步来完成作品的绘制工作。如图 22–6 所示，这个作品将被分为 4 部分来完成，思考这 4 部分应当如何安排绘制顺序，并用线连一连。

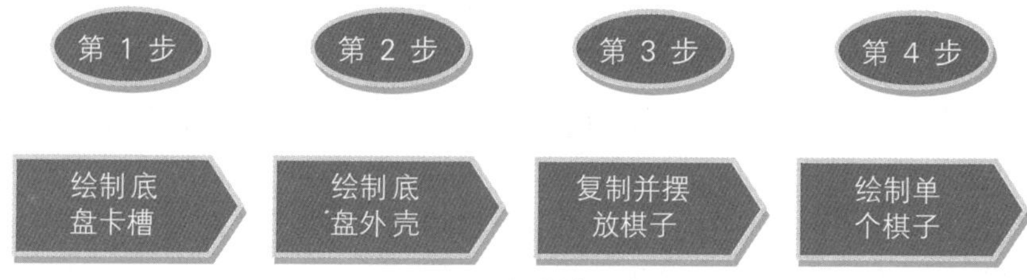


图 22–6　安排绘制步骤

## 知识准备

什么样的成语适合放在小玩具中，卡槽的结构如何制作更为简单？这些问题都需要在开始制作作品前，进行思考与尝试性的探索，这样在后面的制作过程中就会事半功倍。

### 1. 选择成语

为了使这个小玩具能很好地帮助我们学习，在选择成语时，可以考虑选择一些励志成语或易错成语。请你查找一些这样的成语，记录下来。

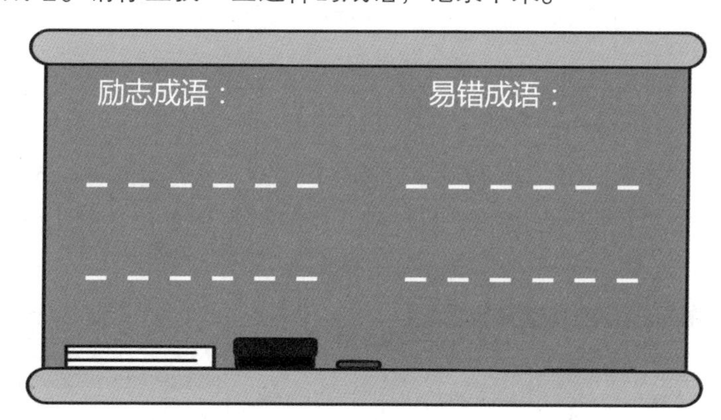


### 2. 尝试绘制卡槽

如图 22–7 所示，卡槽结构的绘制需要用到“加运算”与“减运算”功能。请先分析这个结构的绘制步骤，试着在 3D One 软件中将它绘制出来。

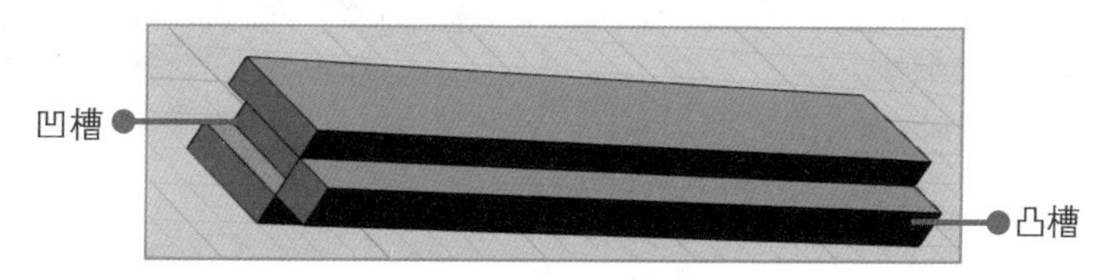


图 22–7　卡槽结构

## 建立模型

“成语华容道”这个小玩具主要包括底盘和棋子两部分，在建模时需要考虑选取合适的方法，来提高建模效率。

### 绘制底盘外壳

底盘外形具有一定的曲线造型，制作需要通过较为复杂的草图绘制，经过拉伸、组合编辑等操作后方可完成。

**01** **绘制底盘外形** 运行 3D One 软件，在“草图绘制”中选择“通过点绘制曲线”工具，按图 22-8 所示操作，从点 (0,25) 开始，按顺时针方向，依次单击各点，最后回到点 (0,25) 封闭曲线，完成底盘曲线的绘制，然后再将曲线拉伸为高度为 4mm 的实体。

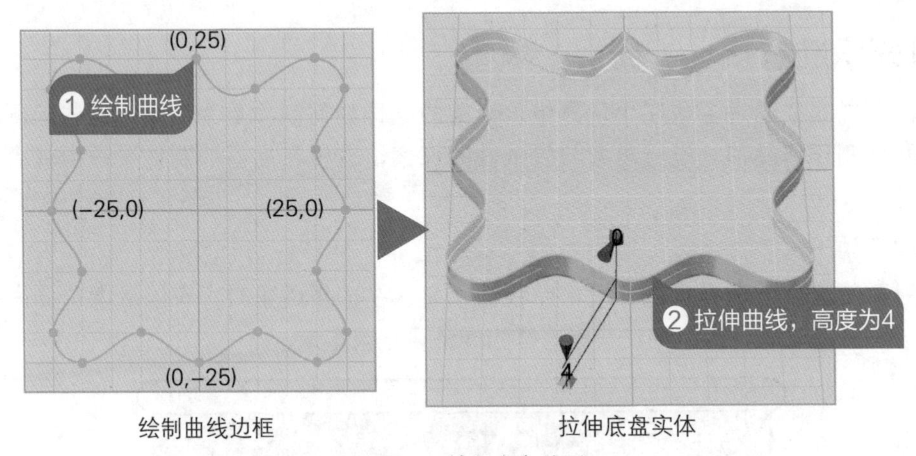


图 22-8 绘制底盘外形

**02** **挖空底盘** 在“基本实体”中选择“六面体”工具，按图 22-9 所示操作，使用“减运算”功能在底盘上挖空出一个长、宽、高分别为 31mm、31mm 和 –3mm 的六面体，作为用来摆放棋子的区域。

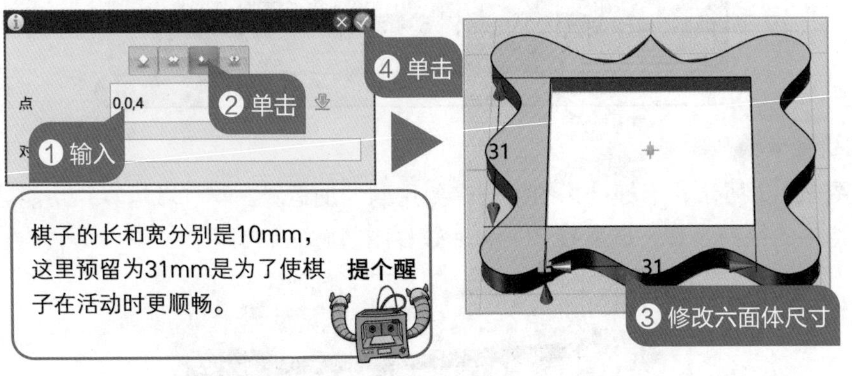


图 22-9 挖空底盘

## 绘制底盘卡槽

底盘卡槽是通过 4 根六面体长棍与底盘之间进行“加运算”与“减运算”产生的，设计时要注意使凹槽略大于凸槽。

**01** 绘制左侧凸槽　在“基本实体”中选择“六面体”工具，按图 22–10 所示操作，使用“加运算”功能在棋盘左侧添加一根六面体长棍，作为左侧凸槽。

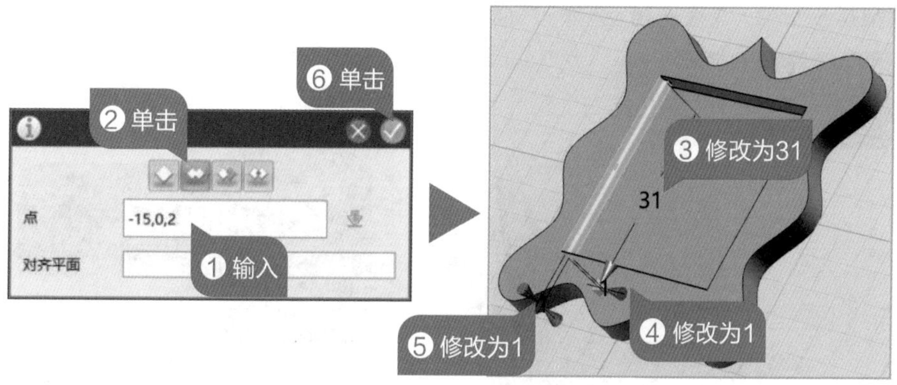


图 22–10　绘制左侧凸槽

**02** 绘制底部凸槽　调整视图角度，按照上一步方法操作，在点 (0,–15,2) 处，使用“加运算”功能绘制一根相同大小的六面体长棍，作为底部凸槽。

**03** 绘制顶部凹槽　调整视图角度，按照上一步方法操作，在点 (0,16.1,2) 处，使用“减运算”功能绘制一根长、宽、高分别为 31mm、–1.2mm 和 1.2mm 的六面体长棍，作为顶部凹槽。

**04** 绘制右侧凹槽　在“基本实体”中选择“六面体”工具，按图 22–11 所示操作，使用“减运算”在棋盘右侧添加一根六面体长棍，作为右侧凹槽。

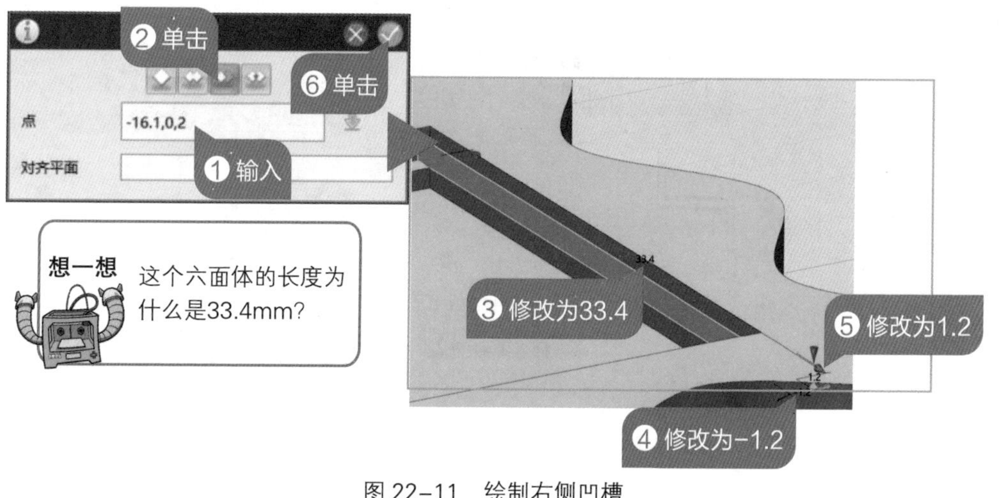


图 22–11　绘制右侧凹槽

## 绘制单个棋子

棋子的绘制需要先建立一个小六面体作为基体，然后再在其四周绘制出相应的卡槽，便于棋子的滑动。

**01 绘制棋子基体** 调整视角，选择“六面体”工具，在点 (50,50,0) 处新建一个长、宽、高分别为 10mm、10mm 和 3mm 的六面体，作为棋子基体。

**02 绘制棋子卡槽** 调整视角，选择“六面体”工具，按图 22-12 所示操作，绘制棋子卡槽。

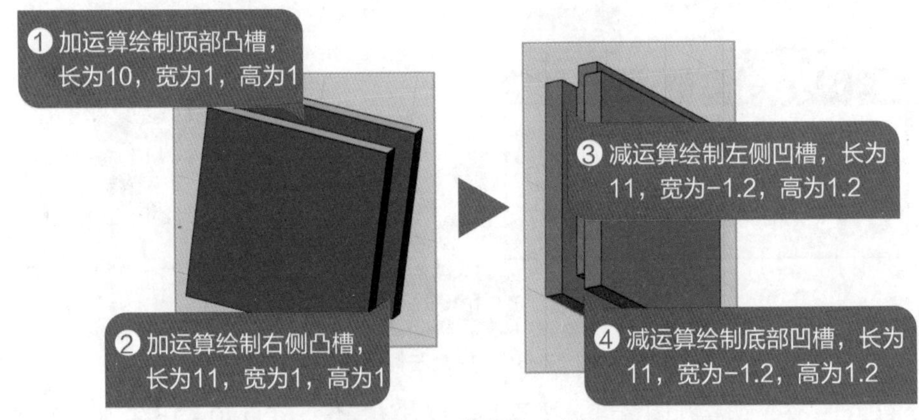


图 22-12　绘制棋子卡槽

## 复制与摆放棋子

游戏中共需要使用 8 颗棋子，并将成语中的每个汉字单独刻在棋子上，然后再一一拖动到棋盘中。

**01 移动棋子** 按图 22-13 所示操作，选择“点到点移动”方式，将棋子移动到棋盘的左上角。

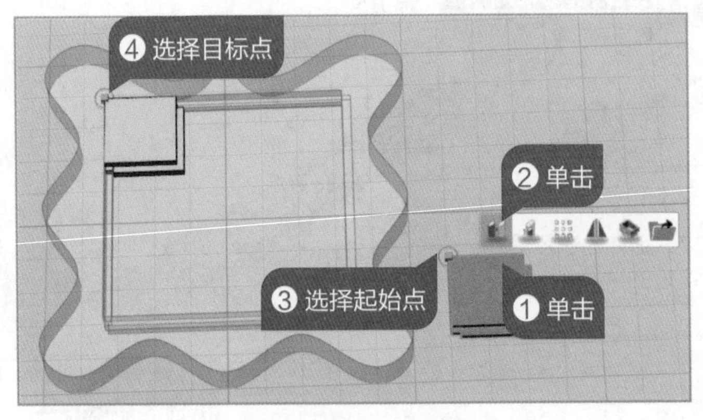


图 22-13　移动棋子

**02** **制作其余棋子**　选中棋子，选择“阵列”工具，按图 22–14 所示操作，绘制剩余 7 颗棋子，摆放在棋盘内。

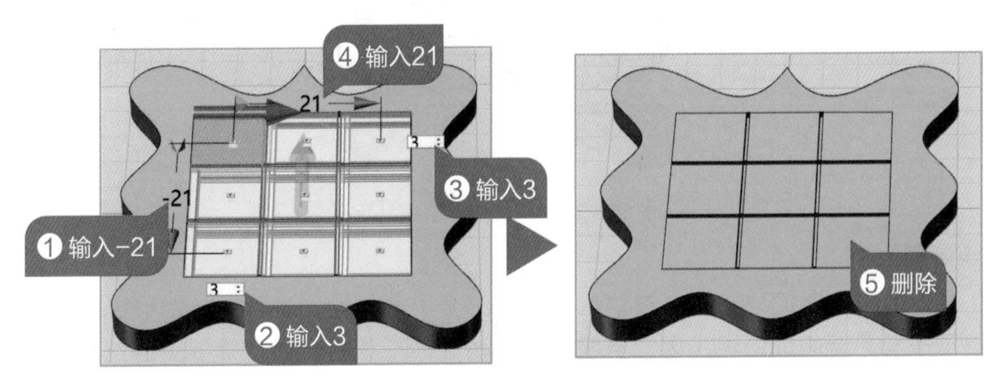


图 22–14　绘制其余棋子

**03** **完善作品**　在“草图绘制”中选择“预制文字”工具，在每颗棋子上添加汉字，再选择“材质渲染”工具将作品渲染成自己喜欢的颜色，效果如图 22–15 所示，然后保存作品。

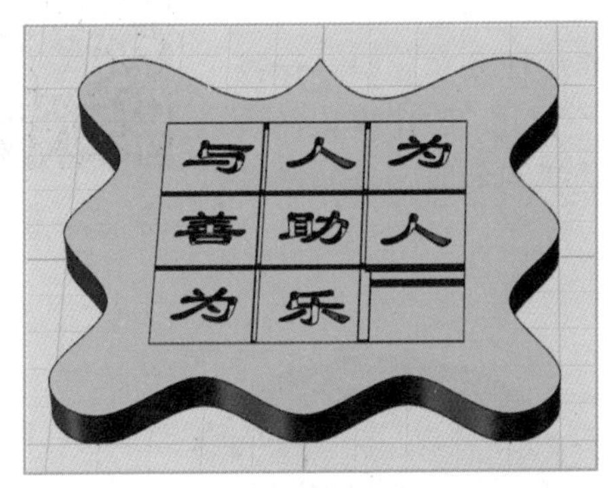


绘刻文字

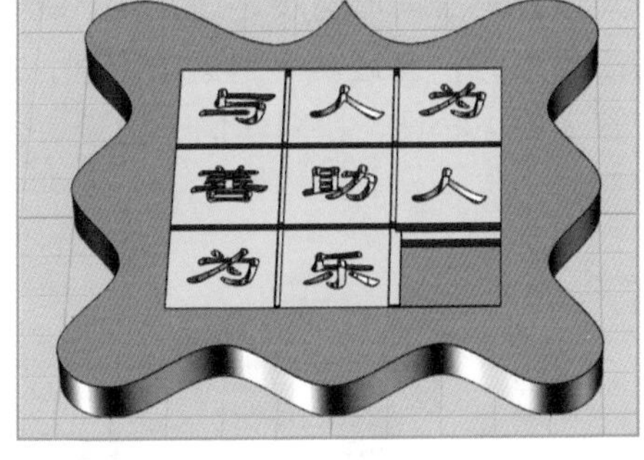


渲染美化

图 22–15　完善作品

## 检测评估

### 1. 检测模型

当“成语华容道”这个小玩具做好后，可以试着用“移动”工具打乱原先棋子的顺序，效果如图 22–16 所示，然后从多个角度观测棋子与棋盘内部的卡槽结构是否吻合。同时，也可以试着在 3D One 软件中平移棋子，玩一玩亲手设计的这个小玩具，看看你最快用多长时间能将 2 个成语都还原。

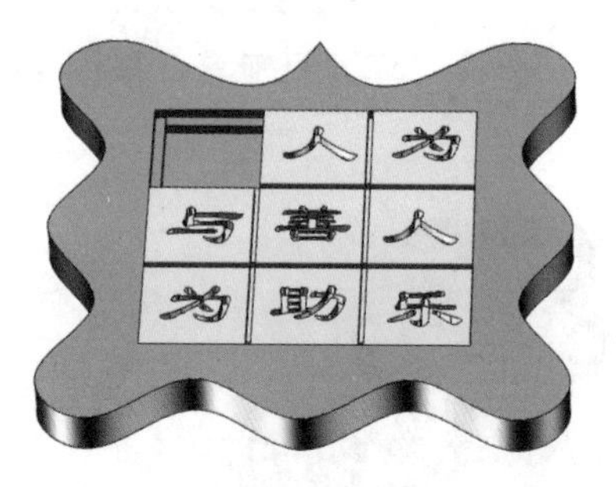


图 22-16　打乱棋子顺序试玩

**2. 拓展创新**

亲爱的小创客们，在玩“成语华容道”这个小玩具时，是否希望能够经常更换新的棋子来学习新的成语呢？因此当我们打印出新的成语棋子时，需要更换到底盘中。但是在目前的设计中，棋子是卡在底盘上的，更换时需要撬动棋子，容易损坏，请你试着在底盘上设计一个小结构，使更换棋子更为便捷。

# 第 23 课　勾股定理很简单

扫一扫，看视频

你知道直角三角形勾股定理 $a^2+b^2=c^2$ 表示什么意思吗？在我们学习三角形时，会经常用到这条定理，能不能用 3D 建模软件设计一个直观的小学具，让同学们一边玩，一边学习勾股定理的推导过程呢？

## 构思作品

想把勾股定理“变”成 3D 作品，并不容易。在构思这个作品时，首先要明确作品的功能与特点，然后思考设计作品中需要解决的问题，并提出相应的解决方案。

**1. 明确功能**

一个用来学习勾股定理的小学具应当具备哪些功能与特征呢？请将你认为需要达到的目标填写在图 23-1 的思维导图中。

图 23-1　设定作品功能与特征

## 2. 头脑风暴

上数学课时，老师让我们用剪、拼小方格的方法，直观地来推导勾股定理，效果如图 23-2 所示。或许我们可以从这个角度来思考，如果能将平面转变为立体，那么小学具也可以通过这种拼摆的方式，直观地证明和推导勾股定理。

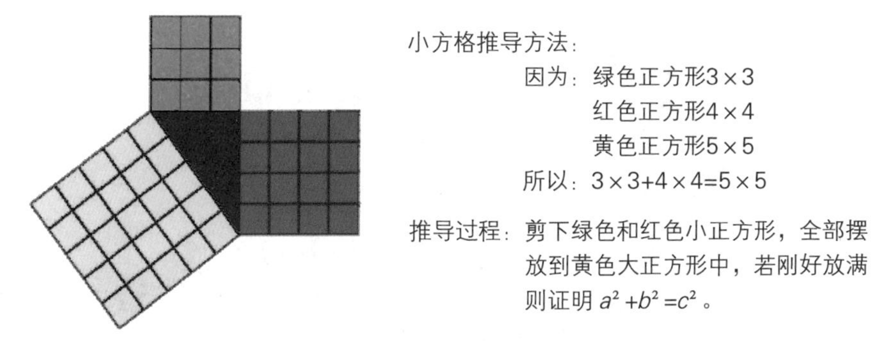


图 23-2　拼摆小方格推导勾股定理

## 3. 提出方案

如何将平面转变为立体，你有什么好方法吗？请试着先思考解决图 23-3 中提出的问题，设计出对应的解决方案。

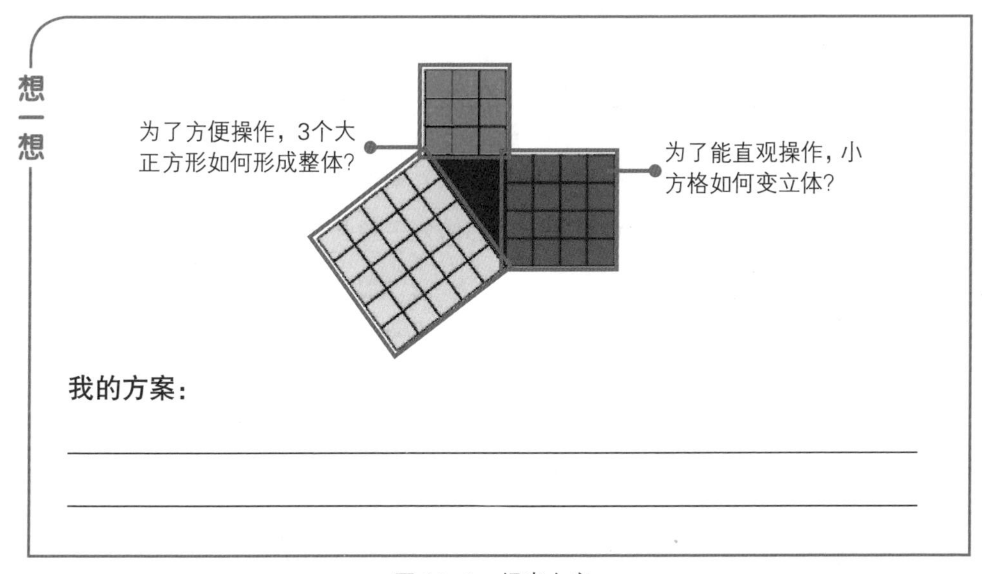


图 23-3　提出方案

针对以上 2 个问题，经过思考，可以考虑将小方格转变为立体小方块，这样容易拿取，拼摆时作用也完全和小方格相同；另可以考虑将 3 个大正方形做成连在一起的无盖盒子，方便摆放小方块。

## 规划设计

### 1. 外观结构

根据以上的方案，可以初步设计出作品的外观与结构，如图 23–4 效果所示，在纸上绘制出作品的外观与结构。

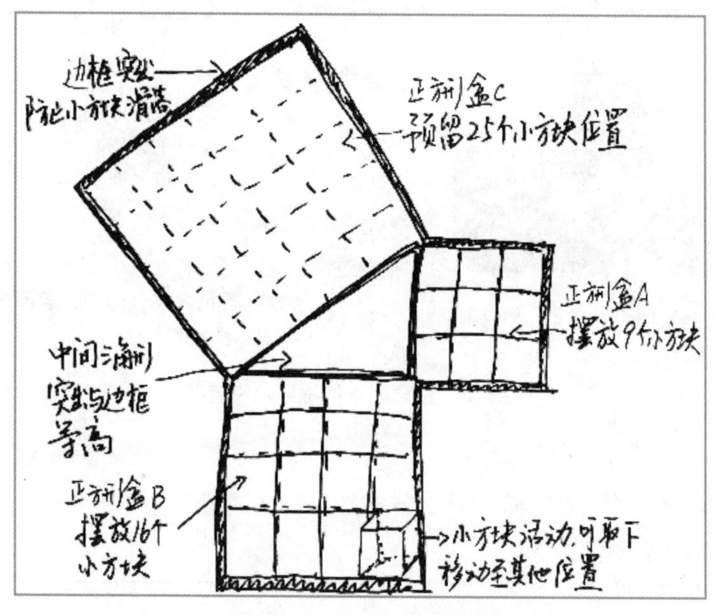


图 23–4　设计外观与结构

**想一想**　**这个设计草图还有什么需要修改的地方吗？请你改一改，如果你有更好的方案，也请你仿照这张设计草图，将你的好主意画在纸上。**

### 2. 作品尺寸

当设计好小学具的外形以后，接下来要做的工作就是先在纸上绘制出各个结构部分的草图效果，并对尺寸进行仔细计算，效果如图 23–5 所示。

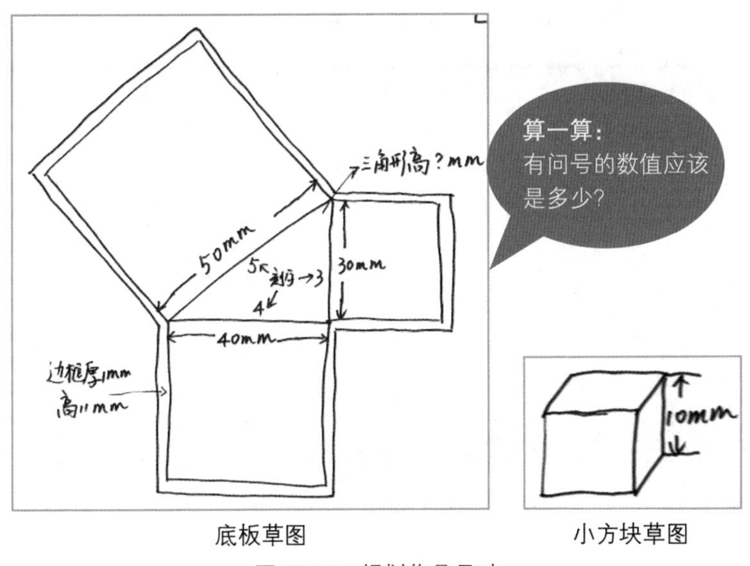


底板草图　　小方块草图

图 23-5　规划作品尺寸

**3. 绘制步骤**

对作品的外形与尺寸细化之后，需要考虑的问题就是如何分步来完成作品的绘制工作。如图 23-6 所示，这个作品将被分为 4 部分来完成，思考这 4 部分应当如何安排绘制顺序，并用线连一连。

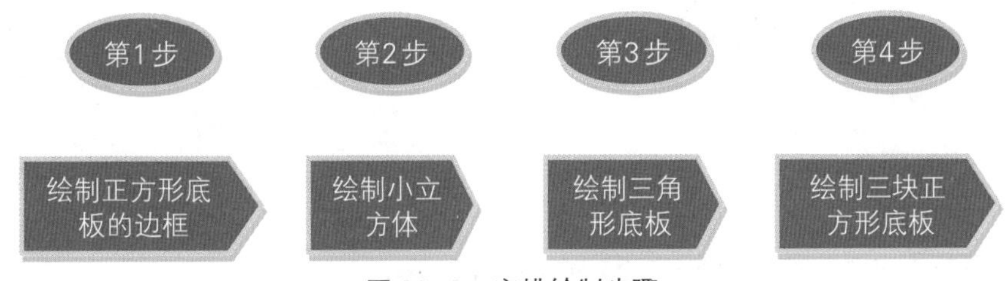


图 23-6　安排绘制步骤

## 知识准备

在后面制作作品的过程中，我们可能会遇到各种各样的问题。所以有必要先了解一些关于勾股定理的相关知识，并认真思考绘制过程中可能产生的困难，想办法在制作作品前先研究出解决方法，这样可以有效提高制作过程的效率。

**1. 了解勾股定理**

勾股定理是一条关于直角三角形三条边长度关系的定理，所有的直角三角形都符合这条定理。请你读一读图 23-7 中关于勾股定理的相关知识，试着算一算 $c$ 边的长度。

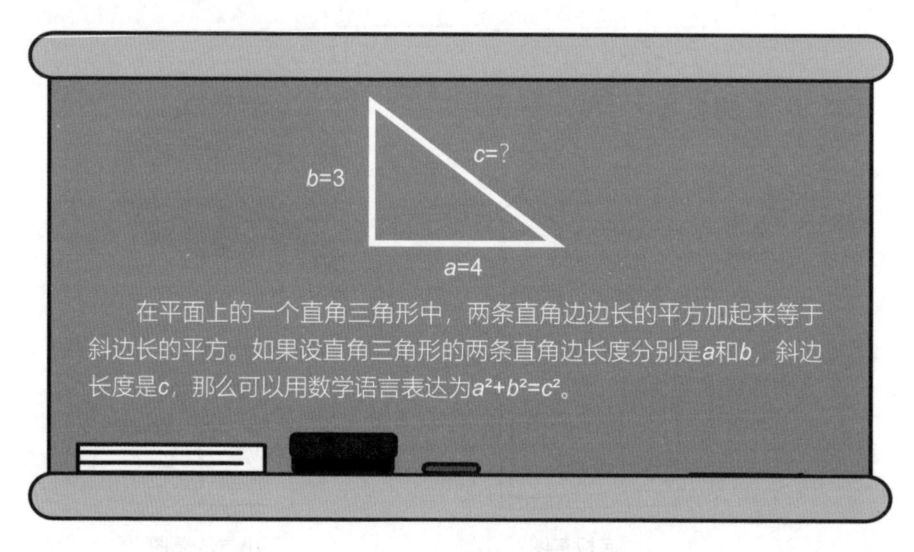


图 23–7　了解勾股定理

## 2. 绘制直角三角形草图

作品中需要绘制一个指定边长的直角三角形，结合以上数据和方法，如图 23–8 所示，可以使用“多段线”来绘制直角三角形；也可以使用“矩形 + 直线 + 修剪”的方法来绘制直角三角形，请你分别试试这两种方法，选择适合自己操作习惯的方法。

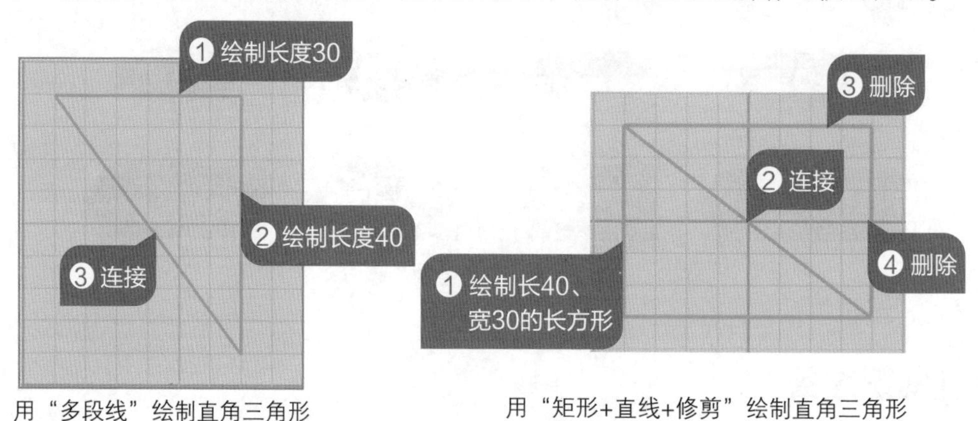


图 23–8　探索绘制直角三角形草图方法

## 3. 绘制斜置正方形草图

作品中边长为 5cm 的正方形底板不是按照 180° 水平摆放的，这样的正方形应该如何绘制呢？请按图 23–9 所示操作，使用“曲线偏移”功能绘制出一个斜着摆放的正方形。并请你动手尝试，看看有没有更好的方法，请将它记录下来。

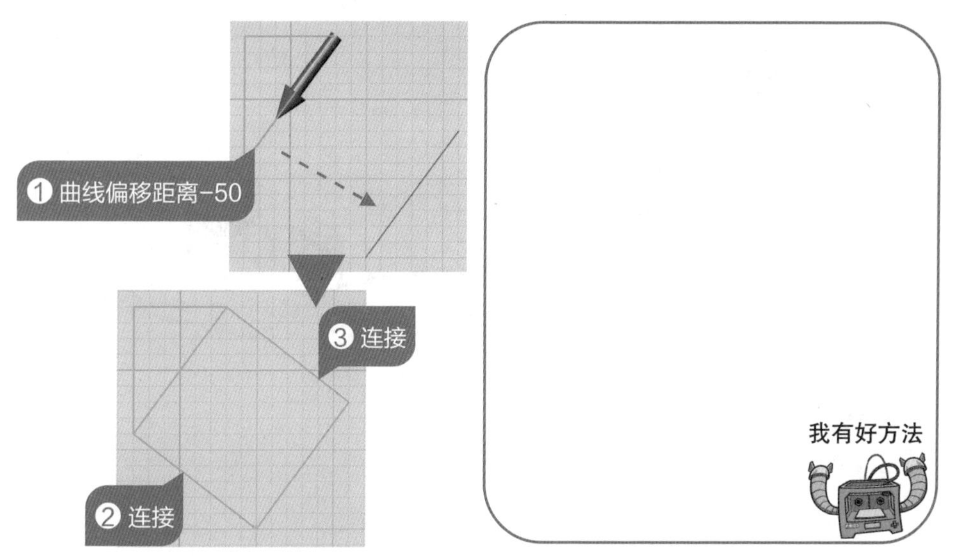


图 23-9　探索斜置正方形草图绘制方法

## 建立模型

勾股定理小学具这个模型包含底板和小方块两部分，其中底板上的结构相对复杂，要注意绘制的顺序与数值计算。

### 绘制底板

这个模型的底板制作需要通过较为复杂的草图绘制，并经过多次拉伸、组合等操作后方可完成。

01　绘制中间三角形　运行 3D One 软件，在草图中绘制边长分别为 30、40 和 50 的直角三角形，并将之拉伸，拉伸厚度设置为 11，并通过“预制文字”功能为每边分别刻上数字 3、4 和 5，效果如图 23-10 所示。

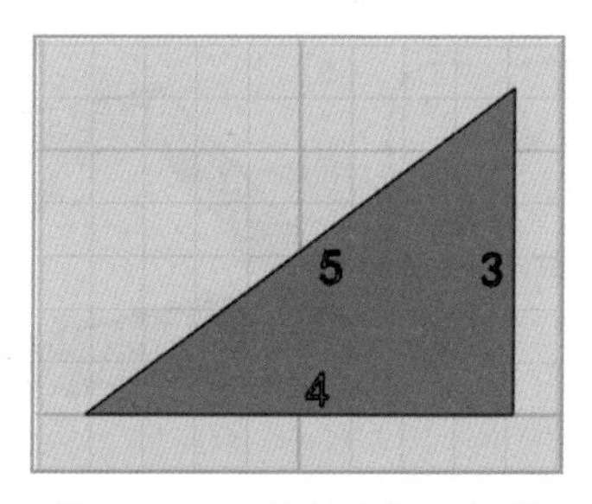


图 23-10　绘制中间三角形

02　绘制底部模型　选择初始工作面，按图 23-11 所示操作，在草图中沿着三角形的三条边分别绘制边长为 30、40 和 50 的正方形，然后将之拉伸，拉伸厚度为 1。

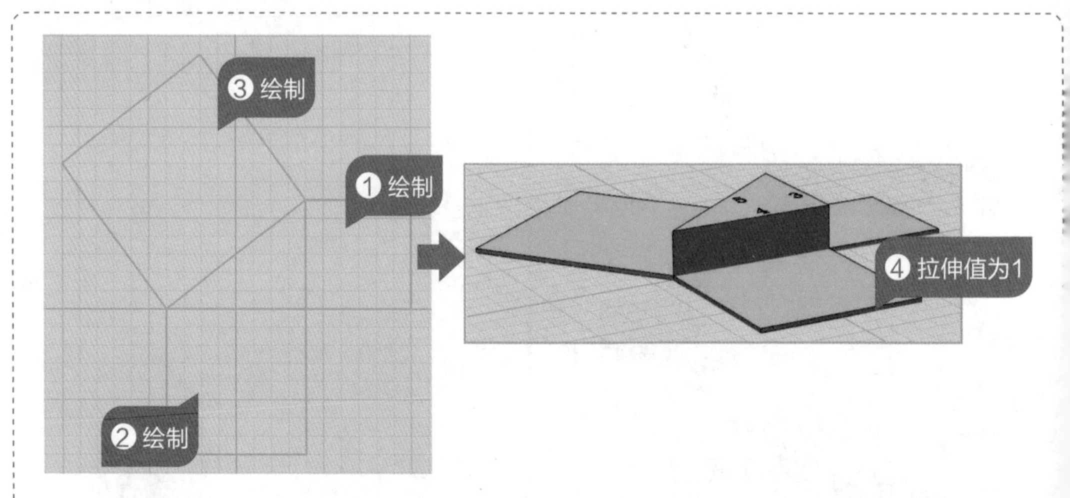


图 23-11　绘制底部模型

**03** **绘制底板边框**　选择初始工作面，选择下视图，选择“曲线偏离”工具，按图 23-12 所示操作，依次选中底板边框，设置偏离值为 1，绘制边框外围线。然后拉伸草图，高度设置为 11，最后再将其抽壳。

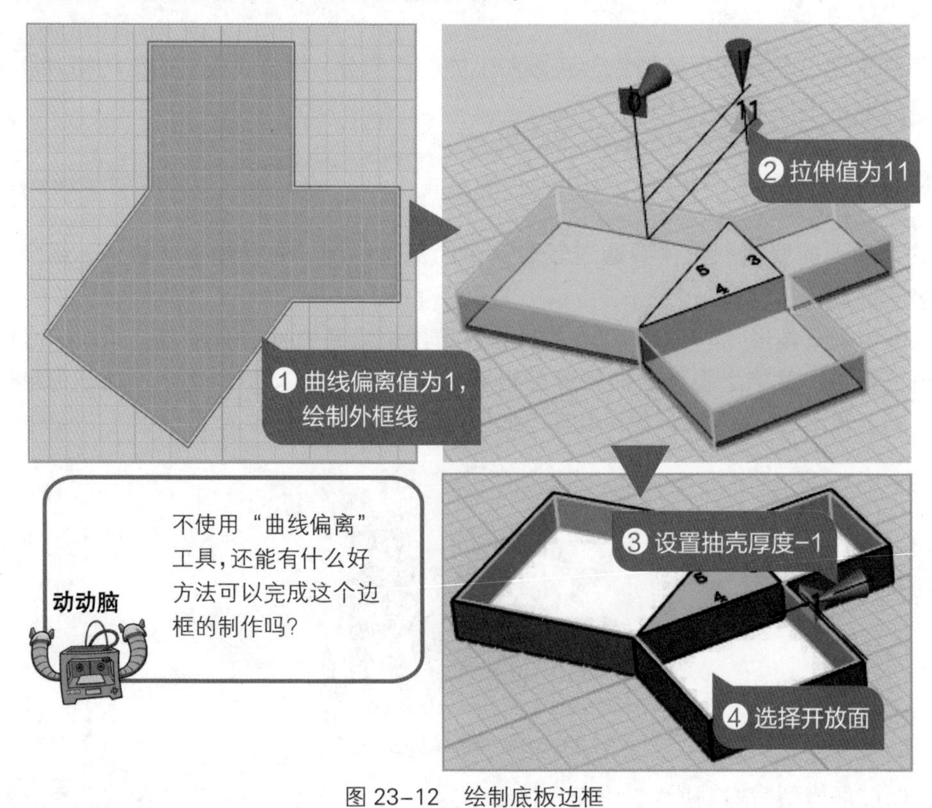


图 23-12　绘制底板边框

## 绘制小方块

小学具中需要 25 个小方块，分别在边长为 30 的小号方盒内放置 9 个，在边长为 40 的中号方盒内放置 16 个。

**01　添加小方块**　选择初始工作面，添加一个棱长为 10 的六面体小方块，效果如图 23–13 所示。

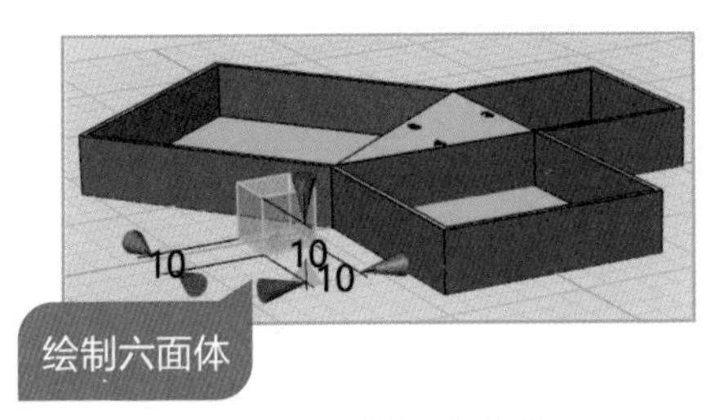


图 23–13　添加小方块

**02　在小号方盒内摆满小方块**　选择上视图，使用“点到点移动”功能，将小方块移动到小号方盒左上角，然后使用阵列功能，在小号方盒内放置 9 个小方块，效果如图 23–14 所示。

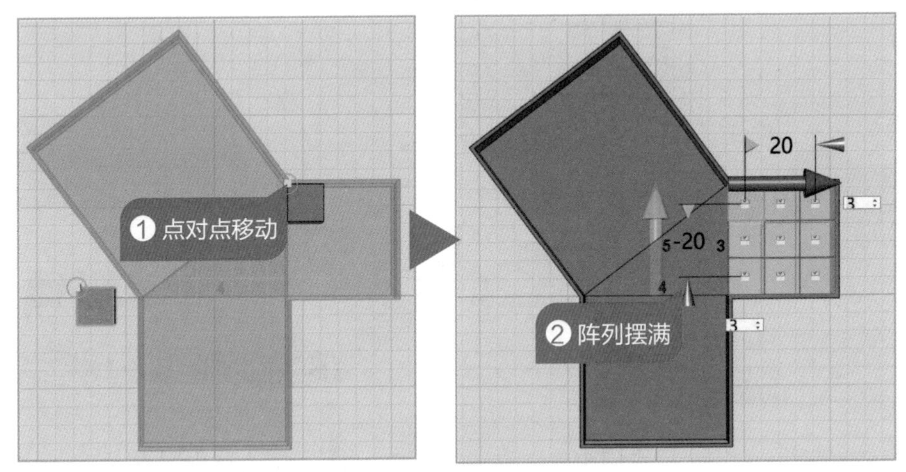


图 23–14　在小号方盒内摆满小方块

**03　在中号方盒内摆满小方块**　选择上视图，复制一个六面体小方块，使用“点到点移动”功能，将小方块移动到中号方盒左上角，然后使用阵列功能，在中号方盒内放置 16 个小方块。

**04　完善作品**　运用“加运算”功能将底板、三角形和边框组合在一起，再将作品渲染成自己喜欢的颜色，效果如图 23–15 所示，然后保存作品。

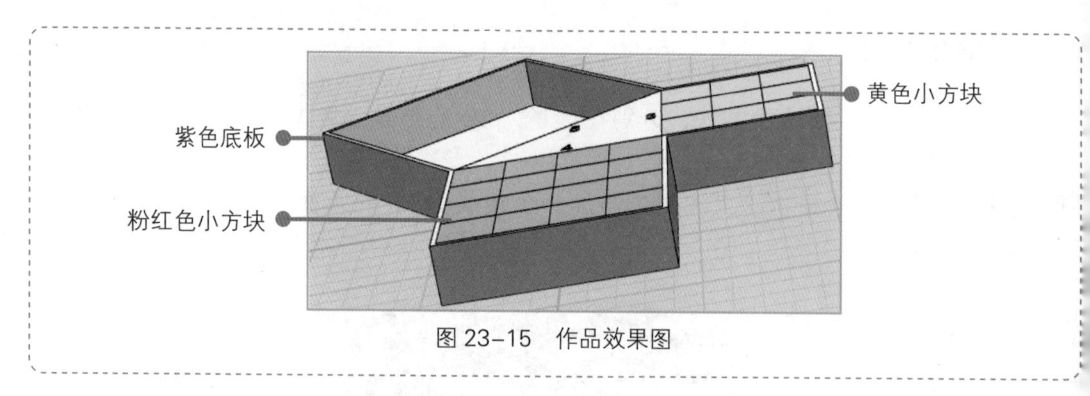


图 23-15　作品效果图

## 检测评估

### 1. 检测模型

在 3D One 软件中，多次调整不同视角对作品进行检查，检测模型结构是否完整，尺寸是否匹配，外形是否美观。按图 23-16 所示操作，从小号方盒和中号方盒中取出所有的小方块，并全部摆放到最大的方盒内，检测是否刚好放满。如果刚好放满，则表示这个小教具可以帮助同学推导勾股定理的成立。

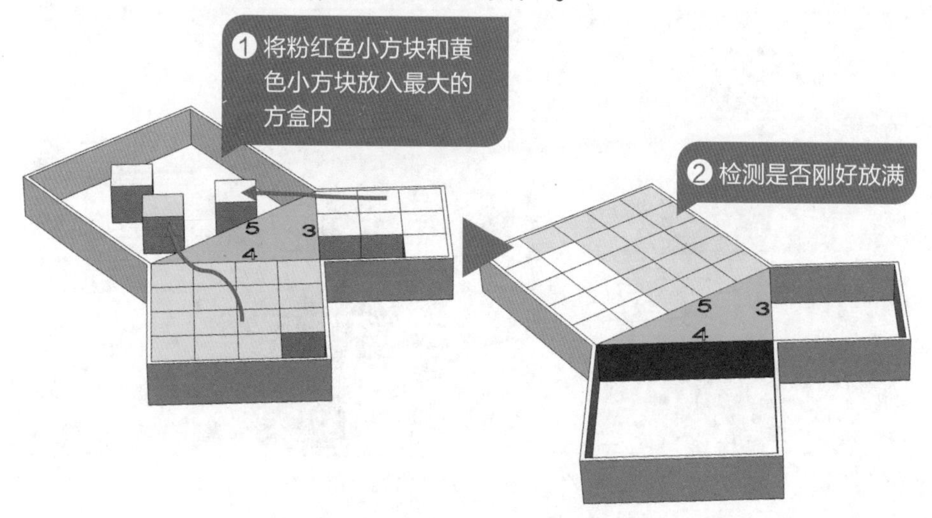


图 23-16　检测评估使用效果

### 2. 拓展创新

亲爱的小创客们，如果方盒内放置液体是否也可以推导出勾股定理？你认为这个方案与活动小方块的方案有什么异同之处？请你开动脑筋，调整设计方案，绘制能用液体推导勾股定理的作品模型来。期待看到你创意满满的作品。

# 第 24 课　背单词我有神器

密码锁是生活中常见的小物品，转动字母环，就可以开锁。这样一件布满字母的小工具能和我们的学习产生相关性吗？要说和字母打交道最多的学习任务，莫过于“背单词”这件事了。让我们根据密码锁的结构，设计出一个小工具，在动手玩的过程中，进行记忆单词的训练，把背单词变成一件有趣的事情。

## 构思作品

密码锁怎么变成背单词的小工具呢？在构思这个作品时，首先需要考虑这个作品的主要功能是什么？如何实现？在思考的过程中可以先了解不同种类的密码锁，再想办法将其特征进行整合，看是否能通过拼凑的方法，改善现有密码锁的结构，实现我们所需要的功能。

### 1. 明确功能

作为一个用来背单词的神器，好玩一定是必不可少的。除此之外，还需要哪些必要的功能与特征呢？还可以增加哪些提升趣味性的功能呢？请将你的思考结果填写在图 24-1 中。

图 24-1　设定作品功能与特征

### 2. 头脑风暴

经过对密码锁的研究，我们发现密码锁的种类很多，如图 24-2 所示，有一种可以通过面板上的方格，只显示当前的数字；还有一种密码筒，呈圆柱状，上面分布六条可以转动的字母环。这么看来，如果将这两种密码锁的特点结合起来，或许就能基本实现“记单词神器”的功能了。

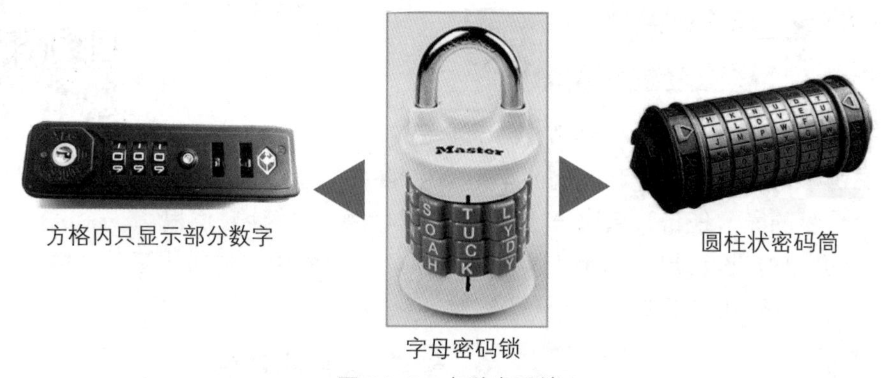


图 24-2　各种密码锁

### 3. 提出方案

如果在“圆柱状密码筒”的表面再加上一层外壳，上面镂空一些方格，这样就可以在方格内呈现出不同字母，从而拼成一个单词。请试着先思考解决图 24-3 中提出的问题，设计出相应的解决方案。

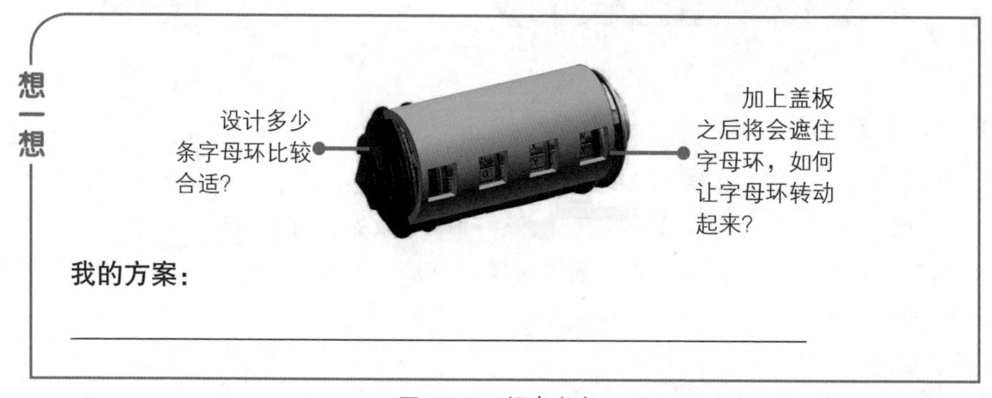


图 24-3　提出方案

经过调查，我们发现常用的单词一般不超过 15 个字母，因此字母环的数量设定在 15 条比较合适，盖板上镂空的方格数量也应该与之对应，设置为 15 个。此外，为了解决字母环的转动问题，可以将盖板设计成半圆形结构，这样手可以触摸到字母环背面的部分，就可以转动了。

## 规划设计

### 1. 外观结构

“记单词神器”这个小工具从外观上看，整体造型是一个圆柱状，如图 24-4 所示，作品整体大小长约为 8cm，宽约为 5cm。可以分为中间的柱体部分和两侧的盖板部分，柱体部分上绘刻作品名称和镂空用来显示字母的小方格。

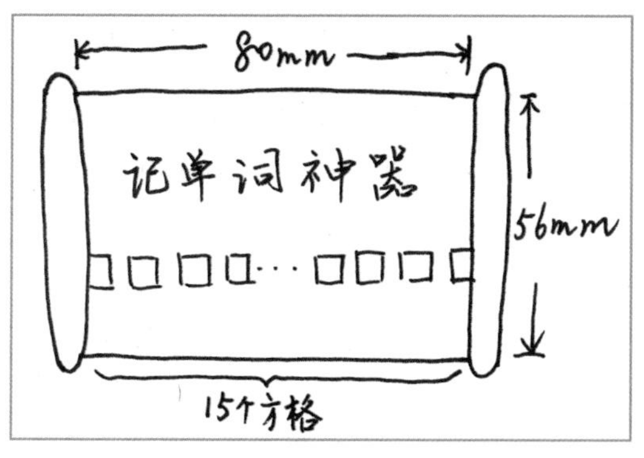


图 24-4　设计外观与结构

## 2. 作品尺寸

这个作品中的柱体结构由 3 个圆环柱体套在一起，每一层的具体尺寸如图 24-5 所示。其中第二层的字母环需要转动，因此每层柱体结构之间要留有 0.5mm 的空间，方便字母层转动。

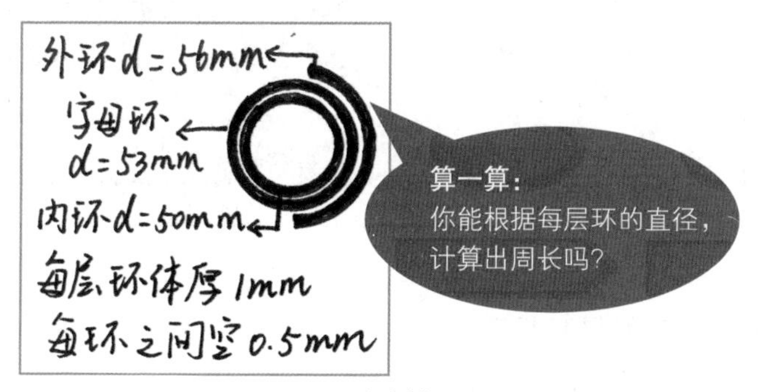


图 24-5　规划作品尺寸

## 3. 绘制步骤

对作品的外形与尺寸细化之后，这个作品的大致结构可以分为内环、字母环、外环和盖板 4 个主体部分，如图 24-6 所示。思考这 4 部分应当如何安排绘制顺序，并用线连一连。

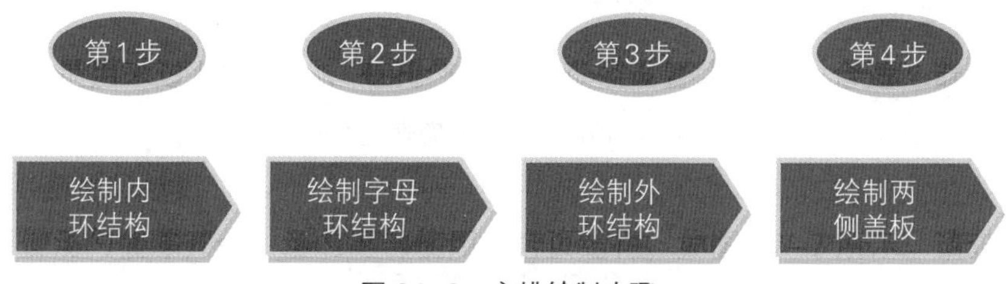


图 24-6　安排绘制步骤

## 知识准备

在动手制作之前可以先记录一些易错单词，在作品完成后用来测试。再试着探索圆环柱体的绘制方式，这样在后面制作作品中，对于圆环位置、尺寸的计算就会更加得心应手了。

### 1. 记录易错单词

你有没有碰到过一些总也记不住的单词？是不是有一些单词你总是会错？不妨翻翻自己的试卷和作业本，把这些易错的单词记录下来，等这个记单词的小工具做好以后，试着用它来帮助你背这些单词，看看会不会有比较不错的效果。

### 2. 尝试绘制圆环柱体

如图 24–7 所示，使用“圆柱折弯”功能，可以将六面体折弯成圆环柱体，折弯圆柱时，六面体的长度要利用圆的周长公式进行精密的计算。请你试着在 3D One 软件中制作出一个直径为 50mm 的圆环柱体和一个直径为 56mm 的半圆环柱体。

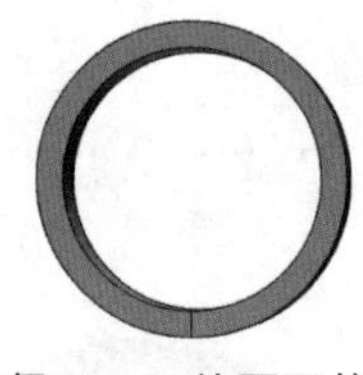

直径50mm的圆环柱体

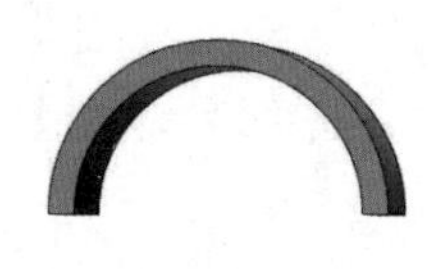

直径56mm的半圆环柱体

图 24–7　尝试绘制圆环柱体

**提示**

圆形周长计算公式：$c = 2\pi r = \pi d$

# 建立模型

“记单词神器”这个小工具最难绘制的部分就是嵌套在一起的三层圆环柱体结构，在绘制其六面体实体时，需要精确地计算出每一个圆环的周长，其周长就是六面体对应的高度。

## 绘制内环结构

内环结构由圆环主体和字母框两部分组成，绘制时需要考虑圆环的尺寸，以及字母框预留的高度。

**01** 绘制内环底板　运行 3D One 软件，选择“六面体”工具，在点 (0,0,–157/2) 处，绘制一个长、宽、高分别为 80mm、1mm 和 157mm 的长方体。

**02** 折弯内环主体　按图 24–8 所示操作，在“特殊功能”中选择“圆柱折弯”工具，将内环底板折弯成一个内径为 50mm 的圆环柱体。

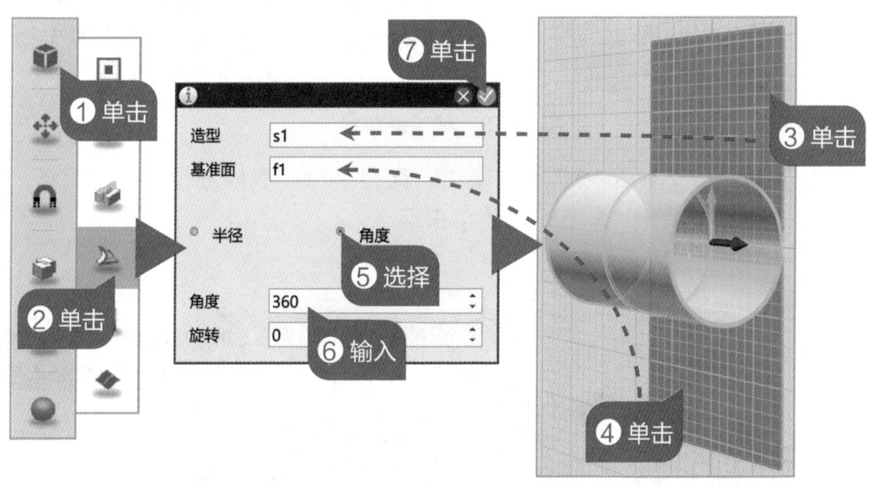


图 24–8　折弯内环主体

## 绘制字母环结构

字母环结构由 15 个相同圆环组成，每个圆环上纵向绘刻 26 个英文字母，主要由“草图绘制”和“圆柱折弯”工具完成。

**01** 绘制字母环底板　选择“六面体”工具，在点 (–37.5,–1.5,–166.42/2) 处，绘制一个长、宽、高分别为 5mm、1mm 和 166.42mm 的长方体。

**02** 刻绘英文字母　在“草图绘制”中选择“预制文字”工具，按图 24–9 所示操作，在字母环底板上纵向绘刻 26 个英文字母。

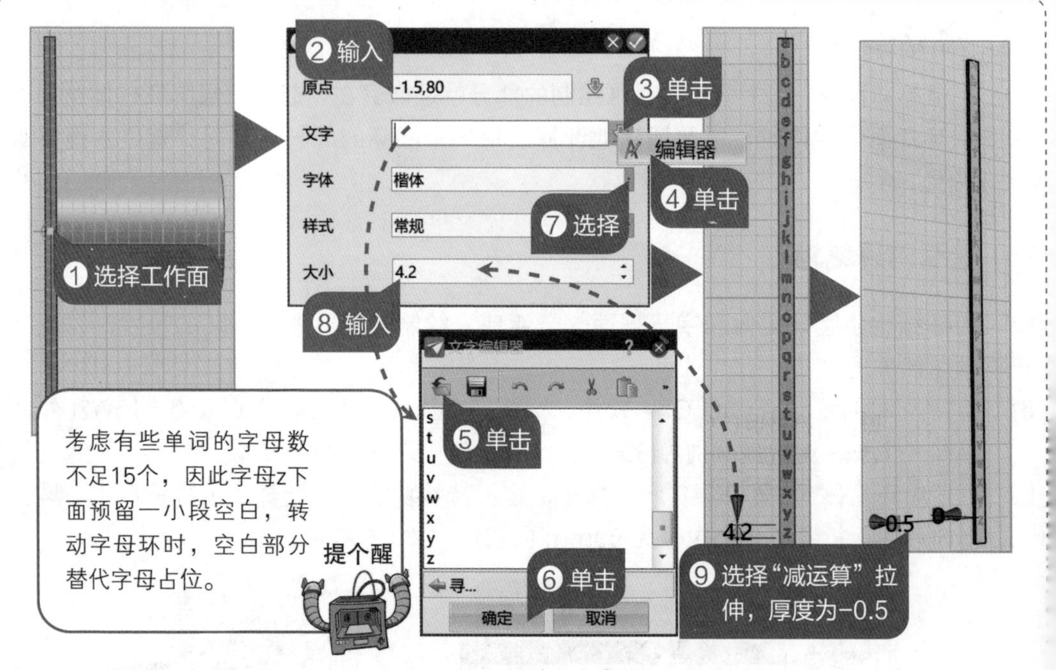


图 24-9　刻绘英文字母

**03　制作其他字母环**　按图 24-10 所示操作，先将字母环底板进行 360° 折弯，再使用“阵列”工具绘制其他 14 个相同的字母环。

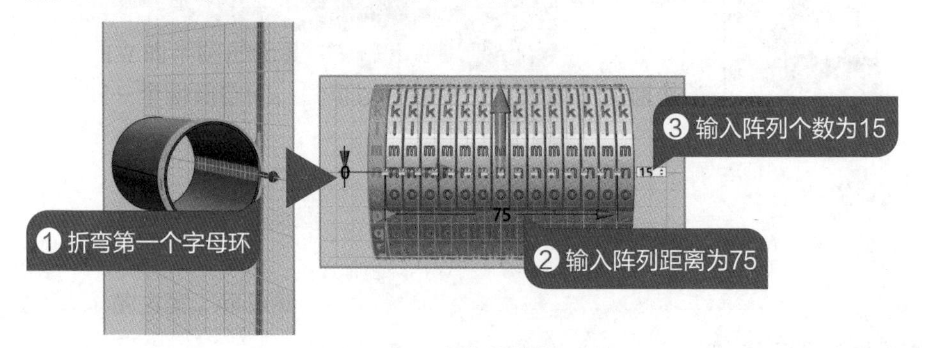


图 24-10　制作其他字母环

## 绘制外环结构

外环主体是一个半圆形柱体结构，将字母环包裹在其中，在外环面板上绘刻作品名称，并镂空 15 个方格用来显示字母。

**01　绘制外环底板**　选择“六面体”工具，在点 (0,-3,-87.92/2) 处，绘制一个长、宽、高分别为 80mm、1mm 和 87.92mm 的长方体。

**02　绘刻作品名称**　选择外环底板的顶面中心点为工作面，在“草图绘制”中选择“预制文字”工具，按图 24-11 所示操作，在外环底板上绘刻作品名称。

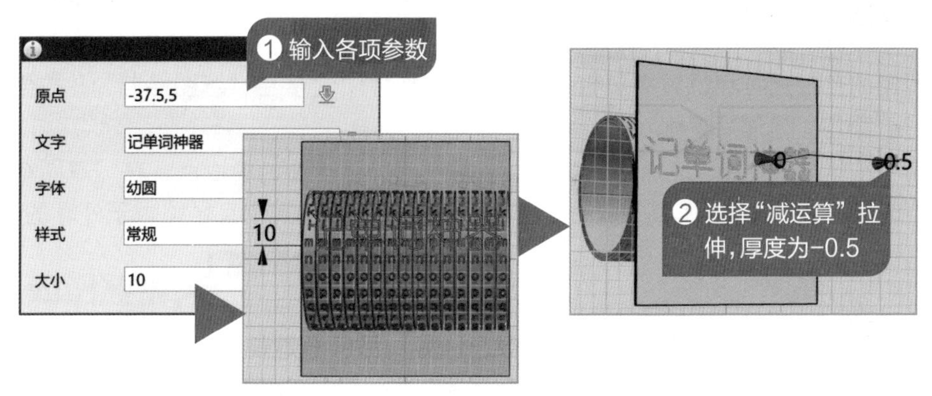


图 24-11　绘刻作品名称

**03** **绘制镂空方格** 按图 24-12 所示操作，先绘制第一个六面体小方块，然后使用"阵列"工具中的"减运算"功能，在外环底板上绘制 15 个镂空的小方格。

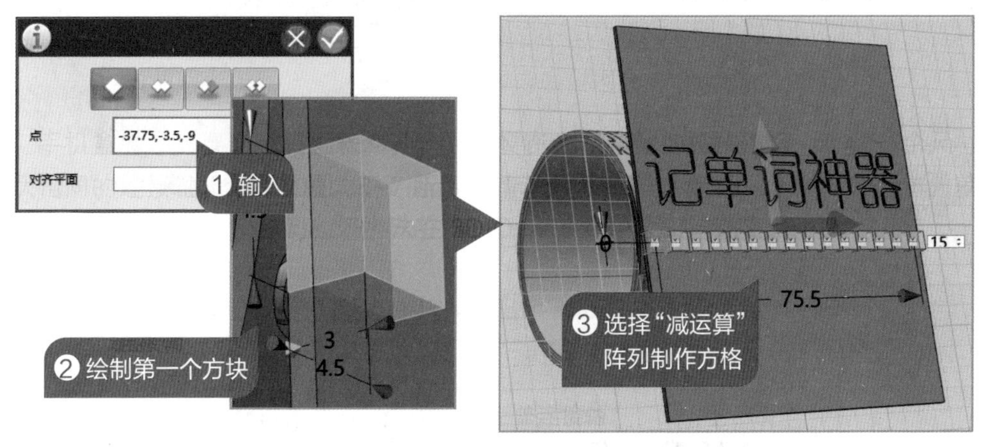


图 24-12　绘制镂空方格

**04** **折弯外环主体** 按图 24-13 所示操作，在"特殊功能"中选择"圆柱折弯"工具，将外环底板进行 180°折弯，获得一个内径为 56mm 的半圆形柱体造型。

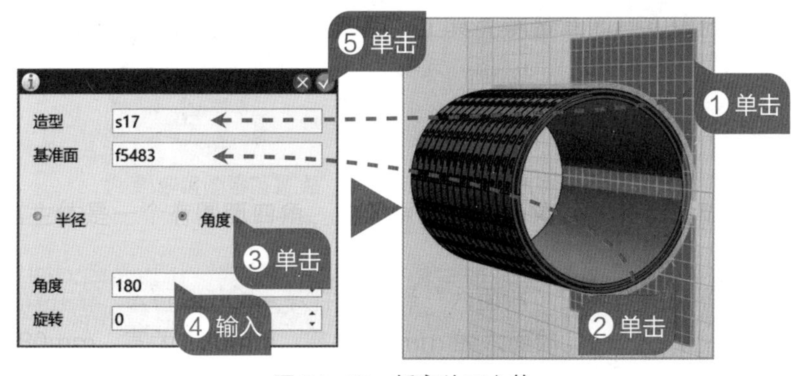


图 24-13　折弯外环主体

## 绘制两侧盖板

两侧的盖板尺寸和位置需要根据现有模型来绘制，主要由“草图绘制”并拉伸后，再经过“圆角”处理后得到。

**01** 绘制左侧盖板草图　选择外环左侧面任意一点为工作面的中心点，在“草图编辑”中选择“曲线偏移”工具，按图 24-14 所示操作，绘制一个直径略大于外环的圆形。

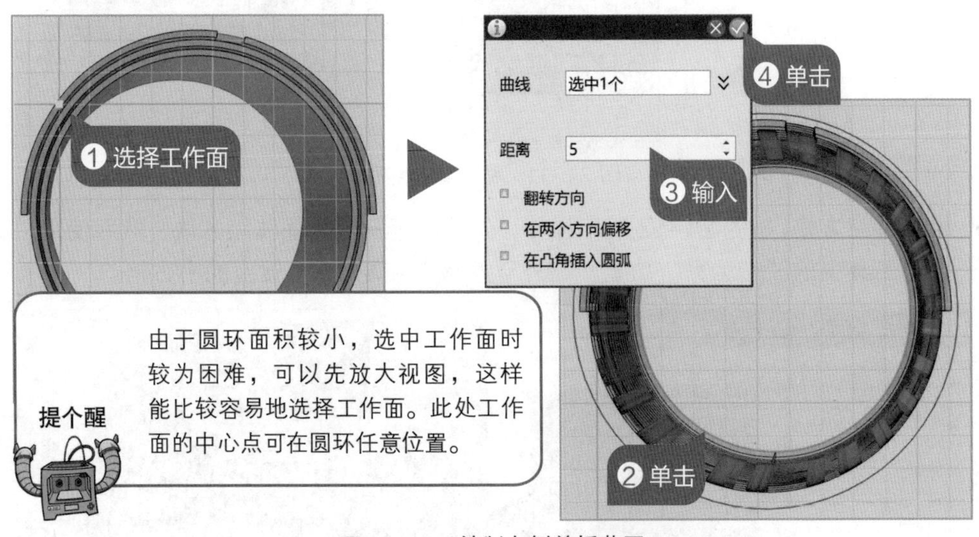


图 24-14　绘制左侧盖板草图

**02** 绘制左侧盖板实体　按图 24-15 所示操作，先将草图圆形拉伸为 4mm 厚的圆柱实体，再选择“特征造型”中的“圆角”工具，为盖板设置圆角效果。

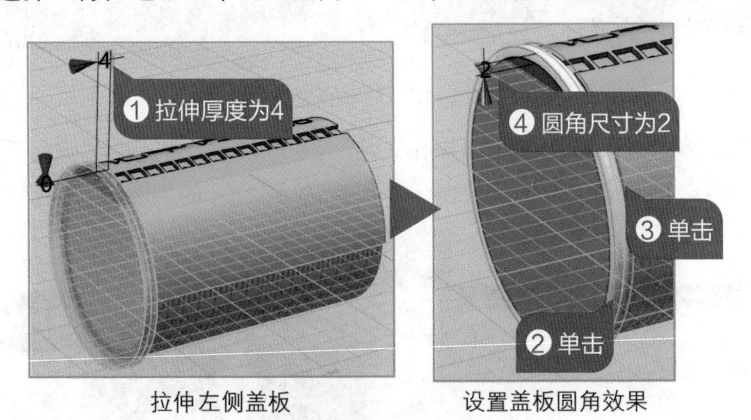


拉伸左侧盖板　　设置盖板圆角效果

图 24-15　绘制左侧盖板实体

**03** 绘制右侧盖板实体　按图 24-16 所示操作，使用“阵列”功能绘制右侧盖板实体。

**04** 渲染美化作品　使用“材质渲染”工具将作品渲染成自己喜欢的颜色，效果如图 24-17 所示，然后保存作品。

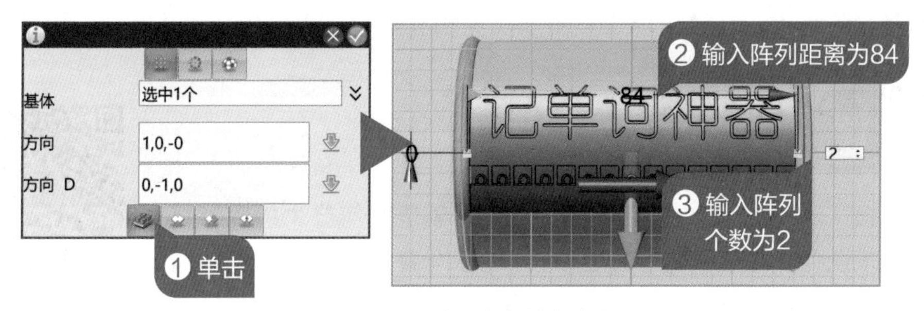


图 24-16　绘制右侧盖板实体

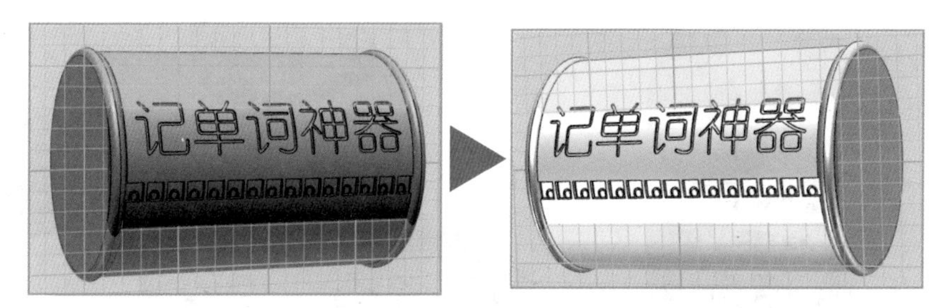


图 24-17　渲染美化作品

## 检测评估

### 1. 检测模型

在将“记单词神器”这个小工具的模型绘制好以后，可以通过使用“隐藏几何体”和“显示几何体”功能，查看各圆环之间是否处于“同心圆”状态，以及是否成功预留出空位，方便“字母环”的转动。

同时，也可以试着在 3D One 软件中，用“移动”工具的“动态移动”功能，将每个“字母环”逐个围绕 $x$ 轴转动，拼出一个单词来，效果如图 24-18 所示。转动字母环，看你能拼出多少英文单词。

图 24-18　转动“字母环”拼单词

### 2. 拓展创新

亲爱的小创客们，这个“记单词神器”从美观角度来说，是否还缺少一些个性？从便携性角度考虑，是否还需要方便挂取的结构？请你开动脑筋，试着改造这个“记单词神器”的结构，让这个小工具更加实用和有趣。

# 第 25 课 地月日要一起转

扫一扫，看视频

“日食”和“月食”这些有趣的天文现象是如何产生的呢？让我们动手来制作一个“月亮围着地球转，地球围着太阳转”的三球仪，动手转一转，深入研究太阳、地球和月亮这三者之间的运动关系吧！

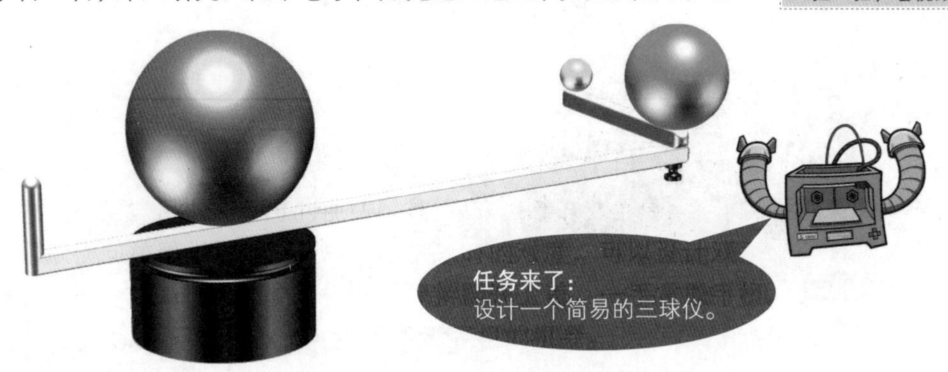


## 构思作品

三球仪是一种很常见的用来观察地月日运动关系的模型，在构思这个作品时，可以先参考现有的模型结构，仔细研究，看看 3 个球体是如何同时运动起来的，再想想如何用最简单的结构来实现三球同步运动的功能。

### 1. 初探模型

三球仪的模型有很多种，请你试着上网了解以下两种模型，并分析其各自的结构特点和优势，填写在下面的图中。

**观察研究**

传动方式：□齿轮　□皮带　　　□齿轮　□皮带

结构难易：□复杂　□简单　　　□复杂　□简单

其他：________________________________

## 2. 明确功能

三球仪这个小工具是用来研究地月日 3 个星球的运转规律的，所以“三球同步运动”是三球仪必须具有的功能，此外考虑 3D 建模应尽可能简单，打印后应能便于安装，所以结构上应该最简化。除此之外，你还想到哪些要求呢？请填在下面的图 25-1 中。

图 25-1　设定作品功能与特征

## 3. 头脑风暴

在研究各种三球仪模型的过程中，我们发现简易模型都由皮筋连接，从而实现三球的联动，且为了考虑模型摆放时的稳定性，模型的底部通常有较大的底座，效果如图 25-2 所示。这么看来将“皮筋传动”和比较好看的“圆柱形大底座”相结合，可以作为我们设计三球仪的思考方向。

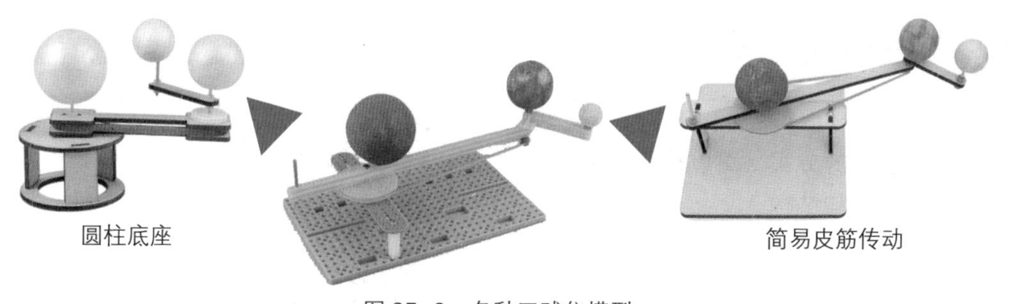


图 25-2　各种三球仪模型

## 4. 提出方案

三球仪的结构中，需要用两根长短不同的连接杆和两个大小不同的皮带轮，转动长连接杆，太阳和地球才会同时转动，同时通过皮带带动小皮带轮一起转动，从而实现三球联动。请试着先思考解决图 25-3 中提出的问题，设计出对现有三球仪的改造方案。

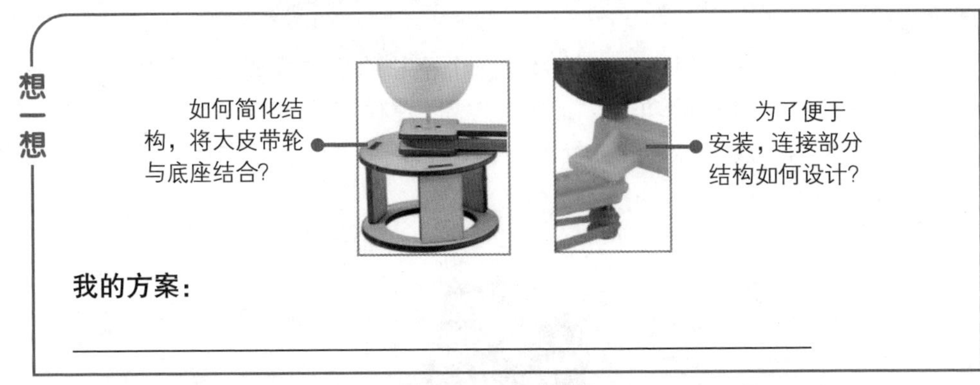


图 25-3　提出方案

通过思考可以发现，大皮带轮和底座截面都是圆形，且大传动轮不需要运动，因此可以考虑将二者合并为一个整体；其次为了便于安装，可以在传动轮上设计转轴，在连动杆和球体上开孔，这样使各部分零件可以由下至上逐次安装。

**提示**

皮带传动由一根皮带紧套在两个轮子上组成，利用皮带与两轮间的摩擦，以传递运动和动力。由于皮筋具有一定的弹性和摩擦力，因此在这个作品中，可以在两个轮子之间套装皮筋，来实现传动。

## 规划设计

### 1. 外观结构

根据以上的方案，可以初步设计出作品的外观，效果如图 25-4 所示，在纸上绘制出作品的外观与结构。

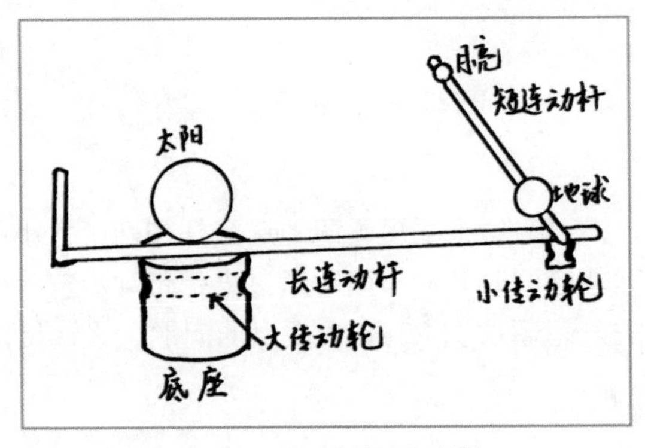


图 25-4　设计外观与结构

### 2. 作品尺寸

在这个三球仪模型中，连动杆、球体和小传动轮都需要转动，因此需要考虑好转轴的长度，以及打孔的位置，如图 25-5 所示，使得连动杆和球体既能够套装在传动轮上又能够独自转动。

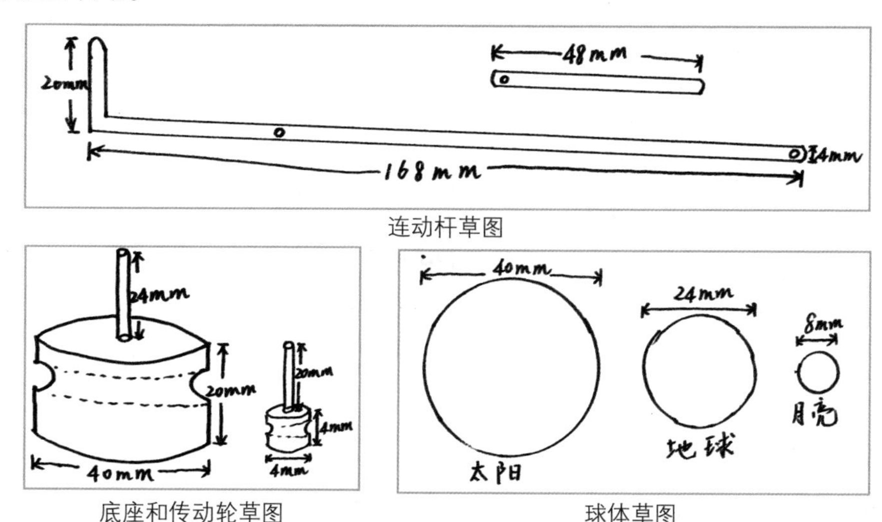


图 25-5　规划作品尺寸

### 3. 绘制步骤

由于作品的部分零件需要打孔，而打孔的位置又需要建立转轴，因此在制作时采用先打孔后建转轴的方法，会使得建模过程更为简单一些。如图 25-6 所示，这个作品将被分为 5 部分来完成，请思考这 5 部分应当如何安排绘制顺序，并用线连一连。

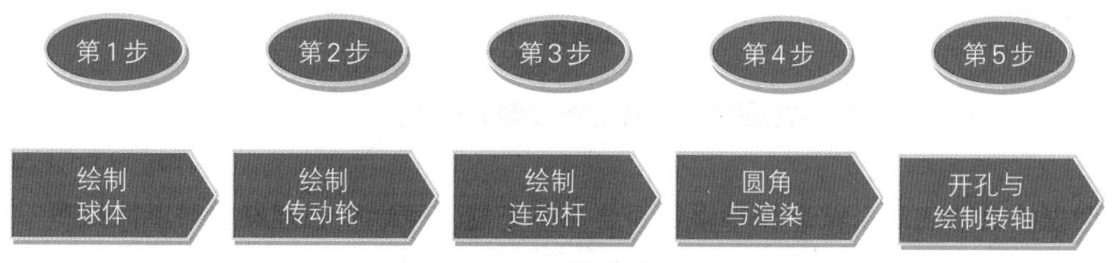


图 25-6　安排绘制步骤

## 知识准备

地月日三球之间有何关系？传动轮的比例如何设置？这些都是需要我们在动手制作作品前进行探索的问题。了解清楚这些问题后，我们制作出来的模型才会更加科学。

### 1. 探索地月日关系

太阳、地球、月亮 3 个星球的大小比例如何？彼此之间的距离是多少？它们是如何运动的？请你在动手制作作品前，先上网了解相关的天文知识，为做出精准的模型做准备。

### 2. 尝试绘制传动轮

如果 2 个传动轮的大小不同，那么传动会产生怎样的结果？请你先上网了解这个问题，并仔细观察传动轮的形状。如图 25-7 所示，传动轮的绘制是通过圆柱体和圆环体进行“减运算”获得的，请你尝试绘制一个传动轮。

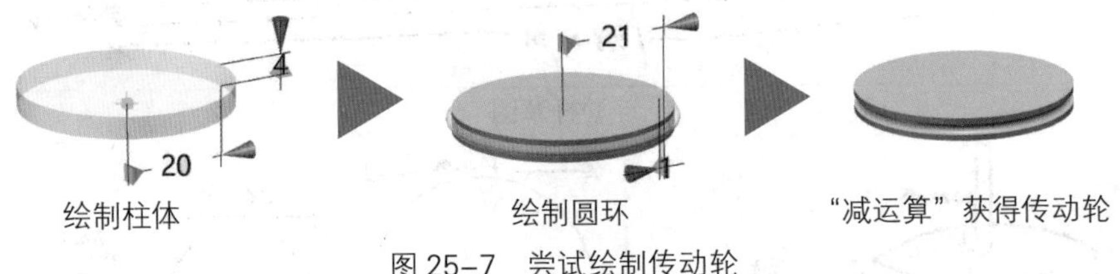


图 25-7　尝试绘制传动轮

## 建立模型

“地月日三球仪”模型零件部分的形状较为简单，比较好做，而打孔、建立转轴等工作则需要精确计算才能完成。

### 绘制传动轮

这个模型中的传动轮有两个，其中的大传动轮和底座结合，保持不动，依靠皮筋带动小传动轮转动。

**01** **绘制大传动轮** 运行 3D One 软件，在“基本实体”中选择“圆柱体”工具，按图 25-8 所示操作，以点 (0,0,0) 为中心绘制圆柱体，然后在“基本实体”中选择“圆环体”工具，在点 (0,0,18) 处运用“减运算”功能绘制皮带安装口。

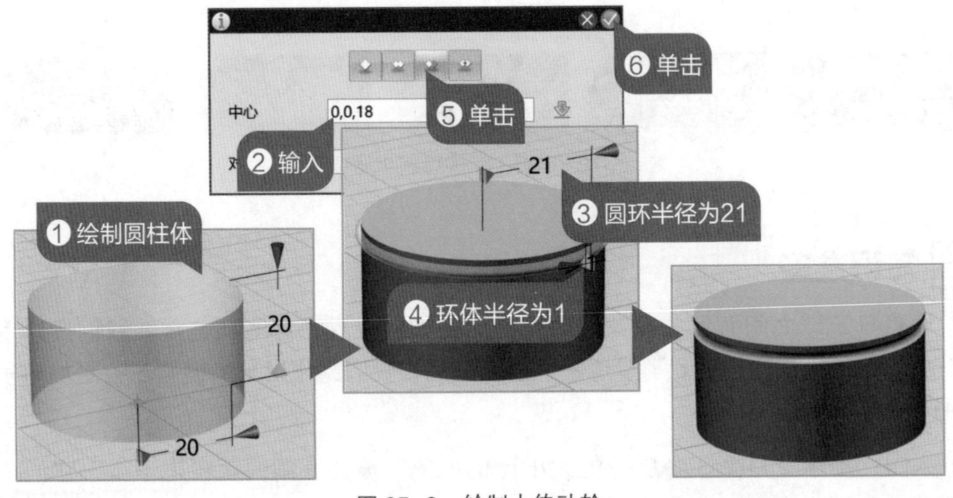


图 25-8　绘制大传动轮

**02** 绘制小传动轮　按图 25-9 所示操作，以点 (120,0,16) 为中心绘制圆柱体，然后使用“减运算”方式，以点 (120,0,18) 为中心绘制圆环半径为 3mm、环体半径为 1mm 的圆环体，获得小传动轮实体。

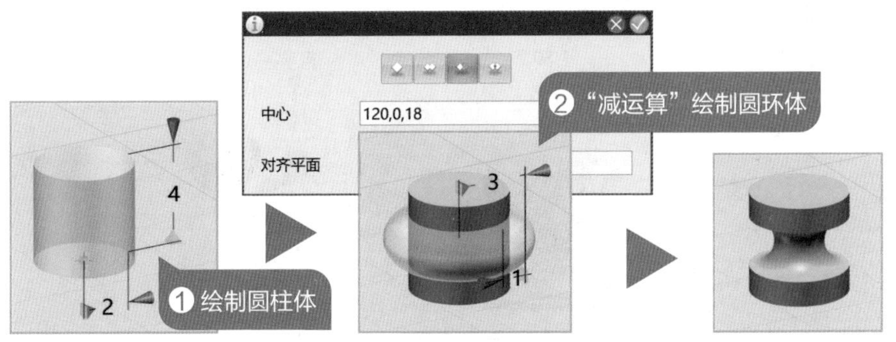


图 25-9　绘制小传动轮

## 绘制连动杆

连动杆有长短两根，长连动杆安装于底座上，通过左侧手柄转动长连动杆，同时通过传动轮带动短连动杆一起转动。

**01** 绘制长连动杆　选择“六面体”工具，以点 (40,0,20) 为中心绘制长为 168mm、宽为 4mm、高为 4mm 的六面体，作为长连动杆。

**02** 绘制短连动杆　选择“六面体”工具，以点 (120,18,24) 为中心绘制长为 4mm、宽为 48mm、高为 4mm 的六面体，作为短连动杆。

**03** 绘制手柄　选择“圆柱体”工具，以点 (–44,0,20) 为中心绘制半径为 2mm、高为 20mm 的圆柱体作为手柄，效果如图 25-10 所示。

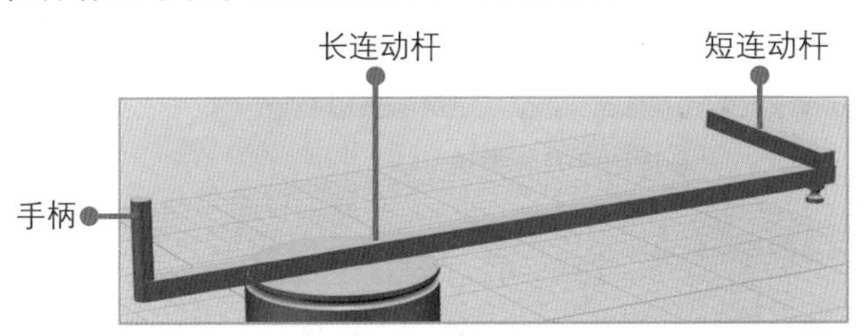


图 25-10　连动杆和手柄

## 绘制球体

太阳球体位于底座上方的长连动杆上，地球球体位于长连动杆的最右端，月亮球体位于短连动杆的最右端。

**01** 绘制太阳球体　选择“球体”工具，以点 (0,0,44) 为中心绘制半径为 20mm 的球体，作为太阳。

**02** **绘制地球球体** 选择“球体”工具，以点 (120,0,40) 为中心绘制半径为 12mm 的球体，作为地球。

**03** **绘制月亮球体** 选择“球体”工具，以点 (120,40,32) 为中心绘制半径为 4mm 的球体，作为月亮，效果如图 25–11 所示。

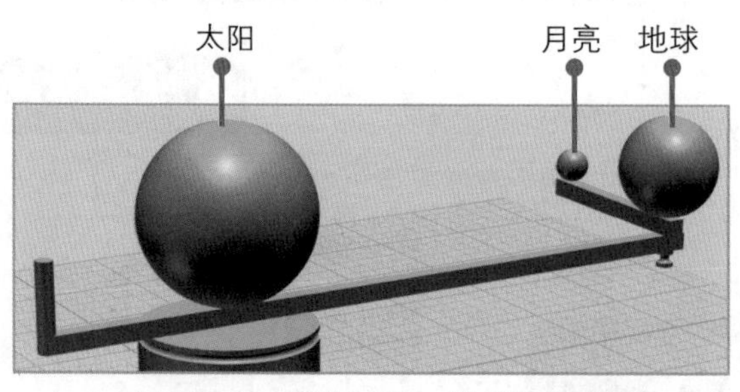


图 25–11　绘制太阳、地球和月亮

## 开孔和绘制转轴

可以通过判断“零件是否要随之转动”来确定孔径。如果零件需要转动，则孔径要略大于转轴直径；如果不需要转动，则等于转轴直径。

**01** **给长连动杆开孔** 隐藏3个球体和短连动杆实体，选择“圆柱体”工具，选择“减运算”方式，分别以点 (0,0,20) 和 (120,0,20) 为中心绘制 2 个半径为 1.1mm、高为 4mm 的圆柱体，为长连动杆开孔，效果如图 25–12 左图所示。

**02** **给短连动杆开孔** 显示短连动杆实体，选择“圆柱体”工具，选择“减运算”方式，以点 (120,0,24) 为中心绘制半径为 1mm、高为 4mm 的圆柱体，为短连动杆开孔，效果如图 25–12 右图所示。

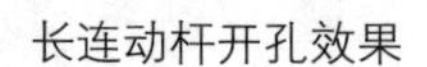

长连动杆开孔效果

短连动杆开孔效果

图 25–12　给连动杆开孔

**03** **给太阳球体开孔** 显示太阳球体，选择“圆柱体”工具，选择“减运算”方式，以点 (0,0,24) 为中心绘制半径为 1mm、高为 20mm 的圆柱体，为太阳球体底部开孔，效果如图 25–13 左图所示。

**04** **给地球球体开孔** 显示地球球体，选择“圆柱体”工具，选择“减运算”方式，以点 (120,0,28) 为中心绘制半径为 1mm、高为 12mm 的圆柱体，为地球球体底部开孔，效果如图 25–13 右图所示。

图 25-13　给球体开孔

**05** **绘制大传动轮转轴**　隐藏 3 个球体和 2 根连动杆实体，选择“圆柱体”工具，选择“加运算”方式，以点 (0,0,20) 为中心绘制半径为 1mm、高为 24mm 的圆柱体，作为大传动轮转轴，效果如图 25-14 左图所示。

**06** **绘制小传动轮转轴**　选择“圆柱体”工具，选择“加运算”方式，以点 (120,0,20) 为中心绘制半径为 1mm，高为 20mm 的圆柱体，作为小传动轮转轴，效果如图 25-14 右图所示。

图 25-14　绘制传动轮转轴

## 设置圆角与渲染

通过圆角处理的作品，触摸上去更为舒适；而将相同功能的零件渲染成同一种的颜色，可以让人清楚地了解其作用与功能。

**01** **设置连动杆长边圆角**　显示 2 个连动杆，选择“圆角”工具，设置圆角半径为 0.5mm，为 2 个连动杆的长边添加圆角效果。

**02** **设置连动杆两头圆角**　选择“圆角”工具，设置圆角半径为 2mm，为 2 个连动杆的两头和手柄顶部添加圆角效果，效果如图 25-15 所示。

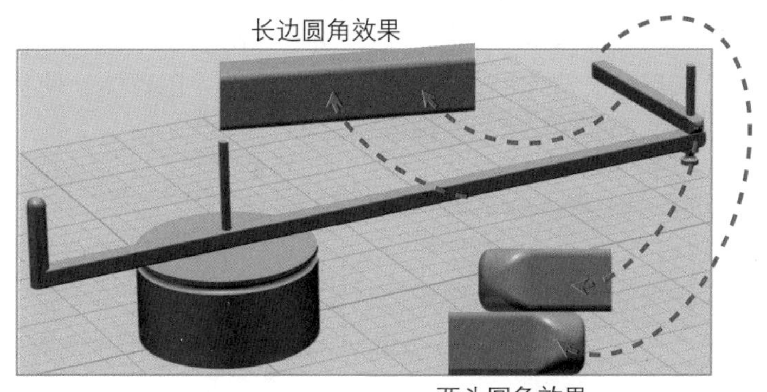


图 25-15　添加圆角效果

**03 渲染完善作品** 显示所有实体，选择“材质渲染”工具，将作品渲染成自己喜欢的颜色，效果如图 25-16 所示，然后保存作品。

图 25-16　渲染完善作品

## 检测评估

### 1. 检测模型

“地月日三球仪”模型完成后，可以通过“隐藏几何体”“显示几何体”等功能来观察零件孔眼与转轴是否吻合。然后还可以试着在 3D One 软件中转动短连动杆并移动月亮球体位置来模拟日食和月食这两个有趣的天文现象，如图 25-17 所示。

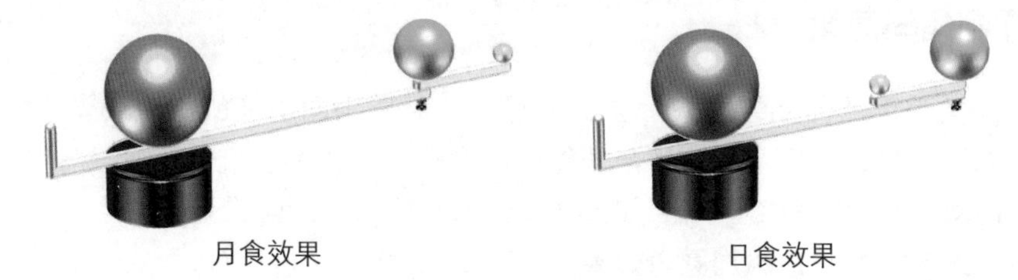

月食效果　　日食效果

图 25-17　模拟天文现象

### 2. 拓展创新

亲爱的小创客们，在地月日 3 个星球中，由于太阳是发光体，所以产生了日食与月食这些有趣的天文现象。请你动脑筋思考，如何改造太阳球体，使其发光，这样可以更加逼真地模拟地球上的昼夜变化等现象。

# 第 7 单元

## 小问题开大脑洞

生活中的事物千千万万，每天我们需要用到的物品有很多，是不是每一样都符合你个人的实际需要呢？是不是每一种用起来都很方便呢？你能发现这些小问题吗？你能想办法解决吗？有了 3D 打印的帮助，我们可以尝试改造生活中已有的物品；我们也可以探索发明一些新物品来解决实际问题。这就是 3D 打印带给我们的乐趣。

本单元的 3 个案例从观察生活、发现问题出发，历经思考探索、解决问题的过程，帮助大家感受如何用 3D 打印解决生活中的实际问题，体会创客式的思维方式。

### 本单元内容

# 第 26 课 快速画角量角器

在数学课上画角是我们经常要做的一件事情。通常我们需要先用量角器测量好角度，然后标上一个记号点，再用直尺将顶点和记号点连接起来。这样画角步骤多，速度不够快。为了更方便地画角，提高学习效率，我们可不可以设计一个直接画角的量角器呢？

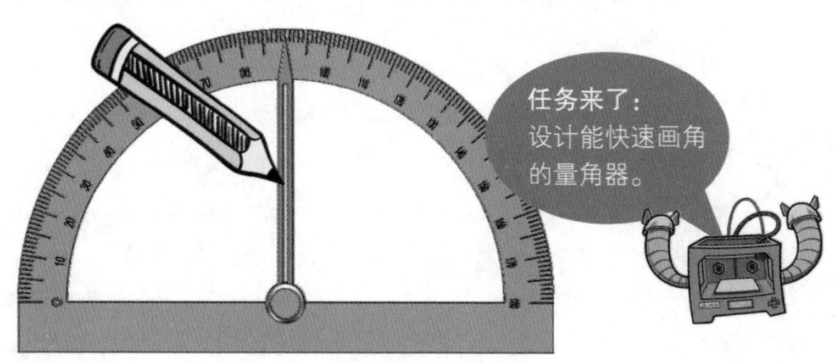


## 构思作品

量角器是我们日常学习中常用的一种学习工具。如果要改造现有量角器，使它可以用来直接画角，首先需要了解量角器本身的结构，然后思考现有量角器不能直接画角的原因在哪里，再去思考如何解决这个问题。

### 1. 初探模型

量角器的造型比较多，下图中是几种常见的量角器，请你试着分析，这些量角器测量角度时，是否需要先绘制角边的延长线才能测量？测量是否精准？画角边时，能否不借助直尺直接画角的边？如果不能直接画角边，原因是什么？

**观察研究**

| | 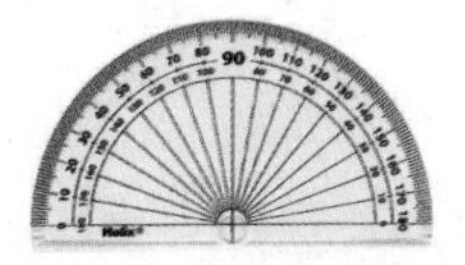 |  |
|---|---|---|
| 测量角度： | □精准　□无须画延长线 | □精准　□无须画延长线 |
| 绘制角边： | □无须直尺辅助 | □无须直尺辅助 |
| 分析原因： | □尺面遮住画角边的位置<br>□尺面缺少画边依托 | □尺面遮住画角边的位置<br>□尺面缺少画边依托 |

### 2. 明确功能

通过对量角器的观察，我们可以发现，用常规量角器量角时需要绘制延长线，画角边时需要拿开量角器，并需用直尺连接记号点和顶点。所以在改造量角器时，需要从简化测量过程和方便绘制角边两个角度去考虑。除此之外，你还想到哪些需要改进的地方呢？请填在图 26-1 中。

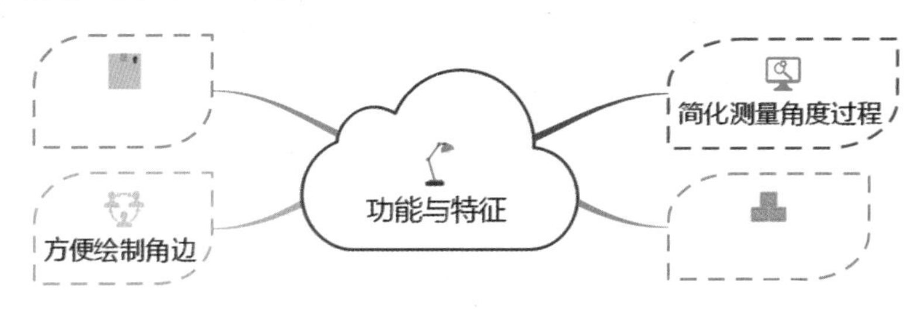


图 26-1　设定作品功能与特征

### 3. 头脑风暴

在了解量角器的过程中，不难发现，为了适应不同的使用场合，量角器的造型也发生了改变。如图 26-2 所示，有的为了在使用时更加直观、轻盈，做出了尺面镂空的设计；有的为了使木工画出的角度更为精确，添加了旋转标尺的设计。那么，镂空和旋转标尺的设计，对于我们的改造任务来说，有没有什么帮助呢？

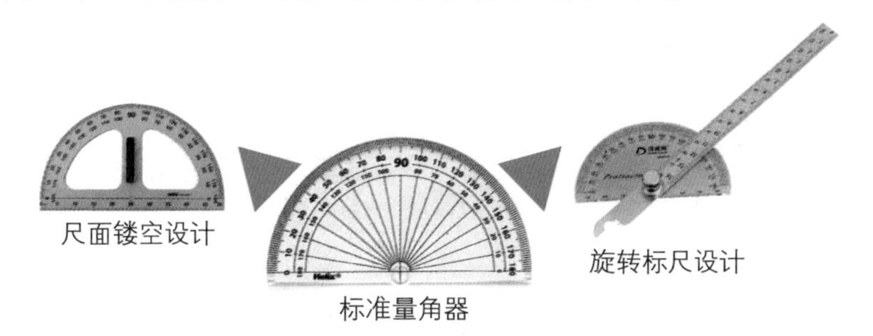


图 26-2　各种造型量角器

### 4. 提出方案

“快速画角量角器”需要通过中间的旋转标尺直观地测量角的度数，还要能够依照标尺的位置直接绘制出角的边。请试着先思考解决图 26-3 中提出的问题，结合镂空和旋转尺，设计出对现有量角器的改造方案。

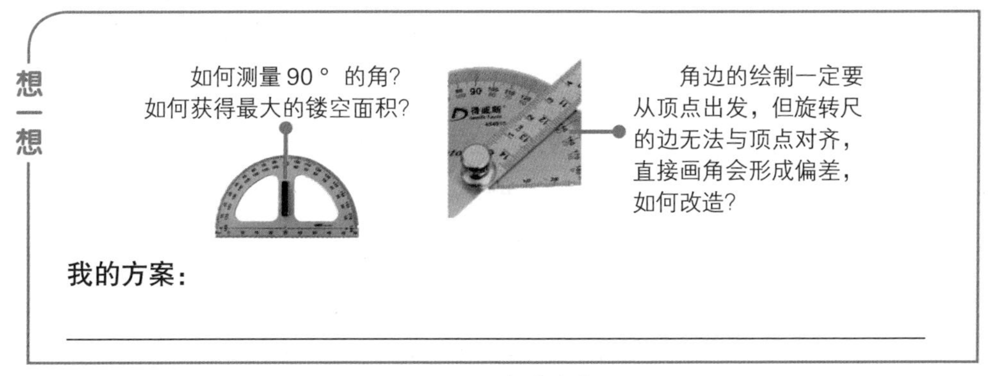


图 26-3　提出方案

通过思考可以发现，如果需要测量出 0° ~180° 内的所有角度，量角器本身需要获得最大化的镂空面积，因此可以考虑将尺面设计成半圆环状的造型，然后在中心点处设计一个旋转指针，就可以在不画角边延长线的情况下，直接测量角度。此外在旋转指针中间挖一条中缝，就可以将笔尖插入缝中，直接画角边了，且因为中缝与中心点对齐，也不会产生偏差。

## 规划设计

### 1. 外观结构

根据以上的方案，可以初步设计出作品的外观与结构，效果如图 26–4 所示，在纸上绘制出作品的外观与结构。

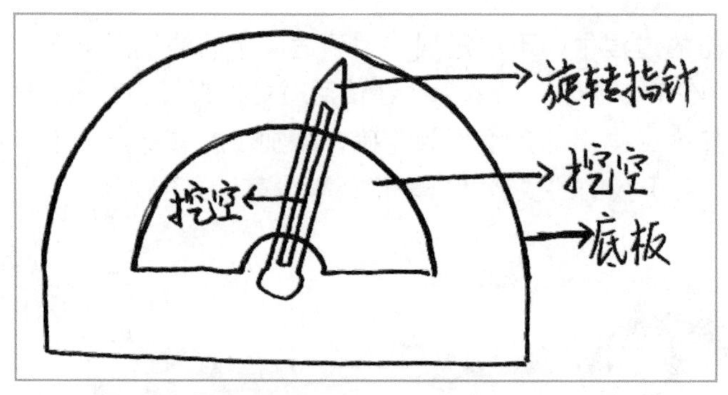


图 26–4　设计外观与结构

### 2. 作品尺寸

在这个量角器中，旋转指针底部旋转位置的打孔尺寸，以及中缝的尺寸都需要经过准确计算，如图 26–5 所示，使得旋转指针能够灵活转动，中缝处也能刚好容纳笔尖画线。

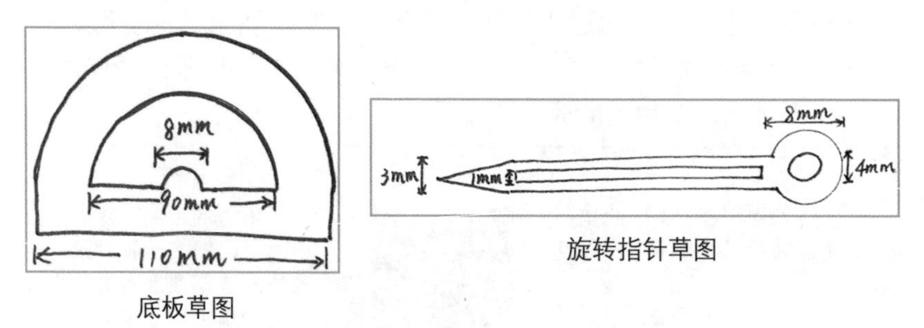


底板草图

旋转指针草图

图 26–5　规划作品尺寸

### 3. 绘制步骤

“快速画角量角器”模型的主要零件是底板和旋转指针，主要由草图绘制后经过拉伸，产生模型实体，再由铆钉结构组合起来。如图 26–6 所示，此作品将被分为 4 部分来完成，请思考这 4 部分应当如何安排绘制顺序，并用线连一连。

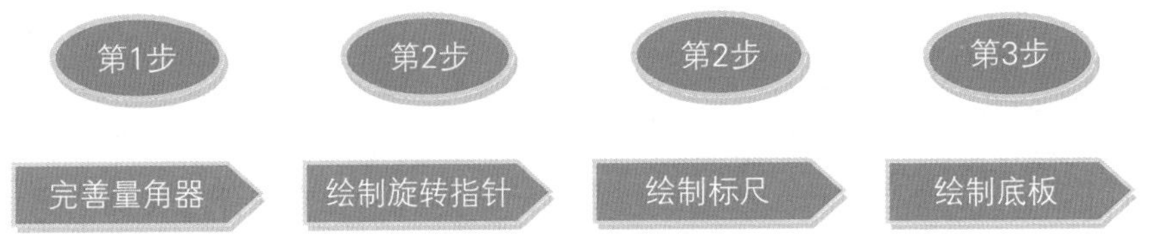


图 26-6　安排绘制步骤

## 知识准备

旋转指针的中缝宽度应该设置为多少？量角器上的刻度线和刻度值如何建模绘制？这些都是我们在制作前需要了解的知识与技能。

### 1. 调查中缝宽度

使用“快速画角量角器”画角边时，需要用笔沿着旋转指针的中缝画直线。中缝的宽度需要和笔头的直径相匹配。请试着动手量一量各种笔的笔头直径，记录在下图中。

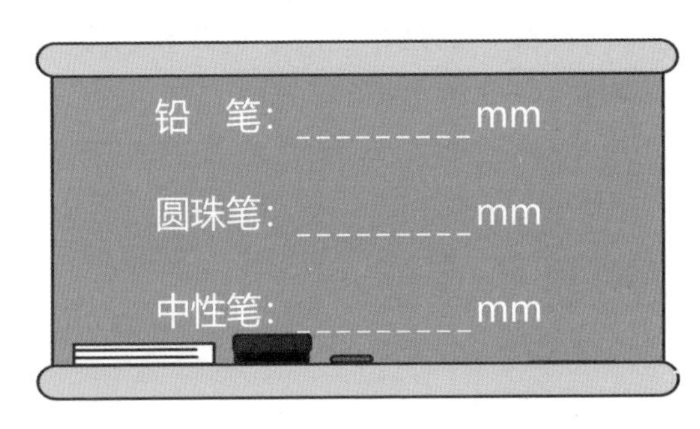


### 2. 尝试绘制弧形文字

量角器上的刻度值要按照半圆形的弧度排列。当需要按一定弧度排列文字时，就需要用到参考线来辅助绘制。如图 26-7 所示，先单独绘制参考线草图，再使用“预制文字”工具绘制文字。请你试着绘制一排有弧度效果的文字。

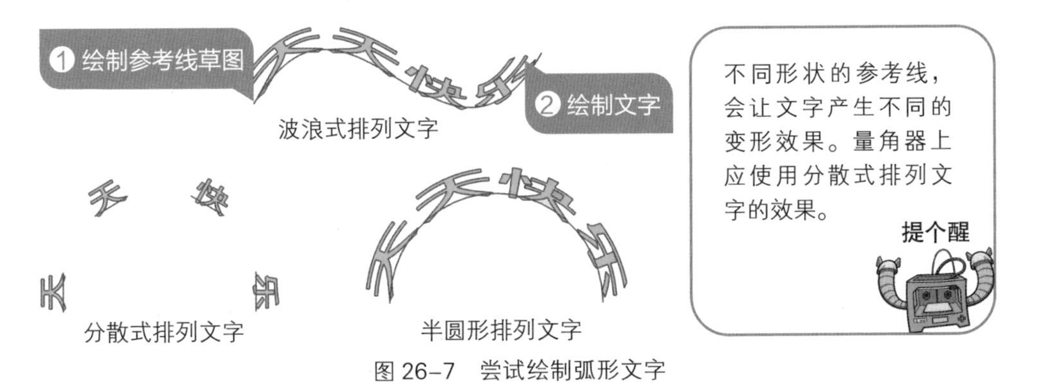


图 26-7　尝试绘制弧形文字

# 建立模型

在“快速画角量角器”这个模型中，底板上标尺刻度的绘制比较复杂，需要经历多次“预制文字”的制作过程；绘制旋转指针的草图时，要准确计算具体的坐标位置。

## 绘制底板

量角器的外形底板是一个半圆环状的实体，可以通过草图绘制后再拉伸完成。

**01 选择工作面** 运行3D One软件，选择“草图绘制”工具，选取初始工作面为新工作面，将初始工作面的点 (0,0) 处确定为新工作面的绘图中心。

**02 绘制外圆弧** 选择“圆弧”工具，确定在点 (–55,0) 和 (55,0) 处绘制一个半径为 55mm 的 180° 圆弧。

**03 绘制内圆弧** 选择“圆弧”工具，在点 (–45,0) 和 (45,0) 处绘制一个半径为 45mm 的 180° 圆弧。

**04 绘制旋转点圆弧** 选择“圆弧”工具，在点 (–4,0) 和 (4,0) 处绘制一个半径为 4mm 的 180° 圆弧，效果如图 26–8 所示。

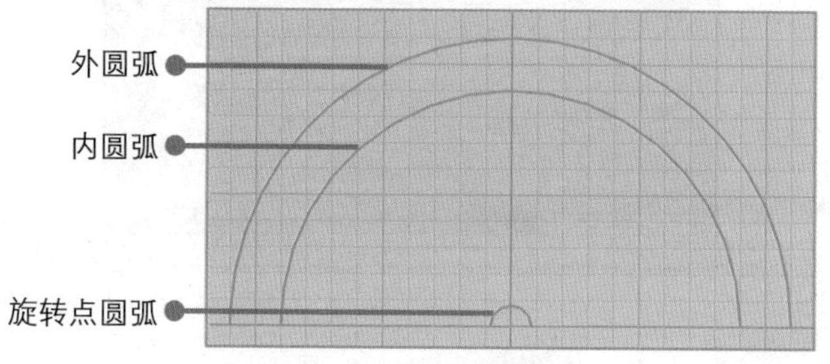


图 26–8 绘制 3 条圆弧

**05 绘制底部矩形** 选择“直线”工具，在点 (–55,–10) 和点 (55,10) 之间绘制直线 GH，然后分别连接直线 AG、BC、DE、FH，完成底板草图的绘制，效果如图 26–9 所示。

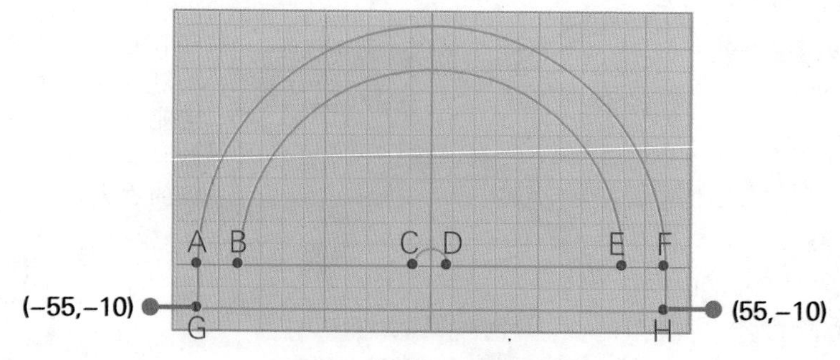


图 26–9 绘制底部矩形

**06 拉伸底板** 选择“拉伸”工具，将底板草图拉伸成厚度为 1mm 的实体。

## 绘制标尺

标尺由刻度线和刻度值组成，刻度线可由圆柱体经过阵列后与底板进行减运算获得，刻度值需要使用“预制文字”工具来绘制。

**01** 绘制一根长刻度线　在“基本实体”中选择“圆柱体”工具，按图 26–10 所示操作，绘制一根长刻度线。

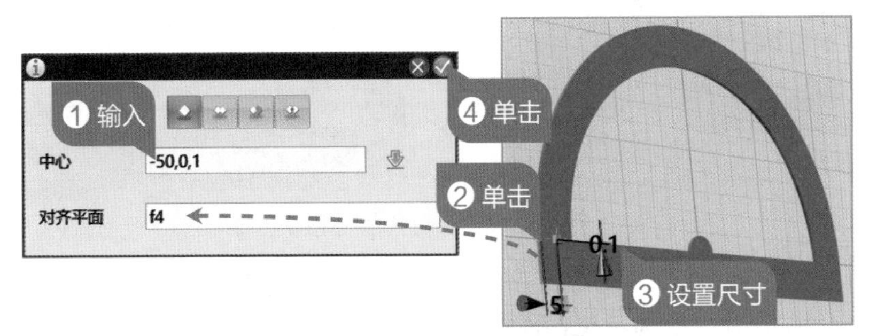


图 26–10　绘制一根长刻度线

**02** 绘制其他长刻度线　选中第一根长刻度线实体，选择“阵列”工具，按图 26–11 所示操作，绘制其他长刻度线，并将其镂刻在底板上。

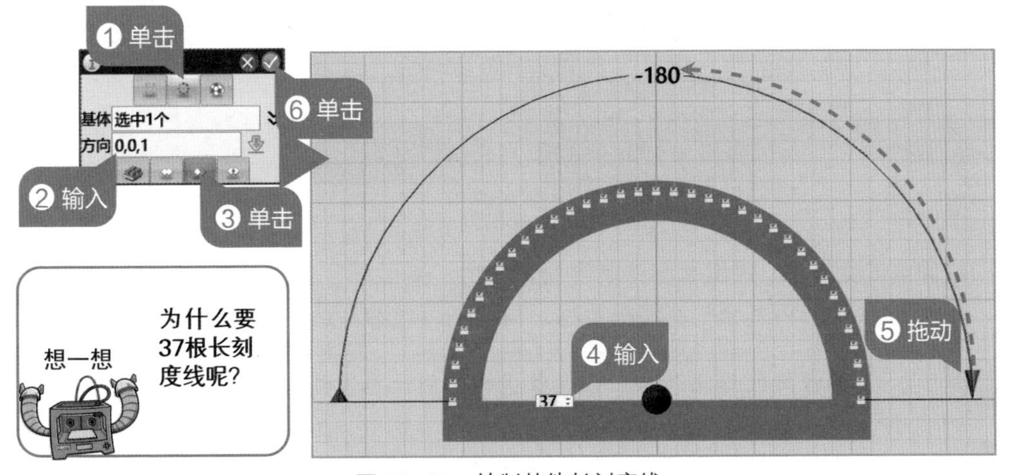


图 26–11　绘制其他长刻度线

**03** 绘制一根短刻度线　选择“圆柱体”工具，按照绘制长刻度线的方法，在点(–52.5,0,1) 处绘制一根半径为 0.1mm、长为 2.5mm 的圆柱体，作为一根短刻度线。

**04** 绘制其他短刻度线　选中第一根短刻度线实体，选择“阵列”工具，绘制 181 根短刻度线，并使用“减运算”功能将其镂刻在底板上。

**05** 绘制参考线草图　选择“直线”工具，选取底板的上表面为工作面，将初始工作面的点 (0,0) 处确定为新工作面的绘图中心。按图 26–12 所示操作，为刻度值绘制 19 根参考线。

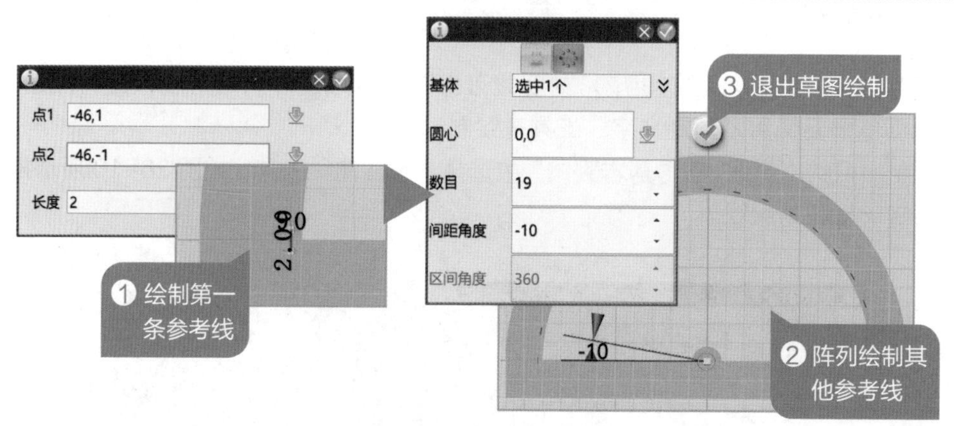


图 26-12　绘制参考线草图

**06** **绘制刻度值草图**　选择“预制文字”工具，选取底板的上表面为工作面，将初始工作面的点 (0,0) 处确定为新工作面的绘图中心。按图 26-13 所示操作，将刻度值 0、10……170、180 分别绘制在每根参考线上。

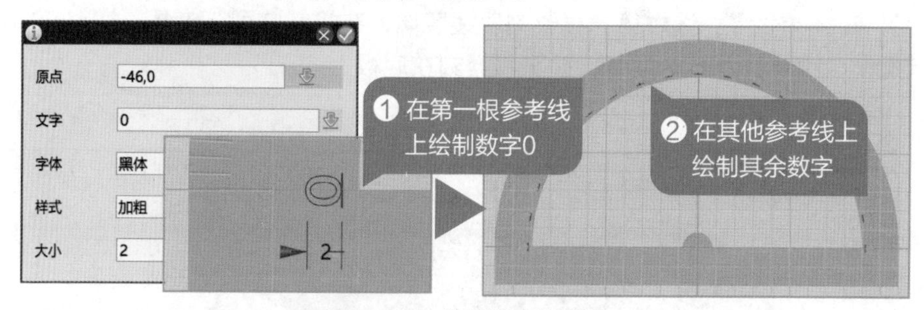


图 26-13　绘制刻度值草图

**07** **拉伸刻度值草图**　退出草图绘制界面，使用“减运算”功能，设置刻度值草图拉伸厚度为 -0.5，将其镂刻在底板上后，再将刻度值参考线草图删除。

**提示**　参考线的作用是给数字定位用的，因此参考线本身不用拉伸为实体。所以数字不能和参考线放在同一个草图中，否则在拉伸草图时，参考线也会随数字一起拉伸为一个整体，且很难删除。

## 绘制旋转指针

旋转指针的底部连接到底板上，可以旋转测量角度，中间挖缝设计可以用来画线。

**01** **选择工作面**　选择“草图绘制”工具，选取底板的上表面为工作面，将初始工作面的点 (0,0) 处确定为新工作面的绘图中心。

**02** **绘制旋转点圆环**　选择“圆形”工具，在点 (0,0) 处分别绘制 2 个半径为 2mm 和 4mm 的圆形。

**03** **绘制中缝矩形** 选择“矩形”工具，在点 1(–45,0.5) 和点 2(–3,–0.5) 处绘制一个矩形。

**04** **绘制旋转指针外框** 选择“直线”工具，绘制外框，再使用“单击修剪”工具删除多余直线，效果如图 26–14 所示。

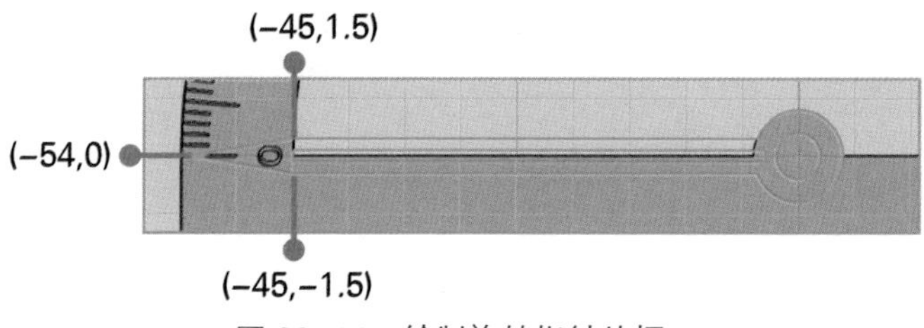


图 26–14 绘制旋转指针外框

**05** **拉伸旋转指针** 退出草图绘制界面，使用“拉伸”功能，设置旋转指针拉伸厚度为 1，得到旋转指针实体。

### 完善量角器

在旋转指针和量角器之间需要用铆钉结构来固定，之后再对作品进行圆角与渲染。

**01** **绘制铆钉结构** 选择“圆柱体”工具，在点 (0,0,1) 处绘制一个半径为 1.9mm、高为 1.1mm 的圆柱体；再在点 (0,0,2.1) 处绘制一个半径为 4mm、高为 1mm 的圆柱体。

**02** **设置铆钉圆角** 选择“圆角”工具，设置圆角半径为 1mm，为铆钉顶部添加圆角效果。

**03** **渲染完善作品** 选择“材质渲染”工具，将作品渲染成自己喜欢的颜色，效果如图 26–15 所示，然后保存作品。

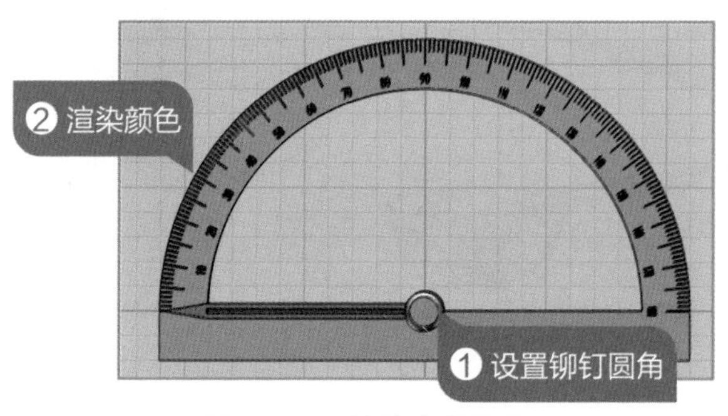


图 26–15 渲染完善作品

## 检测评估

### . 检测模型

“量角器”模型完成后，可以试着在 3D One 软件中转动旋转指针模拟出不同的角度，效果如图 26–16 所示。

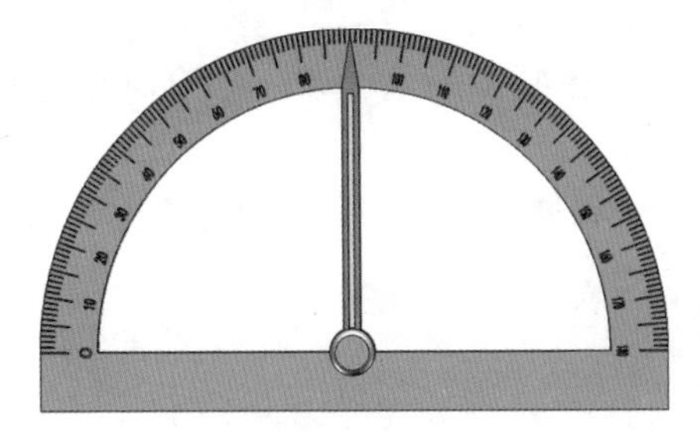

测量 90° 角　　测量 155° 角

图 26-16　测量各种角度

### 2. 拓展创新

亲爱的小创客们，用这个量角器画角是不是更方便一些了？其实这个量角器的设计中还有些不足之处，比如说由于增加了旋转点的结构，量角时不容易对准角的顶点，请你试试改良现有设计，看看能否解决这个问题。

# 第 27 课　如意汤勺真如意

扫一扫，看视频

在酷热难耐的夏天，喝上一碗甜甜的绿豆汤，既解馋又解暑。你在喝绿豆汤时，是喜欢喝汤，还是喜欢吃绿豆呢？在生活中，有的人只爱喝汤，一粒绿豆都不要；有些人又很喜欢吃绿豆。可是普通勺子很难把绿豆和汤分开来，能不能设计一把汤勺，让人们想喝汤就喝汤，想吃豆就吃豆呢？

## 构思作品

这个“如意汤勺”的主要功能是要能够根据人们的不同需求，分别盛出全汤、全绿豆或者是汤加绿豆这三种口味的绿豆汤来。要设计出这样的汤勺，首先要观察日常生活中的汤勺能否完成这些任务，如何完成的？选择出合适加工和改造的汤勺样式，然后再思考设计改造方案。

### 1. 初探模型

日常生活中的汤勺形式多样，功能也不尽相同，请你试着去厨房，观察、试用家中的汤勺，看看有哪些样式？分别在什么情况下使用？找出你认为适合改造的汤勺，测量大小，在下面画出草图，并标记尺寸。

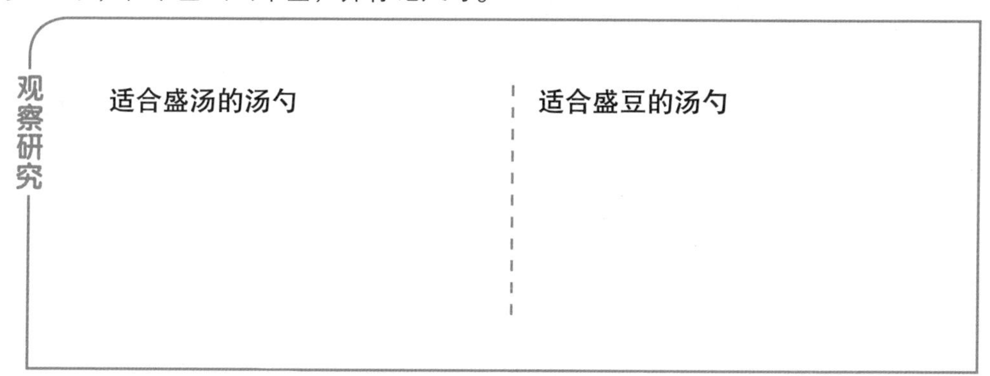


## 2. 明确功能

“如意汤勺”这个设计任务的目的，就是要实现让人们“如意”地喝到自己喜欢的绿豆汤。所以，分别盛出全汤、全豆和汤中有豆这三种绿豆汤的功能，一定要能同时具备。除此之外，你觉得还需要增加哪些功能与特征呢？请填在图 27–1 中。

图 27–1　设定作品功能与特征

## 3. 头脑风暴

在对现有汤勺有了一定了解，以及对作品功能的仔细分析后，我们需要仔细分析现有汤勺与作品所需功能之间的关联。

如图 27–2 所示，我们发现，无孔勺可以实现盛出全汤和汤豆混合两个功能，但是盛全汤时比较麻烦；有孔汤勺，能满足盛出全豆的要求。因此“盛出全汤”是一个相对难以实现的效果。在设计方案的同时，参考一些现有的多功能餐具，能为我们打开思路。我们发现“将两个勺子进行整合”是多功能勺的主要设计思想，这或许也是我们的思考方向。

## 4. 提出方案

通过分析不难发现，两种方案结构都比较简单。“二合一设计”基本可以实现盛出全汤的要求，但操作时依然要比较小心地等待，效率没有大幅提高；双头设计中两个勺子既可以单独使用，也可以组合使用，能够很好地满足另外两个要求。请试着先思考解决图 27–3 中提出的问题，思考如何将这两种方案结合与改造，设计出满足三种要求的“如意汤勺”。

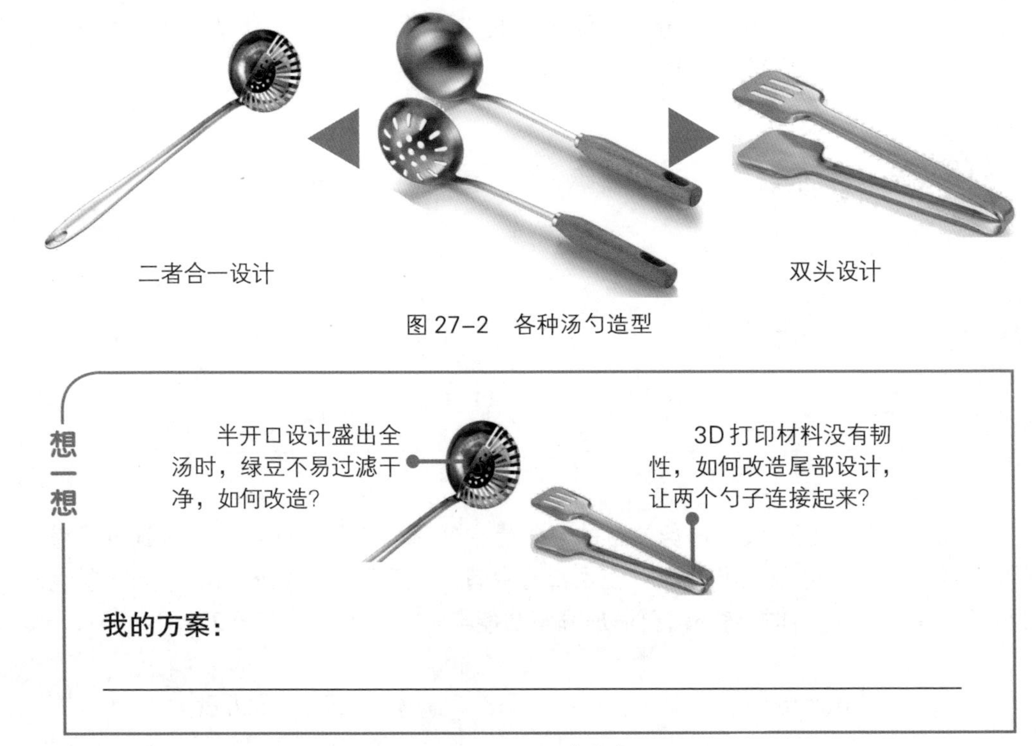


图 27-3　提出方案

通过对两种方案的分析，不难发现，如果将双头设计与全封闭设计结合起来，两头分别一个独立的半圆形无孔勺和有孔勺，尾部用合页结构相连接，这样两个勺子可以合起来形成一个封闭空间，就可以将绿豆过滤干净，快速盛出全汤。

## 规划设计

### 1. 外观结构

根据以上的方案，可以初步设计出作品的外观，效果如图 27-4 所示，在纸上绘制出作品的外观与结构。

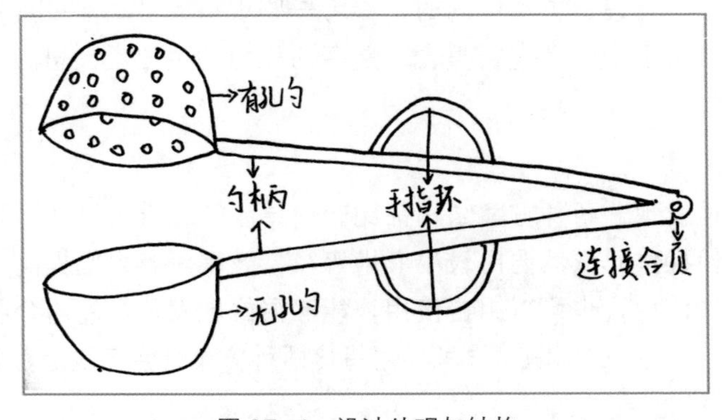


图 27-4　设计外观与结构

### 2. 作品尺寸

这个如意汤勺尾部的合页结构较为复杂，其尺寸需要经过准确计算，效果如图 27–5 所示。

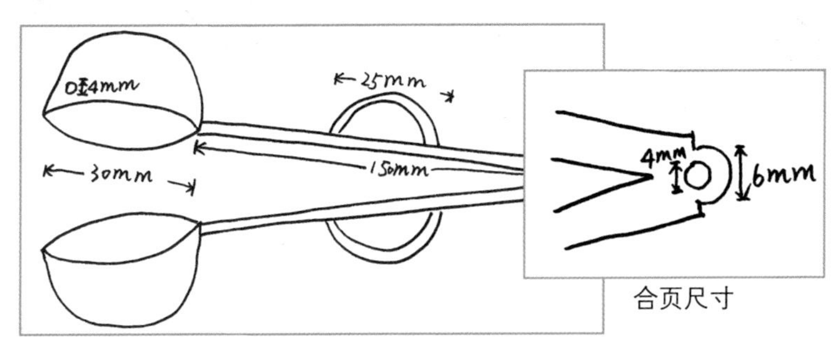


图 27–5　规划作品尺寸

### 3. 绘制步骤

“如意汤勺”模型由勺头、勺柄、手指环和连接合页 4 部分组成。因此，这个作品将被分为 4 部分来完成，如图 27–6 所示。请思考这 4 部分应当如何安排绘制顺序，并用线连一连。

图 27–6　安排绘制步骤

## 知识准备

多大的孔径能够刚好把绿豆过滤干净？合页结构相对复杂，采用什么方法绘制更为简单？在制作作品之前先做一些调查和尝试，可以有效提高后期制作过程中的速度。

### 1. 测量绿豆

有孔勺是用来过滤绿豆的，有孔勺上的孔直径设置为多少才合适？请你试着测量绿豆的大小，设计出一个合理的孔径尺寸。

### 2. 尝试绘制合页结构

为了使汤勺能够开合，汤勺尾部使用了合页结构，如图 27–7 所示。请查找资料，了解合页的组成与结构，设计绘制方法，尝试在 3D One 中绘制一组合页结构。

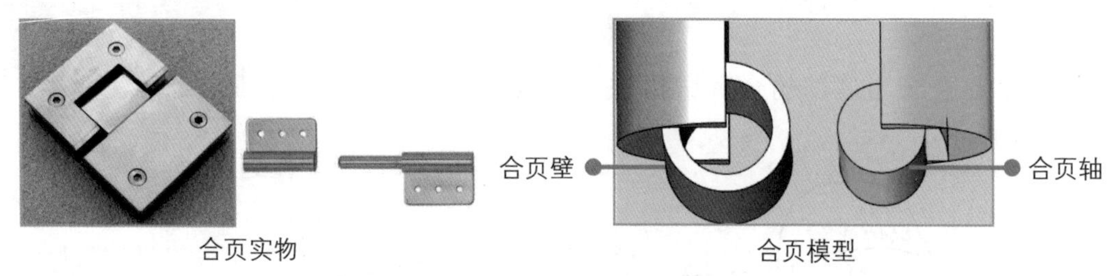


图 27-7　尝试绘制合页结构

## 建立模型

绘制“如意汤勺”模型时，由于 2 个勺子的实体是紧挨在一起的，因此需要灵活利用“显示 / 隐藏几何体”功能获得清晰的工作视野，辅助完成绘制工作。

### 绘制汤勺主体

汤勺的主体结构包括勺头和勺柄两部分，由球体和圆柱体组合后，再经过实体分割而成。

**01　绘制参考体**　运行 3D One 软件，选择“六面体”工具，在点 (–60,60,0) 处绘制一个棱长为 20mm 的六面体，作为参考体。

**02　绘制勺头**　选择“球体”工具，在点 (0,0,0) 处绘制一个半径为 30mm 的球体，作为勺头实体。

**03　绘制勺柄**　选择“圆柱体”工具，将参考六面体的右侧面确定为“对齐平面”，使用“加运算”功能，在点 (0,0,0) 处绘制一个半径为 5mm、高为 180mm 的圆柱体，作为勺柄实体。

**04　绘制手指环**　选择“圆环体”工具，将参考六面体的顶面确定为“对齐平面”，使用“加运算”功能，在点 (100,0,0) 处绘制一个圆环半径为 25mm、环体半径为 2.5mm 的圆环体，作为手指环。

**05　挖空勺头**　选择“球体”工具，使用“减运算”功能，在点 (0,0,0) 处绘制一个半径为 29mm 的球体，挖空勺头实体。

**06　绘制分割线**　隐藏汤勺主体，在“草图绘制”中选择“直线”工具，将初始工作面的点 (0,0) 处确定为新工作面的绘图中心，在点 (–50,0) 和 (200,0) 处绘制一条直线，作为分割线，然后退出草图编辑状态。

**07　分割汤勺主体**　显示汤勺主体，在“特殊功能”中选择“实体分割”工具，按图 27-8 所示操作，将主体分割为对称的两部分，上半部分作为有孔勺，下半部分作为无孔勺。

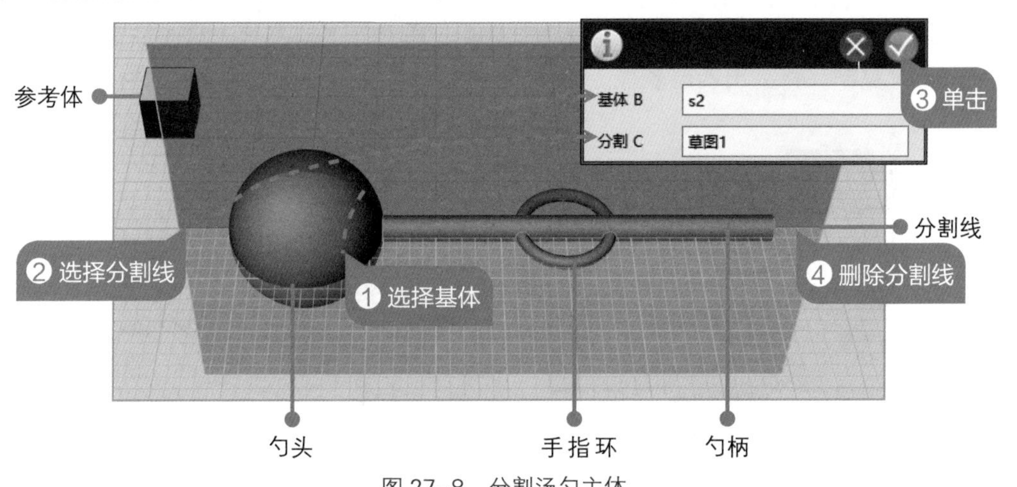


图 27-8　分割汤勺主体

**提示**　由于点 (0,0,0) 处绘制了一个球体，新建其他实体的时候很难选取合适的方向，因此可以使用一个六面体作为参考体，确定其他实体的“对齐平面”，用来辅助绘图。

## 镂空有孔勺

勺头是一个半球体，漏孔分布在球面上，可以将圆柱体通过“阵列”功能排列出半球体的造型，然后进行“减运算”来打孔。

**01** **绘制第一根长柱**　隐藏无孔勺实体，选择“圆柱体”工具，将参考六面体的右侧面确定为“对齐平面”，在点 (–35,7,0) 处绘制一根半径为 2mm、长为 70mm 的圆柱体，作为长柱实体。

**02** **排列第一层长柱**　按图 27-9 所示操作，使用“阵列”工具将长柱实体围绕中心沿圆形复制，形成第一层圆形长柱实体。

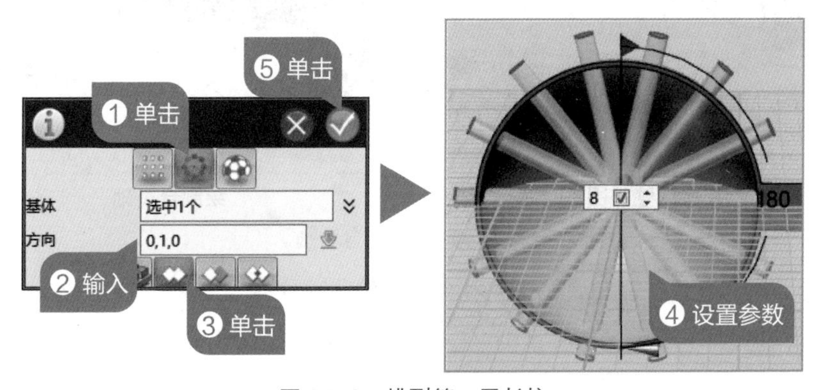


图 27-9　排列第一层长柱

**03 排列四层长柱** 按图 27-10 所示操作，使用“阵列”工具将第一层长柱实体沿直线向上方复制，排列出四层长柱。

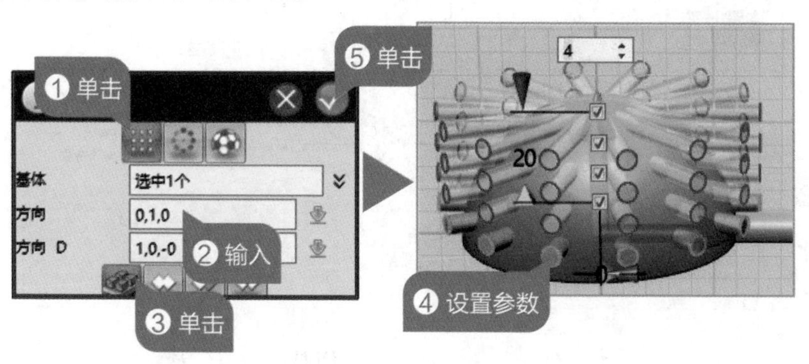


图 27-10 排列四层长柱

**04 镂空漏孔** 在“组合编辑”中选择“减运算”功能，用有孔汤勺实体减去所有长柱，获得漏孔的镂空效果。

## 绘制合页

合页由圆柱形合页轴与合页壁组成。合页轴连接于有孔勺，合页壁连接于无孔勺，合页轴嵌套于合页壁之内，实现开合效果。

**01 挖空内柱外围** 选择“圆柱体”工具，使用“减运算”功能，在点 (180,0,-4) 处绘制一个半径为 3mm、长度为 8mm 的圆柱体，将内柱外围挖空。

**02 绘制合页轴** 选择“圆柱体”工具，使用“加运算”功能，在点 (180,0,-4) 处绘制一个半径为 2mm、长度为 8mm 的圆柱体，作为合页轴实体，效果如图 27-11 所示。

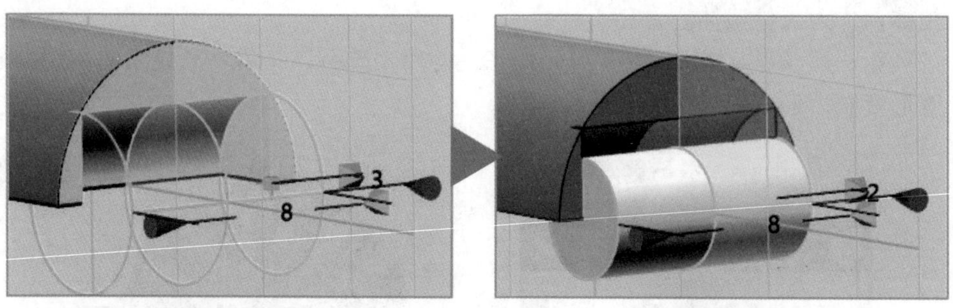


图 27-11 绘制合页轴

**03 绘制合页壁** 隐藏有孔勺，显示无孔勺。选择“圆柱体”工具，使用“加运算”功能，在点 (180,0,-4) 处绘制一个半径为 2.9mm、长度为 8mm 的圆柱体，作为合页壁实体。

**04** 挖空合页壁内部　选择“圆柱体”工具，使用“减运算”功能，在点 (180,0,-4) 处绘制一个半径为 2.1mm、长度为 8mm 的圆柱体，在外套实体上开孔，留出合页轴的空间，效果如图 27-12 所示。

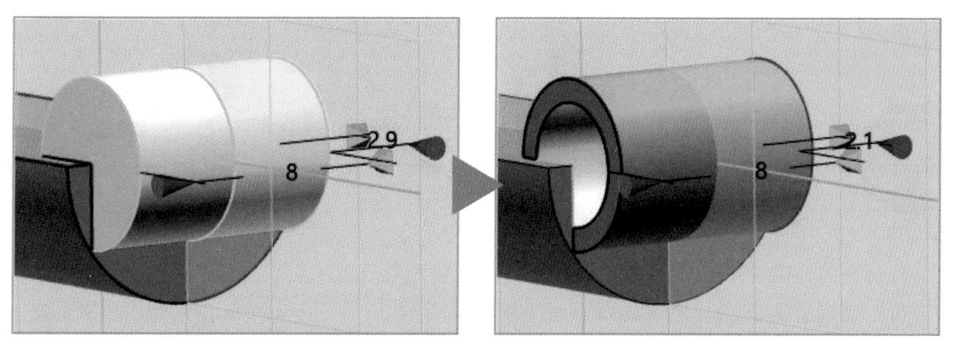


图 27-12　绘制与挖空合页壁

### 完善美化汤勺

完善作品时需要将辅助体删除，并将作品调整到合适的角度。

**01** 完善汤勺作品　删除参考六面体，显示有孔汤勺。使用“移动”工具中的“动态移动”功能，先将手柄移动至合页圆心，再将有孔汤勺向右旋转 30°。

**02** 渲染完善作品　选择“材质渲染”工具，将作品渲染成自己喜欢的颜色，效果如图 27-13 所示，然后保存作品。

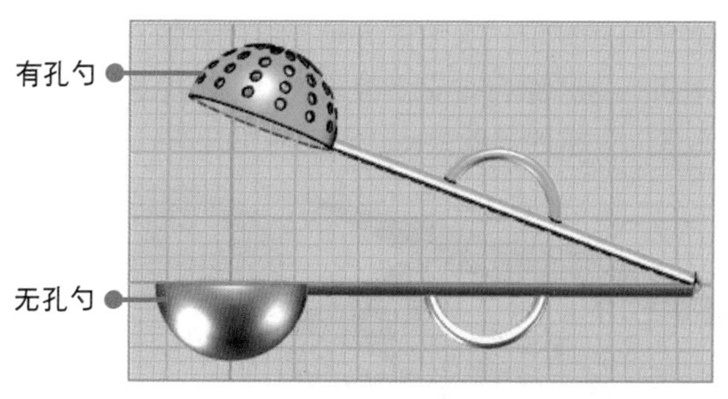


图 27-13　渲染完善作品

## 检测评估

### 1. 复测合页结构

在 3D One 软件中，在“组合编辑”中选择“交运算”功能，将有孔勺设置为“基体”，无孔勺设置为“合并体”。运行“交运算”功能，检测是否留下实体，如无实体留在工作表面，则表示合页处结构正确；如合页处有实体留存，则两个合页结构可能有重合，需对作品进行修改。

### 2. 模拟汤勺功能

在 3D One 软件中，对汤勺调整角度，效果如图 27–14 所示，改变汤勺不同的使用方法，预测是否能够完成预估功能。

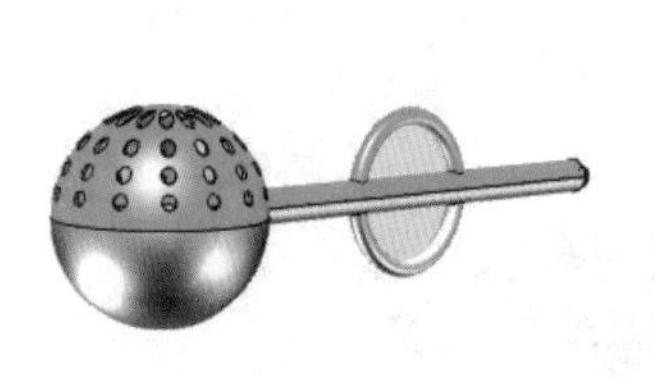

两勺合用
盛出全汤

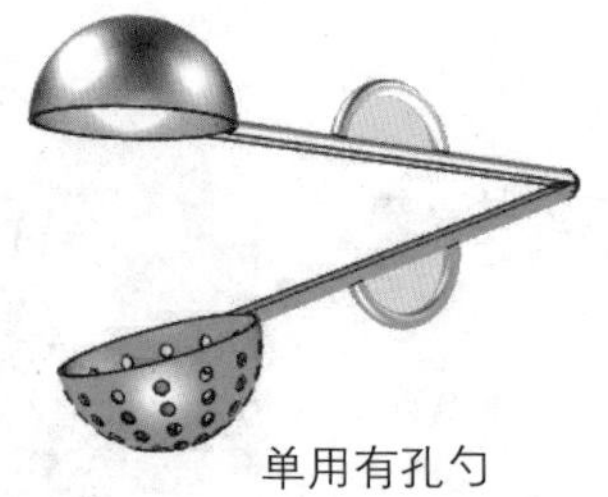

单用有孔勺
盛出全豆

单用无孔勺
盛出汤中有豆

图 27–14　测量各种角度

### 3. 拓展创新

亲爱的小创客们，这个如意勺是否满足了你喝绿豆汤的所有要求了呢？像这样用二合一、多合一的加法思想，我们可以改造很多生活中的物品，请你去找一找，试着改造出一个多功能小物品吧！

# 第 28 课　开车请别玩手机

扫一扫，看视频

如今手机与我们的生活息息相关，给生活带来了极大的便捷，但同时也给人们带来了一些困扰。比如因为对手机的依赖，有些司机会在开车时也看手机，这样给行车安全带来了极大的隐患。能不能设计一个用来“看管”手机的车载物品，帮助司机开车时不看手机呢？

## 构思作品

设计“手机看管器”的主要目的就是让司机开车前将手机放入其中，不易拿到、看到，替司机暂时“看管”手机。要设计出这样的车载物品，要从手机的置入方式、拿取方式等多方面考虑，根据所需功能来设计。

## 1. 初探模型

要想能“看管”手机，最简单的实现方式就是设计一个盒子，能将手机放在里面，这样司机就没那么容易接触到手机了。请你先测量常见手机的大小，先初步设计出盒体的外观造型，在下面画一画。

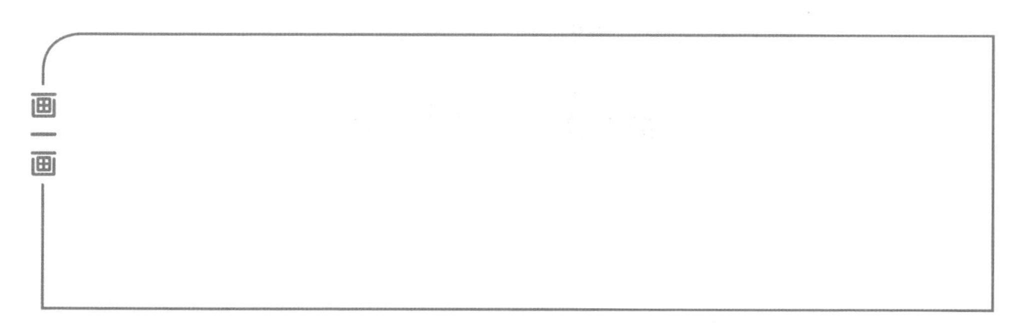


## 2. 明确功能

要想实现“看管手机”的功能，最主要的就是要容易置入、不易拿取。司机在开车过程中很难拿到手机，这样才能帮助司机专心开车。除此之外，作为一个车载用品，你觉得还需要增加哪些功能呢？请填写在图 28–1 中。

图 28–1　设定作品功能与特点

## 3. 头脑风暴

明确了作品的主要功能后，我们就需要逐一探寻实现每项功能的方法。现实生活中装物品的器皿有很多种，每种器皿拿取物品的方法也不尽相同，如图 28–2 所示。通过观察我们发现，类似存钱罐和邮筒这样的结构，通常会在其上方设置投放口，用于投放物品，当物品投放进去后会掉入器皿内部，拿取时则需要打开另一个相对较大的门或者盖子，以此来实现“易放难取”的效果。因此我们的“手机看管器”也可以沿着这个思路去思考。

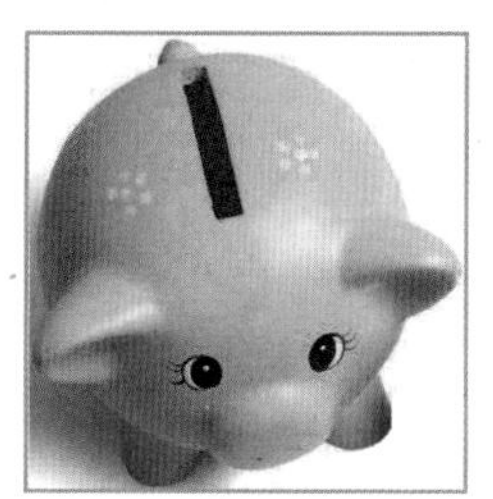

存钱罐

邮筒

图 28–2　器皿上的开孔设计

## 4. 提出方案

根据对存钱罐和邮筒的结构分析，我们可以考虑在“手机看管器”盒体上开孔，用来投放手机，然后再设计一个上盖，打开上盖才能取出手机。这样对司机来说，开车之前先将手机直接通过投放孔放入盒子里，开车结束以后打开上盖再取出手机。适当增加拿取手机的难度，这样基本可以实现手机“易放难取”的要求。请思考图 28-3 中的问题，并提出相应的解决方案。

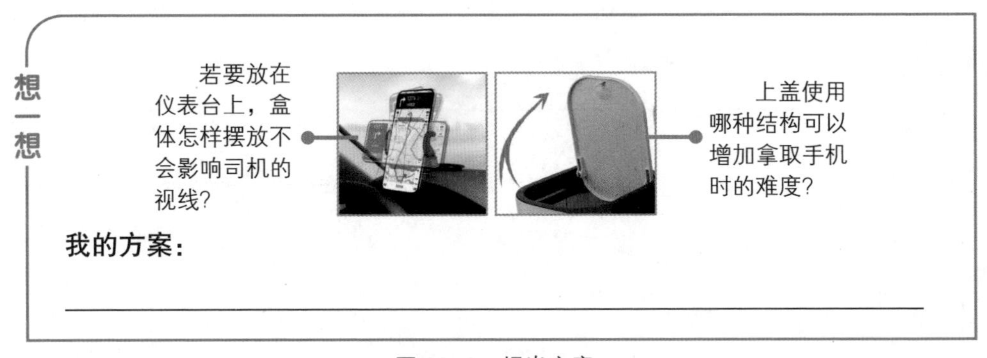


图 28-3　提出方案

为了不阻挡司机开车时的视线，盒体高度应该尽可能小，所以手机采取平放，盒体也采取横向放置；其次，要想增加拿取时的难度，可以设计双手拿取的方式。因此可以使用上翻盖结构，需要司机一手保持翻开上盖，一手拿取手机。这样较为复杂的拿取方式，会减少司机在开车过程中拿取手机的机会。

## 规划设计

### 1. 外观结构

根据以上的方案，可以初步设计出作品的外观，效果如图 28-4 所示，在纸上绘制出作品的外观与结构。

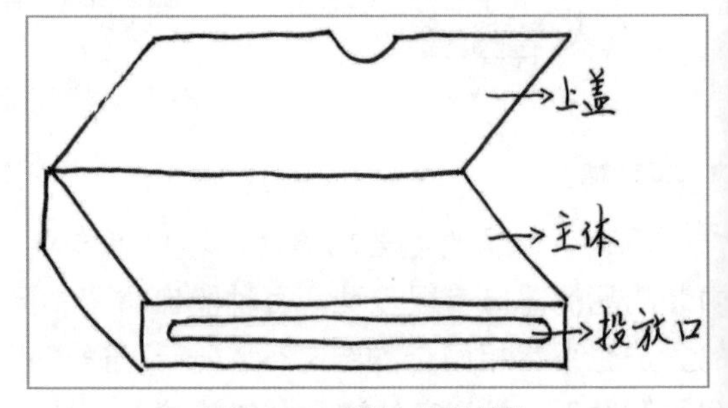


图 28-4　设计外观结构

### 2. 作品尺寸

为了保证上盖开合顺畅，上盖尺寸要比手机盒主体的内径尺寸再小 1mm，效果如图 28-5 所示。

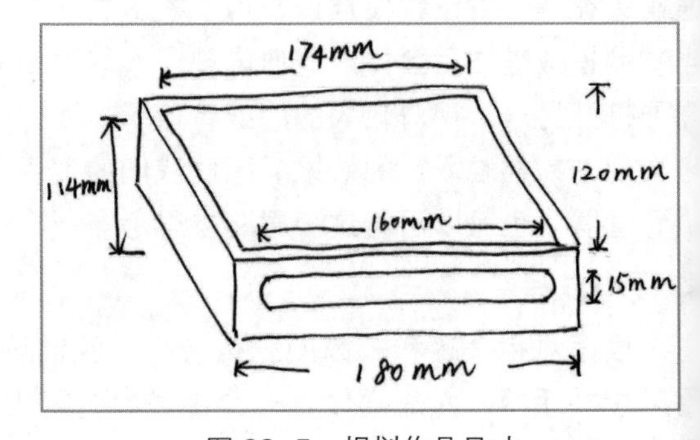


图 28-5　规划作品尺寸

### 3. 绘制步骤

“手机看管器”模型主要由主体和上盖两部分组成，主体上有投放孔，上盖通过连接轴与主体相连。如图 28-6 所示，请思考这 4 部分应当如何安排绘制顺序，并用线连一连。

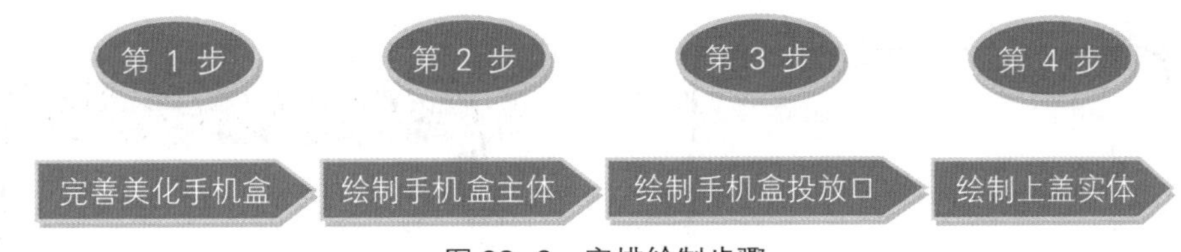


图 28-6　安排绘制步骤

## 知识准备

经过一段时间的 3D 建模学习后，我们已经具备了丰富的建模经验，因此现在建立模型之前，需要思考的是如何使用一些巧妙的方法，使建模的过程更加准确与高效。

### 1. 了解开合方式

在设计 3D 作品时，我们希望自己的作品有一定的活动性，因此各部分零件之间如何构建活动结构，这是 3D 建模中较为重要的设计。请你先观察身边门、盖子等具有活动结构的物品，了解其不同的活动方式。

### 2. 巧绘连接轴

手机盒的上盖要通过转轴来转动，因此要在上盖两侧的相同位置，各做一个尺寸、形状相同的连接轴，效果如图 28-7 所示，请动脑筋思考，能否只新建一个实体，就能做出两个连接轴？将你想到的好办法在 3D One 软件中尝试与研究。

图 28-7　上盖连接轴

## 建立模型

这个模型的主要结构是一个六面体，但是由于经过圆角处理后，各部分的尺寸计算相对复杂，绘制过程中可以使用“测距”工具先测量草图和实体的具体位置，然后再定位绘制。

### 绘制手机盒主体

手机盒主体是一个有圆弧四角、内部中空的六面体，制作中需要用到圆角和抽壳功能。

**01** **绘制盒体主体**　运行 3D One 软件，选择“六面体”工具，在点 (0,0,0) 处绘制一个长为 180mm、宽为 120mm、高为 35mm 的六面体。

**02** **细化盒体主体**　按图 28-8 所示操作，使用“圆角”工具为六面体的 4 个角添加圆角效果，再使用“抽壳”工具将其内部挖空。

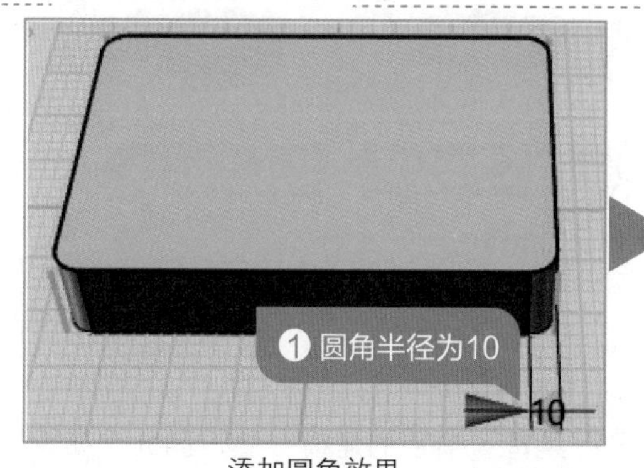


添加圆角效果

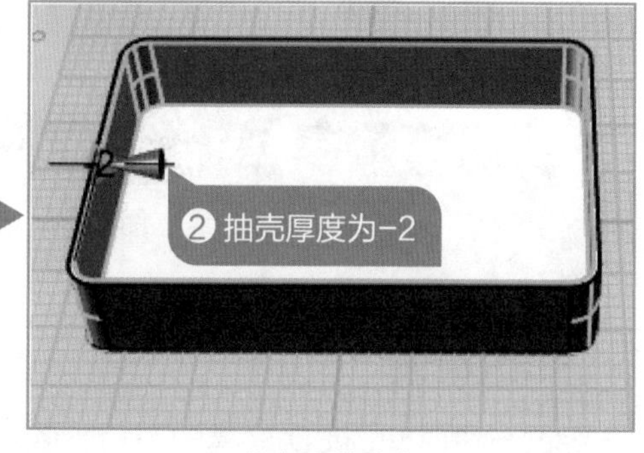


挖空主体内部

图 28–8　细化盒体主体

## 绘制手机投放口

投放口位于手机盒的正前方，通过建立投放口实体，再使用“减运算”功能，实现盒体的开孔效果。

**01** **绘制投放口实体**　选择“六面体”工具，在点 (0,–60,15) 处绘制一个长为 160mm、宽为 10mm、高为 15mm 的六面体。

**02** **挖空投放口**　按图 28–9 所示操作，使用“圆角”工具为投放口实体添加圆角效果，再使用“组合编辑”工具中的“减运算”功能将投放口从盒体上挖空。

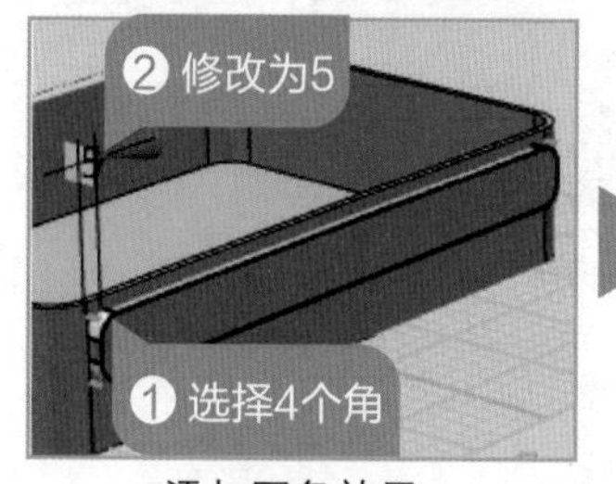


添加圆角效果

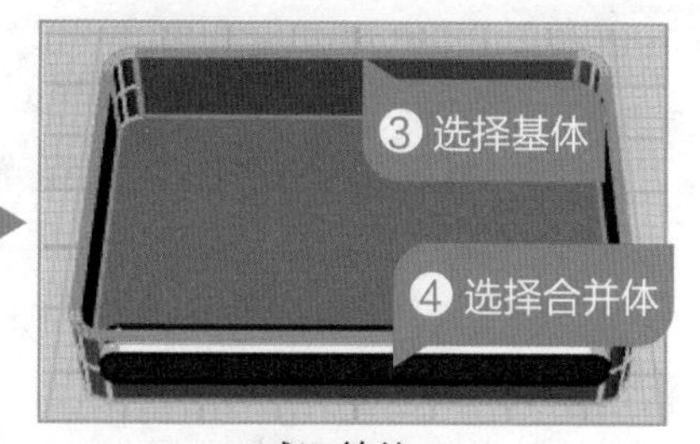


减运算挖口

图 28–9　挖空投放口

## 绘制上盖实体

上盖由一个六面体制作而成，与手机盒主体之间使用连接轴来实现盒盖的开合效果。

**01** **绘制上盖主体**　隐藏手机盒主体，选择“六面体”工具，在点 (0,0,32) 处绘制一个长为 174mm、宽为 114mm、高为 2mm 的六面体，并使用“圆角”工具将其四角设置为半径为 10mm 的圆角。

**02** **绘制上盖开口**　选取上盖顶面为新工作面，将上盖中心点 (0,0) 处确定为新工作面的绘图中心。按图 28–10 所示操作，使用“圆弧”和“直线”工具在点 (10,–57)

和点 (–10,–57) 处绘制一个半圆形草图，并通过“拉伸”工具中的“减运算”功能将其从上盖实体中减去，形成一个半圆形缺口。

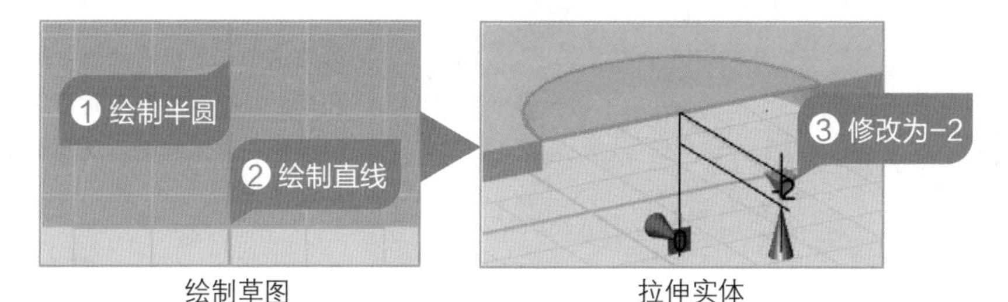


图 28–10　绘制上盖开口

**03** 绘制连接轴　按图 28–11 所示操作，选择“圆柱体”工具中的“加运算”功能，绘制一个半径为 1mm、高为 180mm 的圆柱体，作为上盖两侧的连接轴。

**04** 挖空连接孔　隐藏上盖，显示手机盒主体，按照上一步操作，选择“圆柱体”工具中的“减运算”功能，在点 (90,45,33) 处绘制一个半径为 1.1mm、高为 180mm 的圆柱体，分别在手机盒主体两侧开出一个连接孔。

**05** 绘制支撑条　选择“六面体”工具中的“加运算”功能，在点 (0,–57,30) 处绘制一个长为 60mm、宽为 3mm、高为 3mm 的长方体，作为上盖支撑条。

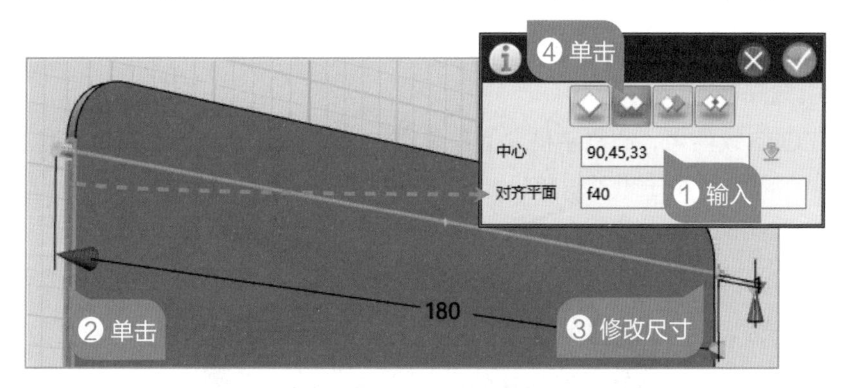


图 28–11　绘制连接轴

## 完善美化手机盒

在手机盒上设置圆角效果、添加文字提示、设置成合理的颜色，这些细节的处理可以提高使用者的体验感。

**01** 设置作品圆角　使用“圆角”工具分别将手机盒主体外边缘、上盖开口处设置半径为 1mm 的圆角效果。

**02** 绘制标语草图　使用“预制文字”工具在投放口下方绘制“把您的安全交给我”文字草图，使用“拉伸”工具中的“减运算”功能将其雕刻在手机盒主体上。

**03** 渲染完善作品　选择“材质渲染”工具，将作品渲染成自己喜欢的颜色，效果如图

28–12 所示，然后保存作品。

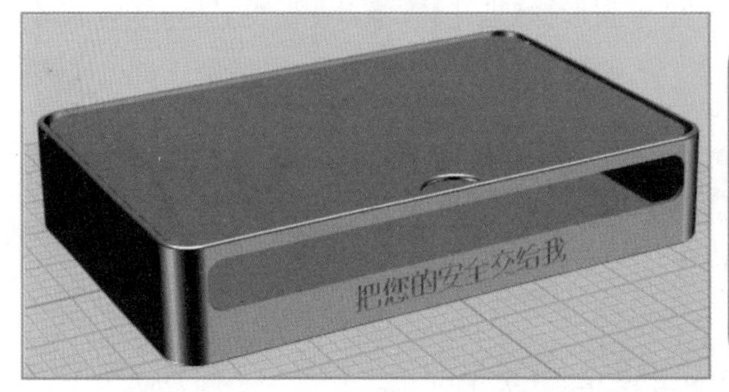


因为这个“手机看管器”是要放在车上，给司机开车时使用，所以颜色不宜太鲜艳，从而帮助其专注地开车。

提个醒

图 28–12　渲染完善作品

## 检测评估

### 1. 检测上盖连接结构

在 3D One 软件中，在“组合编辑”中选择“交运算”功能，将手机盒主体设置为“基体”，上盖设置为“合并体”。使用“交运算”功能，检测是否留下实体，如无实体留在工作表面，则表示上盖尺寸合理；如有实体留存，则上盖尺寸可能偏大，需对作品进行修改。

### 2. 复测手机盒尺寸

在 3D One 软件中，调整手机盒上盖角度，如图 28–13 所示，模拟打开上盖功能，并用“测距”工具测量手机盒投放口和主体内部尺寸，看是否能刚好放下一部手机。

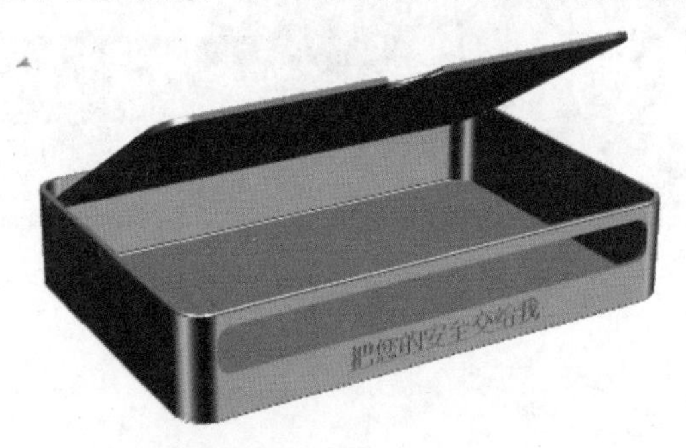


图 28–13　复测手机盒尺寸

### 3. 拓展创新

亲爱的小创客们，由于车内空间小，所以在设计车内物品的时候要考虑一物多用，尽量增加物品的多功能性，比如说和挪车号码牌整合，或者增加其他的储物空间。请你试着改造这个“手机看管器”，为它增加一些更加实用的功能吧！